JN081249

楽しみながら学ぶ
ベイズ統計

ウィル・カート — 著
水谷 淳 — 訳

SB Creative

BAYESIAN STATISTICS THE FUN WAY:
Copyright © 2019 by Will Kurt

Title of English-language original: Bayesian Statistics the Fun Way:
Understanding Statics and Probability with Star Wars,
LEGO, and Rubber Ducks,
ISBN 978-1-59327-956-1, published by No Starch Press.
Japanese-language edition copyright © 2020 by SB Creative Corp.

Japanese translation rights arranged with No Starch Press,Inc., San Francisco,
California through Tuttle-Mori Agency,Inc., Tokyo

言葉に対する情熱を思い出させてくれたメラニーへ

目次
CONTENTS

第4章 …… 二項分布を作る —— 042

第5章 …… ベータ分布 —— 057

第9章 …… ベイズ事前確率と確率分布の利用 —— 107

パートIII：パラメータ推定 —— 117

第10章 …… 平均化とパラメータ推定の入門 —— 119

謝辞

本を書くというのは本当に大変な取り組みで、何人もの人が汗水流さなければならない。以下に挙げる名前だけでは、本書を形にしてくれた大勢の人の一部にしか触れられていない。まずは、いつも好奇心をかき立てて元気づけてくれる息子のアーチャーに感謝したい。

私の以前からの愛読書の中にはノー・スターチ社の本が何冊かあり、この出版社の素晴らしいチームと仕事をして本書を作り上げられたのはまさに光栄である。ノー・スターチ社の担当編集者、校正者、そして優秀なチームに心から感謝する。最初に本書の制作の話を持ちかけてくれたリズ・チャドウィックは、全体を通じて編集上の的確な指摘と手ほどきをしてくれた。ローレル・チューンは、Rに関する私の書き散らかしたノートを信じられないほど円滑に立派な本へとまとめ上げてくれた。チェルシー・パーレット＝ペレリティは、技術校正者の役割をはるかに超えて、本書をできるだけ最高なものに仕上げる手助けをしてくれた。フランシス・ソーは、後のほうの章について数々の的確なコメントをくれた。そしてもちろん、このような魅力的な出版社を立ち上げてくれたビル・ポロックに感謝する。

学部で英文学を専攻した私が数学の本を書くなんて、以前ならけっして想像できなかったはずだ。数学の驚異に目を向ける上で本当に欠かせなかった人が何人かいる。英文学にのめり込む学生に数学の世界が刺激的でおもしろいことを教えてくれた、大学時代のルームメイト、グレッグ・ミュラーには、生涯感謝しつづけたい。ボストン大学のアナトリー・テムキン教授は、私が「これはどういう意味なのか」と質問するたびに必ず答えてくれて、数学的思考への扉を開いてくれた。そしてもちろん、何年ものあいだまるで砂漠をさまよっていたかのような私に、数学に関する会話と手ほどきというオアシスを与えてくれた、リチャード・ケリーに心から感謝する。また、ボンボラ社のデータサイエンスチーム、とくに、本書に取り入れたものを含めたくさんの素晴らしい疑問や会話を提供してくれたパトリック・ケリーに、感謝の言葉を捧げたい。さらに、私のブログ"Count Bayesie"にいつも素晴らしい質問や指摘を投稿してくれる読者たちにも、ずっと感謝していきたい。読者の中でもとくに、私が初めのうちに抱いていた誤解を正してくれた投稿者のネヴィンに感謝する。

最後に、私自身がベイズ統計を学ぶ上で素晴らしい道案内になった何冊かの本の偉大な著者らに感謝したい。ジョン・クラスチケ著*Doing Bayesian Data Analysis*〔『ベイズ統計モデリング』共立出版〕とアンドリュー・ゲルマンら著*Bayesian Data Analysis*は、必読書である。私自身の思考に飛び抜けて大きな影響を与えたのは、E・T・ジェインズの驚くべき本*Probability Theory: The Logic of Science*だ。歯ごたえのあるこの本に関する連続講義を開いてくれて、私が完全に理解するための手ほどきをしてくれた、オーブリー・クレイトンにも感謝したい。

はしがき

生活の中で起こる出来事はほぼすべて、多かれ少なかれ不確実である。少し大げさに聞こえるかもしれないが、ちょっとした実験をしてみればそれが真実だと分かる。一日の初めに、30分後、1時間後、3時間後、6時間後何が起こると思うかを書き留めておく。そして、予想どおりの出来事がいくつ起こったかを数えてほしい。あなたの一日が不確実な事柄ばかりであることが、たちどころに分かるだろう。「歯を磨く」や「コーヒーを飲む」といった予測可能な事柄でさえ、何らかの理由で予想どおりにはならないかもしれない。

生活の中での不確実な事柄のほとんどは、一日の計画を立てることでかなりうまく対処できる。たとえば、道が混んでいて朝の通勤に普段より長くかかることがあっても、遅刻せずに会社に着くには何時に家を出ればいいかはかなり良く予測できる。朝にものすごく重要な会議があれば、通勤時間が伸びてもかまわないよう早く家を出ればいい。我々は誰しも、不確実な状況に対処して、不確実な事柄について推論するための本能的な感覚を持っている。その感覚に従って考えていけば、確率論的な思考を始められる。

統計を学ぶ意味

本書のテーマであるベイズ統計は、不確実な事柄についてより良く推論するための手助けになる。ちょうど、学校で論理を学べば日々の論理的思考の過ちに気づけるようになるのと同じだ。先ほど述べたように、ほぼ誰もが日常生活で不確実な事柄に向き合っているのだから、本書の対象読者はかなり幅広いはずだ。すでに統計を駆使しているデータサイエンティストや研究者にとっては、ベイズ統計の道具のしくみをさらに深く理解してものにすることがためになるだろう。技術者やプログラマなら、下すべき決定を定量的にさらにうまく評価する方法を多く学べるだろう（私はベイズ解析を使ってソフトウエアのバグの原因を特定したことがある！）。マーケティング担当者やセールスマンなら、A/Bテストをおこなうときや、顧客の行動を理解するとき、あるいはビジネスチャンスの価値を評価するときに、本書の考え方を使うことができる。高度な決定を下している人なら誰しも、確率に対して少なくとも基本的な感覚を持っていて、不確実な決定に伴うメリットとデメリットをざっと見積もることができるはずだ。願わくはCEOのみなさんも、飛行機の中で本書を学んで、着陸する頃には、確率や不確実さが関わる選択肢をより良く評価するための基礎を固めてもらいたい。

さまざまな問題についてベイズ的な方法で考えれば、誰もが恩恵を受けられると、私は心から信じている。ベイズ統計を身につければ、不確実な事柄を数学でモデル化して、限られた情報の中でもより良い選択をすることができる。たとえば、特別重要な会議に間に合うよう出勤しなければならないが、選べるルートが2通りあったとしよう。普段は第1のルートのほうが早く着くが、時々渋滞が発生して大幅に遅れることがある。第2のルートは普段は時間がかかるが、交通状況に左右されにくい。どちらのルートを選ぶべきか？　決めるにはどのような情報が必要か？　そして、自分の選択にどの程度確信が持てるか？　ちょっとした要素が加わっただけでも、必要な手法が増えて余計に考えなければならなくなる。

ふつうの人は統計と聞くと、新薬を開発する科学者や、市場の動向を追跡するエコノミスト、次の選挙の結果を予測するアナリスト、手の込んだ数学で最強のチームを組もうとする球団経営者といった人を思い浮かべるものだ。もちろん彼らもみな統計を見事に活用しているが、日常生活のもっとずっと数多くの分野でも、ベイズ的推論の基礎を頭に入れておけば役に立つ。新発見のニュースに首をひねったり、自分が稀な病気にかかっているのではないかと思って夜遅くまでネット検索をしたり、この世界に関する不合理な思い込みをめぐって親戚と議論したりしたことのある人なら、ベイズ統計を学ぶことでより良く考えられるようになるはずだ。

「ベイズ」統計とは何か？

そもそも「ベイズ」とは何なのかと思った人もいるだろう。あなたが受けた統計の授業は、おそらく**頻度論的統計学**に基づいていた。頻度論的統計学の基礎をなす考え方は、「確率とは何かが起こる頻度である」というものだ。コインを1回投げて表が出る確率が0.5であるというのは、1回投げると表が半分出ると予想できるという意味である（「2回投げると表が1回出る」と言ったほうが分かりやすいか）。

それに対してベイズ統計では、ある情報に関して自分がどれだけ確信を持っていないか、それを確率で表現することを考える。ベイズ統計の言い回しでは、コインを1回投げて表が出る確率が0.5であるというのは、自分は表が出るとは確信できないし、それと同程度で裏が出るとも確信できないという意味である。コイン投げのような問題の場合には、頻度論的方法とベイズ的方法のどちらも筋が通っているように思える。しかし、次の選挙で贔屓（ひいき）の候補が勝つとどれだけ強く信じているか、それを定量化しようとしたら、ベイズ的解釈のほうがはるかに理にかなっている。そもそもその選挙は1回しかおこなわれないのだから、贔屓の候補が勝つ頻度について論じても意味がない。ベイズ統計を使う際には、この世界について自分が何を信じるかを、すでに持っている情報に基づいて正確に表現しようとすればいいのだ。

ベイズ統計には大きな長所が一つある。ベイズ統計は不確実な事柄に関する推論としてとらえられるので、ベイズ統計の道具や手法はすべて直観と合致しているのだ。

ベイズ統計とは、直面した問題を見つめ、自分がそれを数学的にどのように表現したいかを定め、推論によってそれを解決することにほかならない。謎めいた検定法から納得できない結果が出てくることもないし、さまざまな頻度分布を丸暗記する必要もないし、伝統的な実験手法を完壁に再現する必要もない。あなたは、ウェブページを新たなデザインにすると顧客が増える確率や、贔屓のチームが次の試合で勝つ確率、あるいは人類がこの宇宙で本当にひとりぼっちである確率を知りたいかもしれない。ベイズ統計は、片手で数えられるほどの単純な法則と、問題の新たなとらえ方だけを使って、それらの事柄を数学的に推論するためのきっかけを与えてくれるのだ。

本書の内容

本書に書かれている事柄を以下に簡単にまとめておこう。

●パートⅠ：確率入門

第1章：ベイズ的思考と日常の推論

この最初の章では、ベイズ的思考がどんなものかを紹介し、我々が物事を鵜呑みにしないために日々使っている方法と似ていることを示す。夜に窓の外に見えた明るい光がUFOである確率を、すでに分かっている事柄と、世界についてあなたが信じている事柄に基づいて掘り下げる。

第2章：確信のなさを測る

この章ではコイン投げの例を使って、あなたの確信のなさの程度に、確率という形で実際の数値を当てはめる。ある事柄に関するあなたの考えに自分がどの程度確信があるかを、0から1までの数値で表す。

第3章：不確実さの論理

論理学では、AND, NOT, ORという演算を使って、真または偽である事実を組み合わせていく。実は確率論にもこれらの演算に似た概念がある。約束に間に合うための最適の交通手段や、交通違反切符を切られる可能性について、どのように推論していけば良いかを考察する。

第4章：二項分布を作る

この章では、論理としての確率の法則を使って、二項分布という確率分布を自力で組み立てる。この二項分布は、同様の構造を持つ多くの確率問題に応用できる。ガチャゲームで有名統計学者のカードを引き当てる確率を予測してみよう。

第5章：ベータ分布

ここでは連続確率分布の最初の例を学び、統計学と確率論との違いを知ってもらう。統計学では、データに基づいて未知の確率をはじき出そうとする。この章の例では、コインを吐き出す謎の箱と、入れたお金よりも多くのお金が戻ってくる可能性について調べていく。

●パートⅡ：ベイズ確率と事前確率

第6章：条件付き確率

この章では、すでに分かっている情報に基づいて、その条件のもとでの確率を決定する。たとえば、ある人の性別が分かれば、その人が色覚異常である確率が分かる。また、条件付き確率を逆転させるためのベイズの定理も紹介する。

第7章：レゴを使ってベイズの定理を導く

ここでは、ベイズの定理をもっと直観的に理解するために、レゴを使って考えてみる。ベイズの定理が数学的に何をしているかを、幾何学的に感じ取れるようになるだろう。

第8章：ベイズの定理における事前確率、尤度、事後確率

ベイズの定理は通常3つの部分からなっていて、そのそれぞれがベイズ的推論において独自の役割を果たしている。この章では、それらの呼び名と使い方を学ぶために、空き巣とおぼしき状況が本当の犯罪なのか、それとも単に偶然が重なっただけなのかを調べていく。

第9章：ベイズ事前確率と確率分布の利用

この章では、『スター・ウォーズ／帝国の逆襲』の有名な小惑星帯のシーンをベイズの定理でより良く理解する方法を探り、それを通じてベイズ統計における事前確率の理解を深めてもらう。また、確率分布全体を事前確率として使う方法も説明する。

●パートⅢ：パラメータ推定

第10章：平均化とパラメータ推定の入門

パラメータ推定とは、不確実な値をできるだけ精確に推測するための方法である。パラメータ推定のもっとも基本的な道具が、観察結果を単純に平均化すること。この章では、それでうまくいく理由を積雪量の分析を通じて説明する。

第11章：データの散らばり具合を測る

平均を取ることはパラメータ推定の第一段階として有用だが、それとともに、観察結果がどの程度散らばっているかを示す方法も必要となる。ここでは、観察結果の散らばり具合を表す尺度として、平均絶対偏差、分散、標準偏差を紹介する。

第12章：正規分布

平均と標準偏差を組み合わせることで得られる正規分布は、推定をおこなう上できわめて有用な確率分布である。この章では、正規分布を使って未知の値を推定する方法だけでなく、その推定値にどの程度確信が持てるかを知る方法も学ぶ。その新たな道具を使えば、銀行強盗が逃げ出せるタイミングを計ることができる。

第13章：パラメータ推定の道具――確率密度関数、累積分布関数、分位関数

ここでは、パラメータ推定の結果をより良く理解するための、確率密

度関数、累積分布関数、分位関数について学ぶ。これらの道具を使って広告メールのコンバージョン率（リンクをクリックする割合）を推定し、それぞれの道具から何が読み取れるかを理解する。

第14章：事前確率によるパラメータ推定

より良いパラメータ推定をおこなう最良の方法は、事前確率を組み込むことである。この章では、過去の広告メールのコンバージョン率に関する事前情報を追加することで、新たな広告メールのコンバージョン率をより良く推定できるようになることを示す。

●パートⅣ：仮説検定——統計学の真髄

第15章：パラメータ推定から仮説検定へ——ベイズ的A/Bテストを設定する

不確実な値を推定できるようになったので、次に、2つの不確実な値を比較して仮説を検定する方法が必要となる。広告メールによるマーケティングの新たな方法にどの程度自信が持てるかを、A/Bテストを設定して見極める。

第16章：ベイズ因子と事後オッズの導入——考えどうしを競わせる

自分がごく稀な病気にかかってはいないかと心配になって、夜遅くまでネット検索したことはないだろうか？　この章では、実際にどの程度心配すべきかを仮説の検定によって見極める、もう一つの方法を紹介する！

第17章：『トワイライトゾーン』でのベイズ的推論

あなたは超常現象をどのくらい信じているだろうか？　この章では、『トワイライトゾーン』のある有名なエピソードに登場する場面を分析することで、あなた自身の読心術を磨くことができる。

第18章：データに納得してくれないとき

データを示しただけでは、誰かの考えを変えさせたり、論争に勝ったりできないことがある。あなたと違う考えを持った友人を心変わりさせるにはどうすればいいか、強情な親戚と議論するのが時間の無駄であるのはなぜか、それを学んでいこう！

第19章：仮説検定からパラメータ推定へ

最後にパラメータ推定に話を戻し、ある範囲にわたる仮説を比較する方法に目を向ける。ここまでに説明した道具を使って、最初に取り上げた例であるベータ分布を改めて導き、屋台でおこなわれるあるゲームの公正さを単純な仮説検定によって分析してみよう。

付録A：R入門

この短い付録では、プログラミング言語Rの基本を教える。

付録B：読みこなすのに必要な微積分

ここでは、本書で使われている数学に慣れるのに必要十分な微積分を説明する。

付録C：練習問題の解答

各章末の練習問題の解答を解説する。

本書を読むのに必要な予備知識

本書に必要な知識は、高校の基本的な代数だけである。ページをめくっていくといくつか数式が出てくるが、とくに厄介なものはない。プログラミング言語Rで書かれた短いコードも使うが、そのつど説明するので、前もってRを学んでおく必要はない。微積分も多少使うが、やはり経験は必要なく、必要十分な情報は付録に示してある。

このように本書は、高度な数学の予備知識がなくても、さまざまな問題について数学的に考えるためのきっかけをつかめることを目指している。読み終わる頃には、日常生活で出くわすさまざまな問題をいつの間にか数式で表現するようになっていることだろう！

統計学（さらにはベイズ統計）の知識が豊富な人でも、本書を楽しんで読んでもらえると信じている。私の経験上、ある分野を深く理解するための最善の方法は、何度も基本に立ち返ってそのたびに違う方向から考えてみることである。本書の著者でさえ、書き進めている最中にいくつもの驚きに出くわしたくらいなのだから！

冒険に旅立とう！

すぐに分かってもらえると思うが、ベイズ統計はとても役に立つだけでなく、とても楽しい！　本書ではベイズ的推論について学ぶために、レゴブロック、『トワイライトゾーン』、『スター・ウォーズ』などが登場する。さまざまな問題について確率論的に考えるようになれば、至るところでベイズ統計を使いはじめられる。本書は楽しみながらすらすら読めるように書いてある。ページをめくってベイズ統計の冒険に乗り出そう！

PART I

パートI
確率入門

Chapter 1

第1章
ベイズ的思考と日常の推論

この最初の章では、**ベイズ的推論**についておおざっぱに説明する。ベイズ的推論とは、何らかのデータが観察されたときに、この世界に関する自分の考えを更新するための、形式的なプロセスのことである。あるシナリオをたどっていって、日常的な経験をベイズ的推論に当てはめる方法を探っていこう。

嬉しいことに、あなたは本書を手に取る前からすでにベイズ的人間である！　ベイズ統計は、証拠に基づいて新たな考えを抱いたり、日常的な問題について推論したりするために我々が自然に使っている方法と、とてもよく似ているのだ。難しいのは、その自然な思考プロセスを厳密な数学的プロセスに分解するところである。

統計学では、特定の計算やモデルを使って、確率をもっと精確に定量化する。しかしここでは、しばらくのあいだ数学もモデルも使わない。基本的な概念に慣れて、直観を使って確率を見極めてもらえれば十分だ。次の章では確率に正確な値を当てはめる。この章で紹介する概念を形式的にモデル化して、それについて推論するための厳密な数学的手法については、本書を通じて学んでいくことになる。

奇妙な体験に関する推論

ある晩、窓から明るい光が射し込んできて、あなたは突然目を覚ました。ベッドから飛び起きて外を見ると、円盤形としか表現できない大きな物体が空に見えた。あなたは疑い深いたちで、エイリアンとの遭遇なんて信じたことがなかったけれど、外の光景に唖然として、いつの間にか考えていた。「UFOじゃないのか?!」

ベイズ的推論をおこなう上でたどる思考プロセスは、ある状況に出くわしたときに確率論的な仮定をいくつか立て、それらの仮定を使って世界に関する自分の考えを更新するというものである。このUFOのシナリオでは、あなたはすでにベイズ的な分析を最後までおこなっている。

1. データを観察し
2. 仮説を立て
3. そのデータに基づいて自分の考えを更新する

この推論はたいてい素早く進められるため、自分の思考について分析する時間的余裕はない。新たな考えを生み出してもそれに疑問を抱くことはない。あなたは以前はUFOの存在を信じていなかったが、あの出来事を受けて自分の考えを改め、いまでは自分はUFOを見たと考えている。

この章では、自分の考えが構築される様子とそのプロセスに注目して、もっと形式的に掘り下げるための準備を整える。そのプロセスの定量化については、後の章で見ていく。

では、この推論の各ステップを順に見ていこう。まずはデータの観察について。

●データを観察する

データに基づいて自分の考えを固めることが、ベイズ的推論では中心的な役割を果たす。問題の場面について何らかの結論（たとえば「自分が見たのはUFOである」という主張）を導くには、その前に、自分が観察したデータを理解する必要がある。いまの場合、そのデータは次のようなものである。

・窓の外のとてつもなく明るい光
・空中に浮かぶ円盤形の物体

あなたは過去の経験に基づいて、窓の外に見えたものを「驚きの現象」と形容するだろう。確率論の言葉で表すと、次のように書くことができる。

$$P(\text{窓の外の明るい光, 空中の円盤形の物体}) = \text{きわめて低い}$$

Pは**確率**（probability）の意味で、括弧の中には2つのデータが並んでいる。この数式を言葉で表せば、「窓の外の明るい光と空中の円盤形の物体が観察される確率はきわめて低い」となる。確率論では、複数の出来事（事象）が組み合わされる確率に注目する場合、それらの出来事をカンマで区切る。注目してほしいのは、このデータにはUFOに関する記述が一つも含まれていないことである。このデータは観察結果だけから構成されていて、それがのちほど重要になってくる。

1つの出来事の確率も調べることができ、それは次のように書く。

$$P(\text{雨が降る}) = \text{高い}$$

この数式は、「雨が降る確率は高い」と読める。

UFOのシナリオでは、両方の出来事が同時に起こる確率を求めようとしている。その2つの出来事の一方が起こる確率は、それとはまったく違ってくる。たとえば明るい光だけなら通り過ぎる自動車だとも考えられるので、この出来事が起こる確率自体は、円盤形の物体が見えたという出来事と組み合わされた場合の確率よりもはるかに高い（一方、円盤形の物体はそれだけで驚きの出来事だろう）。

では、その確率はどうやって求めるのか？　いまは、これらの出来事を目撃する可能性がどのくらいあるかという一般的な感覚、つまり直観を使うことにする。次の章では、その確率に正確な値を当てはめられる方法を見ていく。

●事前の信念と条件付き確率

朝起きてコーヒーを入れ、自動車を走らせて仕事へ向かうのに、膨大な分析をする必要はない。なぜなら、世界のしくみに関する**事前の信念（考え）**を持っているからである。事前の信念とは、生まれてからの経験（観察したデータ）によって積み上げられたさまざまな考えの集まりのことである。あなたが太陽が昇ると信じているのは、生まれてから毎日、太陽が昇ったからである。あなたはまた、信号が赤なら交差している道路を車が走ってくるし、信号が青なら交差点を通過しても安全だという、事前の信念を持っていることだろう。もしも事前の信念を持っていなかったら、毎晩、明日は太陽が昇るだろうかとビクビクしながらベッドに入ることになるし、交差点に来るたびに停止して、左右から車が来ないかどうか慎重に確かめるはめになってしまう。

事前の信念に基づけば、窓の外に明るい光が見えるのと同時に、円盤形の物体が見えるという出来事は、地球上では稀にしか起こらない。しかしもしあなたが、空飛ぶ円盤がたくさん飛び交っていて、別の恒星系から頻繁に訪問者が来ているような遠い惑星に住んでいたら、光と円盤形の物体を見る確率はもっとずっと高いだろう。

数式で表す場合、次のようにデータの後に | で区切って事前の信念を書き込む。

$$P\left(\begin{array}{l}\text{窓の外の明るい光, 空中の円}\\\text{盤形の物体} \mid \text{地球上での経験}\end{array}\right) = \text{きわめて低い}$$

この数式は、「地球上での我々の経験に基づいて、明るい光と空中の円盤形の物体が観察される確率は、きわめて低い」と読める。

この確率を、「ある条件のもとで、ある出来事が起こる確率」という意味で、**条件付き確率**と呼ぶ。いまの場合には、自分の事前の経験という条件のもとで、あの出来事が観察される確率ということになる。

確率（probability）をPで表すのと同じように、ふつうは出来事や条件にも短い変数名を使う。数式に慣れていない人は、最初のうちは略しすぎだと思うかもしれない。しかししばらくすれば、短い変数名のほうが読みやすいし、もっと幅広い問題に一般化するのに役に立つことに気づくはずだ。ここではデータ（data）をDという1つの変数で表すことにしよう。

$D=$ 窓の外の明るい光，空中の円盤形の物体

ここから先、一連のデータが観察される確率を指す場合には、単に$P(D)$と表すことにする。

同様に、事前の信念は次のように変数Xで表す。

$X=$ 地球上での経験

これで先ほどの数式は、$P(D \mid X)$と書くことができる。ずっと簡単に書けるし、それでいて意味は変わらない。

複数の信念を条件とする

複数の変数が確率に大きな影響を与える場合には、事前の知識を複数追加することもできる。たとえば今日が7月4日で、あなたはアメリカ合衆国に住んでいるとしよう。事前の経験からあなたは、7月4日にはよく花火が打ち上げられると知っている。地球上での経験と、今日が7月4日であるという事実を踏まえると、空に光が見える確率はもっと高くなるし、円盤形の物体も何か花火の仕掛けに関係していたのかもしれない。そこで先ほどの数式は次のように書き換えられる。

$$P\left(\begin{array}{l}\text{窓の外の明るい光，空中の円盤形}\\ \text{の物体} \mid \text{7月4日，地球上での経験}\end{array}\right)=\text{低い}$$

2つの経験を両方考慮したら、条件付き確率は「きわめて低い」から

「低い」に変わった。

実際には事前の信念は暗黙に仮定する

過去の経験は暗黙に仮定できるため、統計学ではふつう、それを明示的に残らず条件に含めることはない。そのため本書でも、個別にこの変数を条件に含めることはしない。しかしベイズ統計では、世界に関する我々の理解が事前の経験によって条件付けられていることを、つねに心に留めておくのが重要だ。この章ではそれを忘れないために、「地球上での経験」という変数を最後まで残しておくことにする。

●仮説を立てる

ここまでで、データD（明るい光と円盤形の物体が見えた）と、事前の経験Xは分かった。しかし目撃したものを説明するには、何らかの**仮説**（hypothesis）、つまり、世界のしくみに関するモデルで、何か予測を導くようなものが必要となる。仮説にはいろいろな形がある。以下のように、世界に関する基本的な考えはすべて仮説である。

・地球が自転していると考えるなら、太陽が繰り返し昇ったり沈んだりすると予測される。
・贔屓の野球チームが一番強いと考えるなら、そのチームがほかのチームよりも多くの勝ち星を挙げると予測される。
・占星術を信じるなら、星々の配置が人間や出来事を表していると予測される。

もっと形式的で複雑な仮説もある。

・科学者は、ある医療処置によってがんの増殖が遅くなるという仮説を立てる。
・金融アナリストは、市場動向のモデルを立てる。
・深層ニューラルネットワークは、どの画像が動物でどの画像が植物かを推測する。

これらの例は、世界を何らかの形で理解する方法となっていて、その理解に基づいて世界の振る舞いに関する何らかの予測が導かれているため、いずれも仮説である。ベイズ統計で仮説について考える場合、ふつう注目するのは、観察されたデータがその仮説によってどの程度うまく予測されるかである。

先ほどの証拠を見て「UFOだ！」と考えたとき、あなたは一つの仮説を立てたことになる。そのUFO仮説は、あなたの事前の経験の中で観た無数の映画やテレビ番組に基づいていることだろう。この第1の仮説は次のように定義される。

H_1＝裏庭にUFOがいる！

では、この仮説からはどのような予測が導かれるだろうか？　いまの状況を逆向きに考えると、「裏庭にUFOがいたら、何が見えると予想されるか？」と問いかけることができる。そしてその答えは、「明るい光と円盤形の物体」となるだろう。H_1からはデータDが予測されるため、この仮説のもとでこのデータを観察する場合、このデータが観察される確率は高くなる。形式的に書くと次のようになる。

$$P(D \mid H_1, X) \gg P(D \mid X)$$

この数式の意味は次のようになる。「明るい光と空中の円盤形の物体を目撃する確率は、それがUFOであるという私の考えと事前の経験を踏まえた場合、説明なしに単に明るい光と空中の円盤形の物体を目撃する確率よりもはるかに高い［≫という記号で表されている］」。ここでは、仮説がデータを説明するということを、確率を使った言い回しで表現していることになる。

●日々の発言に仮説を見出す

日常の言い回しと確率とのあいだに関係性があることは、容易に見て取れる。たとえば何らかの出来事が「驚きだ」と言うのは、「事前の経験に基づいてそのデータが観察される確率は低い」と言うのと同じ意味だろう。何らかの出来事が「筋が通っている」と言うのは、「事前の経験に基づいてそのデータが観察される確率は高い」ということを示しているのだろう。指摘されれば当たり前だと思われるかもしれない。しかし確率論的な推論の鍵は、データをどのように解釈するか、仮説をどのように立てるか、自分の考えをどのように変えるかを慎重に考慮することであって、それは日々の通常のシナリオでも変わらない。仮説H_1がなかったら、観察されるデータを説明できずに、混乱状態に陥ってしまうのだ。

さらなる証拠を集めて考えを更新する

ここまででデータと仮説が得られた。しかし、疑り深い人間としての事前の経験を踏まえると、この仮説もいまだかなり突飛に思える。知識を増やしてもっと信頼できる結論を引き出すには、さらにデータを集める必要がある。統計的推論でも直観的思考でも、それが次のステップとなる。

さらなるデータを集めるには、さらに観察をおこなう必要がある。いまのシナリオでは、窓の外を見て何が観察されるかを確かめる。

> 外の明るい光のほうを見ると、そのあたりにさらにいくつかの光があるのに気づいた。また、例の大きな円盤形の物体がワイヤーで吊り下げられているのが見え、カメラクルーがいるのに気づいた。カチンという大きな音が聞こえ、誰かが「カット！」と叫んだ。

きっとあなたは、この場面で起こっていることに対する自分の考えをただちに変えるだろう。それまでは、自分はUFOを目撃したかもしれないと推測していた。しかしこの新たな証拠が得られたことで、誰かが近所で映画を撮影しているという可能性のほうが高いと気づく。

この思考プロセスであなたの脳は、何らかの高度なベイズ的分析を再び瞬時におこなったのだ！　そこで、これらの出来事についてもっと入念に推論するために、頭の中で何が起こったかを細かく切り分けてみよう。

まずは最初の仮説からスタートする。

H_1＝UFOが着陸している！

経験を踏まえると、この仮説単独ではとてつもなく可能性が低い。

$P(H_1 \mid X)$＝とてつもなく低い

しかし、手に入っていたデータを踏まえて考えつくことのできる有効な説明はこれしかなかった。そこでさらなるデータを観察すると、近所で映画を撮影しているという、もう一つの考えられる仮説があることにただちに気づいた。

H_2＝窓の外で映画を撮影している

この仮説単独でも、直観的にいってその確率はかなり低い（映画スタジオの近くに住んでいるのでなければ）。

$P(H_2 \mid X)$＝かなり低い

ここで、H_1の確率を「とてつもなく低い」、H_2の確率を「かなり低い」としたことに注目してほしい。これはあなたの直観と対応している。誰かが何一つデータを持たずにやって来て、「夜中に近所にUFOが現れるのと、隣で映画を撮影しているのと、どちらのほうが可能性が高いと思うか」と聞かれたら、UFOの出現よりも映画撮影のシナリオのほうが可能性が高いと答えるだろう。

そこで次に、考えを変えるために新たなデータを考慮に含める方法が必要となる。

仮説どうしを比較する

あなたは初め、可能性は低いながらもUFO仮説を受け入れた。最初はそれ以外の説明がなかったからだ。しかしいまや、映画を撮影しているというもう一つの考えられる説明が得られたので、あなたは**対立仮説**を立てたことになる。対立仮説を考慮するというのは、持っているデータを使って複数の仮説を比較するというプロセスにほかならない。

吊り下げワイヤーとカメラクルーとさらにいくつかの光が見えたら、あなたの持っているデータは変化する。更新されたデータは次のようになる。

$D_{更新}=$ 明るい光, 円盤形の物体, ワイヤー, カメラクルー, ほかの光, など

このさらなるデータを観察したあなたは、何が起こっているかに関する結論を変える。そのプロセスをベイズ的推論へと分解してみよう。最初の仮説H_1は、データを説明して混乱を解消する方法を提供してくれたが、さらなる観察がおこなわれたいまや、H_1はもはやデータをうまく説明していない。これは次のように書くことができる。

$P(D_{更新} \mid H_1, X)=$ とてつもなく低い

いまや新たな仮説H_2のほうがデータをもっとずっと良く説明していて、それは次のように表される。

$$P(D_{更新} \mid H_2, X) \gg P(D_{更新} \mid H_1, X)$$

ここでポイントとなるのが、いま比較しているのは、観察されたデータをそれぞれの仮説がどの程度うまく説明しているかである、ということだ。「第2の仮説を踏まえた場合にこのデータが観察される確率は、第1の仮説を踏まえた場合よりもはるかに高い」というのは、第2の仮説のほうが観察されたデータをより良く説明するという意味だ。ここにベイズ分析の真髄が読み取れる。「考えを検証することは、その考えが

世界をどの程度良く説明するかにほかならない」。ある考えのほうが別の考えに比べて、観察される世界をより良く説明するのであれば、その考えのほうが正確であるといえる。

数学的にはこの考え方を、2つの確率の比として表現する。

$$\frac{P(D_{\text{更新}} \mid H_2, X)}{P(D_{\text{更新}} \mid H_1, X)}$$

この比が大きな値、たとえば1,000の場合、この数式は、「H_2はH_1に比べてデータを1,000倍良く説明する」という意味になる。H_2はデータをH_1の何倍も良く説明するので、自分の考えはH_1からH_2に改められる。観察した事柄に対する可能性の高い説明を考えなおすときは、まさにこのようなことが起こるのだ。いまやあなたは、窓の外で映画を撮影している光景が見えたと考えている。そのほうが、観察されたすべてのデータに対する説明として可能性が高いからである。

データが考えを左右するのであって、考えがデータを左右すべきではない

最後に強調すべき点として、いずれの例でも絶対的なのはデータだけである。あなたの仮説は変化するし、世界におけるあなたの経験Xはほかの人の経験と違うかもしれないが、データDはすべての人に共通している。

次の2つの数式について考えてほしい。第1の数式はこの章でずっと使ってきたもの。

$$P(D \mid H, X)$$

これは、「私の仮説と私の経験を踏まえた場合にこのデータが得られる確率」、あるいはもっと簡単に、「私の考えが私の観察したものをどれだけ良く説明するか」と読める。

しかし日常の思考では、次のようにこの逆を考えることがよくある。

$P(H \mid D, X)$

これは、「データと私の経験を踏まえた場合に私の考えが正しい確率」、あるいは「私の観察したものが私の考えをどれだけ良く支持するか」と読める。

前者の場合は、集めたデータや観察結果に従って、それをより良く説明するような考えへと改める。しかし後者の場合は、もとから抱いている考えを支持するようなデータを集めることになってしまう。ベイズ的思考は、考えを改めて、世界の理解のしかたを更新することにほかならないのだ。

観察されるデータはすべて現実なのだから、考えを次々に変えていって、最終的にはデータと合致するようにしなければならない。

生活の中でもつねに考えを変えられるようにしておくべきだ。

> 撮影クルーが荷物をまとめているとき、あなたはどの車にも軍の記章が描かれているのに気づいた。クルーがコートを脱ぐと軍服が現れ、誰かがこう言うのが聞こえてきた。「やれやれ、これで目撃者をだませたはずだ。見事なアイデアだったな」。

この新たな証拠を手にしたあなたは、再び考えを変えるかもしれない！

まとめ

ここまでで学んだことをまとめておこう。あなたの信念（考え）は、世界における事前の経験Xからスタートする。ここでデータDが観察されると、それがあなたの経験と合致して「$P(D \mid X)=$ きわめて高い」となるかもしれないし、驚かされて「$P(D \mid X)=$ きわめて低い」となるかもしれない。世界を理解するには、観察された事柄に関する自分の考え、すなわち仮説Hに頼る。ときには新たな仮説が、驚きのデータを説明するのに役立つかもしれない（$P(D \mid H, X) \gg P(D \mid X)$）。新たなデータを集めたり、新たな考えを思いついたりすれば、さらにいくつもの仮説 $H_1, H_2, H_3, \ldots$ を立てることができる。次の式のように、新たな仮説のほうが古い仮説よりもデータをはるかに良く説明するのであれば、あなたは考えを改める。

$$\frac{P(D \mid H_2, X)}{P(D \mid H_1, X)} = \text{大きな値}$$

最後に、自分の考えを支持するデータを手に入れる（$P(H \mid D)$）ことよりも、データを踏まえて自分の考えを変えることのほうにずっと重きを置くべきである。

土台が固まったので、数値を放り込む準備が整った。パートⅠのこれ以降では、自分の考えを数学的にモデル化して、どんなときにどのようにしてその考えを変えるべきかを正確に見極めていく。

練習問題

ベイズ的推論をどれだけよく理解できたか確かめるために、以下の問題を解いてみてほしい。解答は付録C（p.292）参照。

1. 以下の文を、この章で学んだ数学的表記を使って数式に書き換えよ。

   ・雨が降る確率は低い。
   ・曇っている場合に雨が降る確率は高い。
   ・雨が降っている場合にあなたが傘を持っている確率は、普段あなたが傘を持っている確率よりもはるかに高い。

2. 次のシナリオで観察されるデータを、この章で説明してきた手法を使って数学的表記にまとめよ。そしてそのデータを説明する仮説を考え出せ。

仕事から帰ってきたら、玄関が開いていて脇の窓が割れているのに気づいた。中に入るとすぐに、ノートパソコンがなくなっているのに気づいた。

3. 以下のシナリオによって、上のシナリオにデータが追加される。この新たな情報によってあなたの考えがどのように変わるかを示し、データを説明する第2の仮説を考え出せ。この章で学んだ表記を使うこと。

   近所の子供が駆け寄ってきて、石を投げたらうっかり窓を割ってしまったと謝ってきた。子供たちが言うには、ノートパソコンが見えたので、盗まれたらまずいと思って、玄関を開けてノートパソコンを抱え上げ、自分の家で保管しているのだという。

Chapter 2

第2章
確信のなさを測る

第1章では、データによって自分の考えがどのように左右されるかを理解するために、我々が推論のために直観的に使っているいくつかの基本的な道具を説明した。しかし、一つ重大な疑問がまだ解決していない。それらの道具をどのように定量化するのか？　信念の程度を確率論で表現するには、「きわめて低い」や「高い」といった言葉でなく、実際の数を当てはめる必要がある。そうすれば、世界に対する自分の理解の定量的なモデルを作ることができる。そしてそれらのモデルを使えば、証拠によって自分の考えがどの程度変わるかを知り、どのようなときに考えを変えるべきかを見極め、現在の知識の状態を確実に把握することができる。この章ではその概念を使って、ある出来事の確率を数値で表すことにする。

確率とは何か?

確率の考え方は日常の言い回しにも深く染み込んでいる。「それはありそうもないだろう！」、「もしそうじゃなかったら驚きだ」、「そうとは信じられないな」などと言うときには必ず、確率に関する主張をおこなっていることになる。確率は、世界に関する事柄を自分がどの程度強く信じるか、それを表す尺度にほかならない。

前の章では、抽象的で定性的な言葉を使って、考えを信じる程度を表現した。しかし、考えがどのように形作られて変化するのかを掘り下げるには、もっと形式的に定量化した$P(X)$（Xをどの程度強く信じているか）を使って、正確に確率を定義する必要がある。

確率は論理を拡張したものととらえることができる。基本的な論理では真と偽という2つの値があり、それらは絶対的な信念と対応している。何かが真であると言うのは、それが正しいと完全に確信しているという意味である。論理は多くの問題に役に立つが、何かが完全に真または偽であると我々が信じることはめったにない。我々がおこなう決定にはほぼ必ず、確信のなさがある程度伴っている。そこで確率を使えば、論理を拡張して、真と偽の間の不確実な値を扱うことができる。

コンピュータではふつう、真を1、偽を0で表現するので、確率にもそのモデルを使う。$P(X)=0$はXが偽と同じ意味で、$P(X)=1$はXが真と同じ意味である。0と1の間には無限個の値が存在する。0のほうに近い値は、ある事柄が偽であるという確信のほうが強いという意味で、1のほうに近い値は、ある事柄が真であるという確信のほうが強いという意味である。そして0.5という値は、ある事柄が真であるか偽であるかまったく確信が持てないという意味である。

論理でもう一つ重要なのが、**否定**である。「真でない」というのは、偽であるという意味で、「偽でない」というのは、真であるという意味だ。確率にもそれと同じ性質を与えたいので、Xである確率とXの否定である確率を足すと1になるようにする（つまり、XまたはXの否定のどちらかである）。このことを数式で表すと次のようになる。

$$P(X)+P(\neg X)=1$$

注　記号¬は「否定」を表す。

この論理を使えば、1から$P(X)$を引くことで、Xの否定である確率を表現できる。たとえば$P(X)=1$であれば、Xの否定である確率$1-P(X)$は0となり、基本的な論理法則と合致する。$P(X)=0$であれば、Xの否定である確率$1-P(X)$は1となる。

次に、確信のなさをどのように定量化するかという疑問を考える。好きな値を選んでもよい。たとえば0.95を「きわめて確信している」、0.05を「ほとんど確信していない」といった具合だ。しかしこれでは、前に使った抽象的な言葉で確率を決めるのとたいして変わらない。そこで、確率を計算するための形式的な方法を使う必要がある。

出来事の結果を数え上げることで確率を計算する

確率を計算するためのもっとも一般的な方法は、出来事の結果を数え上げるというものである。結果の集まりとして重要なものが2つある。1つめは、ある出来事に対して起こりうるすべての結果の集まり。コイン投げの場合は「表」と「裏」である。2つめは、関心のある結果の集まり。表が出れば勝ちと決めてあるのなら、関心のある結果は表が出るものとなる（コインを1回だけ投げる場合は1通りのみ）。関心のある結果は何でもかまわない。コインを投げて表が出ることから、インフルエンザにかかること、寝室の外にUFOが着陸することなど、何でもよい。関心のある結果と、関心のない結果という2つの結果の集まりが定まったら、注目すべきは、起こりうるすべての結果の個数に対する、関心のある結果の個数の比である。

コインを1回投げるという単純な例を使おう。起こりうる結果は、表が出ることと裏が出ることだけ。第1段階は起こりうるすべての結果を数え上げることで、この場合は表と裏の2通りとなる。確率論では、すべての結果の集まりをΩ（ギリシャ文字の大文字のオメガ）で表す。

$$\Omega = \{表, 裏\}$$

知りたいのはコインを1回投げて表が出る確率で、これを$P(表)$と書く。そこで、関心のある結果が何通りあるかを、起こりうる結果が何通りあるかで割る。

$$\frac{N\{表\}}{N\{表, 裏\}}$$

（$N\{...\}$は、「何通りあるか」という意味）

コインを1回投げる場合、起こりうる2通りの結果のうち、関心のある結果は1通り。したがって表が出る確率は、

$$P(表)=\frac{1}{2}$$

となる。

次にもう少し難しい問題を。コインを2回投げたときに少なくとも1回は表が出る確率は？　起こりうる結果のリストはもっと複雑になる。単に{表、裏}ではなく、表と裏のペアとして起こりうるものをすべて列挙しなければならない。

$$\Omega=\{(表, 表), (表, 裏), (裏, 裏), (裏, 表)\}$$

少なくとも1回は表が出る確率を計算するには、この条件に合致するペアが何通りあるかを調べる。この場合は次のとおり。

$$\{(表, 表), (表, 裏), (裏, 表)\}$$

これで分かるとおり、関心のある結果の集まりには3個の要素があり、起こりうるペアは4通りある。したがって、P(少なくとも1回は表が出る)=3/4となる。

これらは単純な例だったが、関心のある結果と起こりうるすべての結果を数え上げることができさえすれば、素早く簡単に確率を求めることができる。ご想像のとおり、複雑な例になればなるほど、起こりうる結果を手で数えるのは難しくなる。そのような難しい確率問題を解くには、**組み合わせ論**という数学の分野を用いる。第4章では、もう少し複雑な問題を組み合わせ論を使ってどのように解くかを説明する。

信じる程度の比として確率を計算する

出来事の結果を数え上げる方法は実在の物体には有用だが、実生活で出くわすかもしれない大部分の確率問題にはあまり役に立たない。たとえば、

・「明日雨が降る確率は？」
・「彼女がこの会社の社長だと思うか？」
・「あれはUFO！?」

あなたはほぼ毎日、確率に基づいて数え切れない決定を下している。しかし、「あなたの乗る電車が定刻に着く確率はどれだけだと思うか」と誰かに聞かれても、先ほど説明した方法では計算できない。

そのため、このようなもっと抽象的な問題について推論するのに使える、別の確率のとらえ方が必要となる。たとえば、友人とおしゃべりをしていたとしよう。すると友人が、マンデラ効果というのを聞いたことがあるかと言ってきた。あなたが聞いたことがないと答えると、友人は説明を始めた。「大勢の人がある出来事を間違って記憶しているという、不思議な現象のことだよ。たとえば多くの人が、ネルソン・マンデラは80年代に獄死したと記憶している。でも実際は、釈放されて南アフリカの大統領になった。死んだのは2013年のことだ！」。胡散臭く感じたあなたは、友人の目を見てこう言った。「ネット上の都市伝説じゃないのか？　本当にそんなとんでもなく間違って記憶している人がいるとは思えないな。ウィキペディアにもそんな項目はないというほうに賭けるよ！」。

そこであなたは、P（ウィキペディアにマンデラ効果という項目はない）を求めたい。仮に、あなたは携帯がつながらない場所にいて、その答えを素早く確かめられないとしよう。あなたは、そんな項目はないという考えにかなり確信があるので、その考えに対して高い確率を当てはめたいが、形式的には0から1までの数を当てはめる必要がある。手始めにどうするか？

あなたは言葉で言い張るだけでなく、お金を賭けることにした。そして友人にこう言った。「きっと嘘だ。こうしたらどうだろう。もしマンデラ効果の項目がなかったら、君が僕に5ドル払う。あったら僕が君に100ドル払う！」。賭けをするというのは、自分の考えをどれだけ強く信じているかを表現するための現実的な方法だ。あなたはマンデラ効果の項目なんてないだろうと信じているので、もし自分が間違っていたら友人に100ドル払い、自分が正しかったら5ドルだけもらうことにした。つまり、ある信念に対する定量的な値について論じているので、これによって、ウィキペディアにマンデラ効果の項目はないというあなたの考えに対する正確な確率をはじき出すことができる。

●オッズから確率を導く

友人の仮説は、「マンデラ効果の項目がある」というもので、それを$H_{項目あり}$と表す。あなたはその対立仮説を持っていて、それを$H_{項目なし}$と表す。

まだ具体的な確率は分からないが、あなたの賭けの**オッズ**（odds）を見れば、あなたが自分の仮説をどれだけ強く信じているかが分かる。オッズは、自分の考えをどれだけ強く信じるか、その程度を表現する一般的な方法である。ある出来事の結果について、自分の予想が外れたらいくら払ってもいいかと、自分の予想が当たったらいくら払ってもらいたいかの比、それがオッズである。たとえば、ある馬がレースで勝つオッズが12対1だとしよう。これは、1ドル賭けてその馬が勝ったら、胴元から12ドルもらえるという意味である。オッズは「m対n」と表されるのがふつうだが、これをm/nという単純な比としてとらえることもできる。オッズと確率との間には直接的な関係がある。

いまのあなたの賭けは、オッズ「100対5」として表すことができる。では、これを確率に変換するにはどうすればいいか？　このオッズは、あなたが、マンデラ効果の項目がないという考えを、マンデラ効果の項目があるという考えの何倍強く信じているかを表している。これは、項目なしというあなたの考えを信じる強さ（$P(H_{項目なし})$）と、項目ありという友人の考えを信じる強さ（$P(H_{項目あり})$）との比として、次のように書くことができる。

$$\frac{P(H_{項目なし})}{P(H_{項目あり})}=\frac{100}{5}=20$$

この2つの仮説の比から分かるとおり、項目なしという仮説をあなたが信じる程度は、友人の仮説をあなたが信じる程度の20倍強い。この事実に基づいて、高校の代数を少し使えば、あなたの仮説に対する正確な確率を計算できる。

●確率を求める

知りたいのはあなたの仮説が正しい確率なので、まずはいまの数式をあなたの仮説が正しい確率について解く。

$$P(H_{項目なし})=20\times P(H_{項目あり})$$

この数式は、「項目なしの確率は項目ありの確率の20倍である」と読める。

起こりうる結果は、ウィキペディアにマンデラ効果の項目があるか、またはないかの2通りだけである。この2つの仮説で起こりうるすべての結果が尽くされるので、「項目ありの確率」は、1－「項目なしの確率」である。そこで、先ほどの数式の$P(H_{項目あり})$を、$P(H_{項目なし})$を使った式で置換する。

$$P(H_{項目なし})=20\times(1-P(H_{項目なし}))$$

次に、$20\times(1-P(H_{項目なし}))$を展開するために、括弧内のそれぞれの項に20を掛けると、次のようになる。

$$P(H_{項目なし})=20-20\times P(H_{項目なし})$$

右辺から$P(H_{\text{項目なし}})$の項を消すために、両辺に$20\times P(H_{\text{項目なし}})$を足すと、$P(H_{\text{項目なし}})$が左辺だけに残る。

$$21\times P(H_{\text{項目なし}})=20$$

そして両辺を21で割ると、最終的に次のようになる。

$$P(H_{\text{項目なし}})=\frac{20}{21}$$

こうして、マンデラ効果の項目はないという仮説をあなたがどれだけ強く信じているかに対応する、具体的で定量的な確率が、0と1の間のはっきり定まった値として得られた。オッズOを確率に変換するこのプロセスを一般化するには、次の数式を使えばいい。

$$P(H)=\frac{O(H)}{1+O(H)}$$

実際に多くの場合、何か抽象的な考えに確率を当てはめるという場面に出くわしたら、その考えにどれだけ賭ける気になるかを考えればとても役に立つ。「明日、太陽が昇ること」には10億対1のオッズで賭けるだろうが、贔屓の野球チームが勝つことに対してはもっとずっと低いオッズになるだろう。いずれの場合も、いまたどったステップを使えば、その考えに対応する正確な確率の値を計算できる。

●コイン投げにおける信念の強さを測る

オッズを使って抽象的な考えに対する確率を求める方法は分かったが、この方法があらゆる場面で有効かどうかを実際に確かめるために、先ほど結果を数え上げることで確率を計算したコイン投げにもこの方法が通用するかどうかを調べてみよう。コイン投げを「出来事」として考える代わりに、「次にコインを投げたら表が出るとどれだけ強く信じるか?」という疑問を考える。つまり$P(\text{表})$について論じるのではなく、コイン投げに関する仮説、すなわち信念（$P(H_{表})$）について論じるのだ。

先ほどと同じく、比較すべき対立仮説が必要となる。その対立仮説は単純に「表が出ない」（$H_{\neg 表}$）としてもよいが、「裏が出る」（$H_{裏}$）のほうが日常の言い回しに近いので、こちらを使うことにする。最終的にはすべて辻褄が合えばいい。ただしここからの説明では、次のことを頭に入れておくのが重要である。

$$H_{裏}=H_{\neg 表},\ P(H_{裏})=1-P(H_{表})$$

こうすれば、いまの自分の信念の強さを、対立する仮説どうしの比としてモデル化する方法が見えてくる。

$$\frac{P(H_{表})}{P(H_{裏})}=?$$

先ほど述べたとおり、この数式は、「表が出るという結果を、裏が出るという結果の何倍強く信じるか」と読める。賭けるとしたら、それぞれの結果に対する確信の強さは互いに等しいので、公正なオッズは1対1とするしかない。もちろん2つの値が等しい限り、2対2、5対5、10対10などどんなオッズでもかまわない。いずれも比は同じだ。

$$\frac{P(H_{表})}{P(H_{裏})}=\frac{10}{10}=\frac{5}{5}=\frac{2}{2}=\frac{1}{1}=1$$

これらの比がつねに等しいことを踏まえたら、ウィキペディアにマンデラ効果の項目がない確率を計算するのに使ったのと同じプロセスを単純に繰り返せばいい。分かっているのは、表が出る確率と裏が出る確率を足すと1でなければならないこと、そして、この2つの確率の比も1でなければならないことである。したがって、確率に関する次の2つの数式が得られる。

$$P(H_{表})+P(H_{裏})=1,\ \frac{P(H_{表})}{P(H_{裏})}=1$$

マンデラ効果に関する推論に使ったのと同じプロセスをなぞって、この数式を$P(H_{表})$について解けば、この問題の答えとなりうるのは1/2だけだと分かるはずだ。この答えは、出来事の確率を計算する第1の方法でたどり着いた答えとまったく同じである。このように、信じる程度としての確率を計算するというこの方法が、出来事の確率にも使えるほど幅広く有効であることが証明された！

この2通りの方法を手にしたので、当然、どの状況でどちらの方法を使うべきかという疑問が浮かんでくる。嬉しい話として、2つの方法は同等なので、問題ごとに簡単なほうを使えばいいのだ。

まとめ

この章では、出来事の確率と、信じる強さとしての確率という、2種類の確率について掘り下げた。まずは、関心のある結果が何通りあるかと、起こりうるすべての結果が何通りあるかとの比として、確率を定義した。

これがもっとも一般的な確率の定義だが、日常的な現実の確率問題のほとんどでは、結果をはっきりと区別することができず、直観的に数え上げることができないため、この定義を信念の強さに対して当てはめるのは難しい。

そこで、ある考えを信じる強さとしての確率を計算するには、ある仮説を別の仮説と比べて何倍強く信じるかをはっきりさせる必要がある。その優れた尺度の一つが、自分の考えにいくら賭ける気があるかだ。たとえば友人と賭けをして、UFOの存在が証明されたら友人に1,000ドル払い、UFOは存在しないと証明されたら友人から1ドルだけもらうことにする。この場合あなたは、UFOは存在しないという考えを、UFOは存在するという考えと比べて1,000倍強く信じていることになる。

これらの道具を身につければ、幅広い問題における確率を計算できる。次の章では、ANDとORという基本的な論理演算を確率に当てはめる方法を学ぶ。しかし先へ進む前に、この章で学んだことを使って次の練習問題を解いてみてほしい。

練習問題

信念の強さに対して0と1の間の実際の数値を当てはめる方法が理解できたかどうか確かめるために、以下の問題を解いてみてほしい。解答は付録C（p.293）参照。

1. サイコロを2個振って目の和が7よりも大きくなる確率は？
2. サイコロを3個振って目の和が7よりも大きくなる確率は？
3. ヤンキースがレッドソックスと試合をしている。あなたは筋金入りのレッドソックスファンで、どちらが勝つか友人と賭けをした。レッドソックスが負けたらあなたが友人に30ドル払い、レッドソックスが勝ったら友人があなたに5ドルだけ払うことになった。レッドソックスが勝つという考えに対してあなたが直観的に割り当てた確率は？

Chapter 3

第3章 不確実さの論理

第2章で、確率は論理における真と偽を拡張したものであって、1と0の間の値として表現されると説明した。確率のパワーは、真と偽という極端なケースの間の無数の値を表現できることにある。この章では、論理演算に基づく論理法則を確率に当てはめる方法を説明する。古典論理には次の3つの重要な演算がある。

- AND
- OR
- NOT

この3つの単純な演算を使うと、古典論理におけるあらゆる命題について推論できる。たとえば、「雨が降っていて、かつ、外に出ようとしているのであれば、傘が必要だ」という命題について考えてみよう。この命題には、ANDという論理演算が1つだけ含まれている。この演算によって、「雨が降っている」が真で、かつ、「外に出ようとしている」が真であれば、傘が必要であるということが分かる。

この命題は別の演算を使って次のように表すこともできる。「雨が降っていないか、または、外に出ようとしていないのであれば、傘は必要ない」。この場合は、基本的な論理演算と事実を使って、どんなときに傘が必要でどんなときに必要ないかを判断していることになる。

しかしこのタイプの論理的推論がうまくいくのは、絶対的に真または偽という値を持つ事実の場合だけである。いまのケースでは、**まさにいま**傘が必要かどうかを判断しようとしているので、いま雨が降っているかどうか、自分が外に出ようとしているかどうかは、確実に知ることができる。そのため、傘が必要かどうかは簡単に判断できる。そこで代わりに、「明日傘が必要か」という問題を考えてみよう。この場合は、事実が不確実になる。天気予報を見ても明日雨が降る確率しか分からないし、自分が外に出るかどうかも確信できないかもしれないからだ。

この章では、先ほどの3種類の論理演算を拡張して確率を扱えるようにする方法を説明し、古典論理における事実と同じように不確実な情報についても推論できるようにする。確率論的な推論におけるNOTを定義する方法は、すでに説明した。

$$P(\neg X)=1-P(X)$$

この章で、残る2種類の演算であるANDとORを使って複数の確率を組み合わせ、もっと精確で有用なデータを得る方法を見ていく。

ANDで確率を組み合わせる

統計では、複数の出来事が組み合わさった場合の確率について論じるためにANDを使う。たとえば、以下のような確率である。

・サイコロで6の目が出て、かつ、コインの表が出る。
・雨が降っていて、かつ、傘を忘れている。
・宝くじが当たって、かつ、雷に打たれる。

確率においてANDを定義するしかたを理解するために、まずはコインと立方体のサイコロを使った単純な例から始めよう。

●2つの確率を組み合わせる

たとえば、コインを投げたら表が出て、かつ(AND)サイコロを振ったら6が出る確率を知りたいとしよう。このそれぞれの出来事の確率は、次のように分かっている。

$$P(\text{表})=\frac{1}{2},\ P(6)=\frac{1}{6}$$

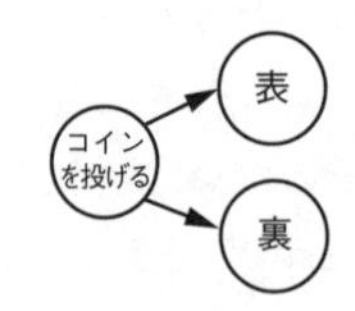

図3-1　コイン投げにおける2通りの起こりうる結果をそれぞれ異なる経路として図示する

いまはこの両方の出来事が起こる確率を知りたいので、それを次のように書くことにする。

$$P(\text{表}, 6)=?$$

これを求めるには、第2章でやったのと同じく、関心のある結果が何通りあるかを数え上げて、それをすべての結果の個数で割ればいい。

この例の場合には、2つの出来事が順番に起こると想像してみよう。まずコインを投げると、図3-1に示したとおり、表と裏という2通りの結果が起こりうる。

次に、このそれぞれのコイン投げの結果に対して、サイコロを振った結果が6通りある（図3-2）。

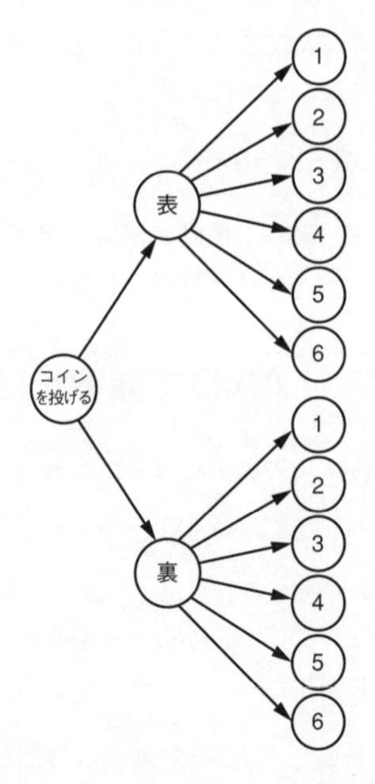

図3-2　コイン投げとサイコロの結果を図示する

この図を使えば、起こりうる結果の個数を数え上げることができる。コインを投げてサイコロを振った結果が12通りあって、関心があるのはそのうちの1通りだけなので、

$$P(\text{表}, 6) = \frac{1}{12}$$

となる。

この特定の問題についてはこれで解けた。しかし本当に知りたいのは、どんな確率を組み合わせる場合でも計算に役立つ一般的な法則である。そこでいまの答えを拡張してみよう。

●確率の乗法定理

この例でも先ほどと同じ問題を使う。コインの表が出て、かつサイコロの6が出る確率は？初めに、表が出る確率を知る必要がある。その確率を踏まえた上で、先ほどの枝分かれ図で合計何本の経路が枝分かれしているかに注目する。その中でいま関心があるのは、表を含む経路だけである。表が出る確率は1/2なので、起こりうる結果のうち半分は除外される。次に、表を含む残った経路だけに注目すると、サイコロを振って6が出るという目的の結果になる確率は1/6であることが分かる。この推論を図3-3のように表せ

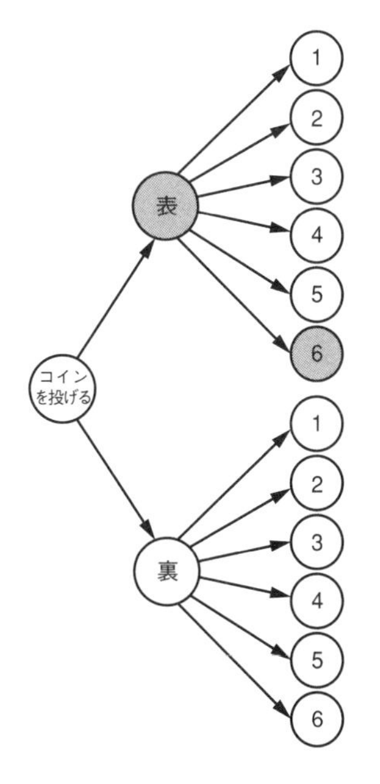

図3-3　コインの表が出て、かつサイコロの6が出る確率を図示する

ば、関心のある結果が1通りしかないことが分かる。

この2つの確率を掛け合わせると、次のようになる。

$$\frac{1}{2}\times\frac{1}{6}=\frac{1}{12}$$

先ほどとまったく同じ答えだが、起こりうるすべての結果を数え上げたのではなく、枝分かれ図をたどりながら、関心のある結果となる確率を数えていっただけだ。このような単純な問題なら簡単に図示できるが、この図を使った本当の意味は、そこからANDで確率を組み合わせるための一般的な法則を読み取れることにある。

$$P(A, B)=P(A)\times P(B)^{*}$$

確率を掛け算している、つまり乗法を計算しているので、これを確率の**乗法定理**という。

この定理は確率がさらに多い場合にも拡張できる。$P(A, B)$を1つの確率と考えれば、同じプロセスを繰り返すことで、第3の確率$P(C)$と組み合わせることができる。

$$P((A, B), C)=P(A, B)\times P(C)=P(A)\times P(B)\times P(C)$$

したがってこの乗法定理を使えば、出来事を何個でも組み合わせて最終的な確率を得ることができる。

●例：遅刻する確率を計算する

乗法定理を使った例として、サイコロとコインよりももう少し複雑な問題を見てみよう。あなたは4：30に街の反対側で友人とコーヒーを飲む約束をしていて、公共交通機関で向かおうとしている。いまは3：30。ありがたいことに、いまあなたがいる駅には、目的地に向かう電車とバ

---

*［訳注］この式は、AとBが互いに独立である場合にのみ成り立つ。独立でない場合については第6章で説明する。

スの両方が走っている。

- 次のバスは3：45にやって来て、コーヒーショップまで45分で到着する。
- 次の電車は3：50にやって来て、コーヒーショップから歩いて10分の場所まで30分で到着する。

電車でもバスでも4：30ちょうどにコーヒーショップに着く。時間がぎりぎりで、乗り遅れたら遅刻する。幸いなことに、バスの後に電車がやって来るので、バスが遅れていても電車が定刻だったら間に合う。バスが定刻で電車が遅れていても問題はない。遅刻するのは、バスと電車の両方が遅れている場合だけだ。遅刻する確率はどうすれば計算できるだろうか？

まずは、電車が遅れる確率と、バスが遅れる確率の両方を知る必要がある。地元の交通局がその値を発表しているとしよう（本書の後のほうで、データからその値を推定する方法を説明する）。

$$P(\text{遅れる}_{\text{電車}})=0.15$$
$$P(\text{遅れる}_{\text{バス}})=0.2$$

公表されているデータによると、電車は15%の確率で遅れ、バスは20%の確率で遅れるという。あなたが遅刻するのはバスと電車の両方が遅れるときだけなので、この問題は乗法定理を使って解くことができる。

$$P(\text{遅れる})=P(\text{遅れる}_{\text{電車}})\times P(\text{遅れる}_{\text{バス}})=0.15\times 0.2=0.03$$

バスか電車のどちらかが遅れる可能性は比較的高いが、両方が遅れる確率はもっとずっと小さく、わずか0.03だ。両方が遅れる可能性は3%だと表現することもできる。この計算ができれば、遅刻の心配は多少軽くなる。

ORで確率を組み合わせる

もう一つ重要な確率定理が、ORで確率を組み合わせるというもので、例としては以下のようなものがある。

・インフルエンザにかかる、または（OR）、風邪を引く。
・コインの表が出る、または（OR）、サイコロの6が出る。
・タイヤがパンクする、または（OR）、ガス欠になる。

ある出来事または（OR）別の出来事が起こる確率は、それらの出来事が互いに排反である場合もあれば、排反でない場合もあるため、少し複雑になる。2つの出来事が**互いに排反**であるとは、一方の出来事が起こるともう一方の出来事は起こりえないという意味である。たとえば、サイコロを振ったときに起こりうるそれぞれの結果は、互いに排反である。なぜなら、サイコロを1回だけ投げて1と6の両方が出ることはありえないからだ。しかし、たとえば野球の試合が中止になるのは、雨が降っているからという場合もあれば、監督が病気になったからという場合もある。監督が病気になってしかも雨が降ることは大いにありえるので、これらの出来事は互いに排反ではない。

●互いに排反な出来事においてORを計算する

2つの出来事をORで組み合わせるプロセスは、論理的に直観に合っているように感じられる。「コインを投げて表または裏が出る確率は」と聞かれたら、「1」と答えるはずだ。分かっているのは、

$$P(\text{表})=\frac{1}{2},\ P(\text{裏})=\frac{1}{2}$$

直観的に考えれば、これらの出来事の確率を単に足し合わせればいいだろう。それでうまくいくのは、起こりうる結果が表と裏だけで、起こりうるすべての結果の確率の和は1でなければならないからだ。起こ

りうるすべての結果の確率を足し合わせても1にならなかったら、何らかの結果を見落としているはずだ。だが、どうしてそう言えるのだろうか？

仮に、表が出る確率P(表)は1/2であると分かっているが、誰かが、裏が出る確率P(裏)は1/3であると主張したとしよう。また、表が出ない確率は

$$P(\neg 表)=1-\frac{1}{2}=\frac{1}{2}$$

であるはずだということも、事前に分かっている。

表が出ない確率が1/2なのに、裏が出る確率は1/3だと主張しているので、見落としている結果が存在するか、または裏が出る確率が間違っているかのどちらかだ。

ここから分かるとおり、2通りの結果が互いに排反であれば、それぞれの結果の確率を足し合わせるだけで、どちらか一方の結果が起こる確率を求めて、一方の結果または（OR）もう一方の結果が起こる確率を計算できる。別の例としてサイコロを取り上げよう。1が出る確率は1/6だと分かっているし、2が出る確率も同じだ。

$$P(1)=\frac{1}{6},\ P(2)=\frac{1}{6}$$

そこで、先ほどと同じようにこの2つの確率を足し合わせれば、1または（OR）2が出る確率は2/6、つまり1/3だと分かる。

$$P(1)+P(2)=\frac{2}{6}=\frac{1}{3}$$

やはり直観に合っている。

この加法定理は、**互いに排反**な結果どうしの組み合わせにしか通用しない。確率論の表現を使うと、互いに排反とは、

$$P(A, B)=0$$

という意味である。

つまり、AかつBが起こる確率は0ということだ。いま挙げた2つの例ではそれが成り立っている。

・1枚のコインを投げて表と裏の両方が出ることはありえない。
・サイコロを1回だけ振って1と2の両方が出ることはありえない。

ORを使って確率を組み合わせる方法を本当に理解するには、2つの出来事が互いに排反でないケースにも目を向ける必要がある。

●互いに排反でない出来事に加法定理を使う

再びサイコロとコインの例を使って、表が出るかまたは6が出る確率を調べてみよう。確率を学びはじめたばかりの人は、この場合も単純に2つの確率を足し合わせればいいと決めつけてしまいがちだ。P(表)$=1/2$で$P(6)=1/6$と分かっていれば、このどちらかの結果になる確率は単純に$4/6=2/3$でいいように思えるかもしれない。しかし、コインの表が出るか、またはサイコロの目が6より小さくなる確率を考えてみると、これではうまくいかないことがはっきりしてくる。P(6より小さい)$=5/6$なので、2つの確率を足し合わせると$8/6=4/3$となって、1より大きくなってしまうのだ！　確率は0と1の間でなければならないという規則が破られるので、間違っているに違いない。

問題は、表が出ることと6が出ることとが互いに排反でないことである。この章の前のほうで分かったように、P(表, 6)$=1/12$である。この両方の出来事が同時に起こる確率は0でないので、定義上、これらの出来事は互いに排反ではない。

互いに排反でない出来事の場合、なぜ確率を足し合わせるだけではうまくいかないのか？　それだと両方の出来事が起こる場合を二重に数え上げてしまうからだ。二重に数え上げる例として、コインとサイコロの結果のうち表を含むものを見てみよう。

表－1
表－2
表－3
表－4
表－5
表－6

これらの結果は、起こりうる12通りの結果のうちの6通りに相当し、予想どおりP(表)＝1/2である。次に、6を含むすべての結果を見てみよう。

表－6
裏－6

これらの結果は、起こりうる12通りの結果のうち、6が出る2通りの結果に相当し、予想どおり$P(6)=1/6$である。表が出るという条件を満たす結果が6通り、6が出るという条件を満たす結果が2通りあるので、表または6が出る結果は8通りだと言いたくなるかもしれない。しかし両方のリストに表－6が含まれているので、これだと二重に数えることになってしまう。実際には、12通りの結果のうち7通りだけだ。安直にP(表)と$P(6)$を足し合わせると、二重に数えてしまうことになるのだ。

正しい確率を求めるには、それぞれの確率を足し合わせてから、両方の出来事が起こる確率を引かなければならない。そうすれば、互いに排反でない確率をORで組み合わせるための定理が導かれる。これを確率の**加法定理**という。

$$P(A \text{ OR } B)=P(A)+P(B)-P(A, B)$$

それぞれの出来事が起こる確率を足し合わせてから、両方の出来事が起こる確率を引けば、$P(A)$と$P(B)$の両方に含まれるケースを二重に数えずに済む。したがって、先ほどのサイコロとコインの例では、6または表が出る確率は、

$$P(\text{表 OR } 6)=P(\text{表})+P(6)-P(\text{表}, 6)=\frac{1}{2}+\frac{1}{6}-\frac{1}{12}=\frac{7}{12}$$

となる。

この考え方をしっかりと身につけるために、ORを使った最後の例を見てみよう。

●例：高い罰金を取られる確率を計算する

新しいシナリオを思い浮かべてほしい。運転中にスピード違反で捕まってしまった。しばらく捕まったことがなかったので、グローブボックスに新しい登録証と新しい保険証を入れてあったかどうか覚えていない。どちらか一方が入っていなかったら、さらに高額の違反切符を切られてしまう。どちらか一方の証書を入れ忘れていて高額の違反切符を切られる確率を、グローブボックスを開ける前に見積もるには、どうすればいいだろうか？

登録証を入れたことはかなり確信しているので、登録証が入っていることに対しては0.7という確率を割り当てる。しかし、自宅のカウンターに保険証を置きっぱなしにしてあることもかなり確信しているので、新しい保険証が車に入っていることに対しては0.2という確率を割り当てる。つまり、

$P(\text{登録証})=0.7$
$P(\text{保険証})=0.2$

しかしこれらの値は、グローブボックスにそれぞれの証書が入っている確率である。心配しているのは、どちらか一方が入っていないことだ。証書が入っていない確率を求めるには、単純に否定を取ればいい。

$P(\text{登録証が入っていない})=1-P(\text{登録証})=0.3$
$P(\text{保険証が入っていない})=1-P(\text{保険証})=0.8$

ここで、正しい加法定理でなく、単純に足し合わせる方法を使って組

み合わせの確率を求めようとすると、次のように確率が1より大きくなってしまう。

P(登録証が入っていない)+P(保険証が入っていない)=1.1

その原因は、これらの出来事が互いに排反でないことである。両方の証書を入れ忘れていることは大いにありうる。したがって、この方法だと二重に数え上げてしまう。そこで、両方の証書が入っていない確率を求めて、それを差し引く必要がある。そのためには乗法定理を使う。

P(登録証が入っていない，保険証が入っていない)
$=0.3\times0.8=0.24$*

こうすれば、コインの表かまたはサイコロの6が出る確率を計算したときと同じように、加法定理を使って、どちらか一方の証書が入っていない確率をはじき出せる。

P(どちらか一方が入っていない)
$=P$(登録証が入っていない)$+P$(保険証が入っていない)
$-P$(登録証が入っていない，保険証が入っていない)
$=0.86$

大事な証書の一方がグローブボックスに入っていない確率が0.86なのだから、警官に挨拶したときにさらに怒られるのを覚悟しておくべきだ！

まとめ

この章では、ANDとORで確率を組み合わせるための定理を導入して、不確実な事柄に関する論理を完成させた。ここまでに説明した論理

*［訳注］ここでは、登録証が入っていないことと保険証が入っていないことが互いに独立であると仮定している。

法則を振り返っておこう。

第2章では、確率は0から1までのスケールで示され、0が「偽」(絶対に起こらない)、1が「真」(絶対に起こる) であることを学んだ。次に重要な論理法則は、2つの確率をANDで組み合わせるものである。そのためには乗法定理を使う。2つの出来事AとBが一緒に起こる確率は、それらの確率を単に掛け合わせて、

$$P(A, B)=P(A)\times P(B)$$

となる。

最後に取り上げたのは、ORで確率を組み合わせるための加法定理である。加法定理の厄介な点として、互いに排反でない出来事の確率を足し合わせると、両方の出来事が一緒に起こる場合を二重に数え上げることになってしまうので、両方の出来事が一緒に起こる確率を差し引かなければならない。加法定理では、それを解消するために乗法定理を使って、

$$P(A \text{ OR } B)=P(A)+P(B)-P(A, B)$$

となる (互いに排反な出来事の場合は$P(A, B)=0$である)。

これらの定理と第2章で説明した事柄を使えば、かなり幅広い範囲の問題を表現できる。本書の残りでは、これらを確率論的な推論の基礎として使っていく。

練習問題

論理法則を確率に当てはめる方法が理解できたかどうか確かめるために、以下の問題を解いてみてほしい。解答は付録C (p.295) 参照。

1. 正20面体のサイコロを振って20の目が3回連続で出る確率は？
2. 天気予報によると明日雨が降る確率は10%で、あなたは2回に1回は傘を忘れて出掛ける。明日あなたが傘を持たずに雨に降られる確

率は？*
3. 生卵には1/20,000の確率でサルモネラ菌がいる。生卵を2個食べたとき、サルモネラ菌のいる生卵を食べてしまう確率は？
4. コインを2回投げて表が2回出るか、または立方体のサイコロを3回振って6が3回出る確率は？

＊［訳注］ここでは、雨が降ることと傘を忘れて出掛けることとは互いに独立であると仮定する。

Chapter 4

第4章
二項分布を作る

第3章では、一般的な論理演算AND, OR, NOTに対応する基本的な確率定理を学んだ。この章ではそれらの定理を使って、起こりうるすべての出来事と、それぞれの出来事が起こる確率とを表現する方法である、**確率分布**の最初の例を作る。確率分布を使って統計結果を図示すると、より幅広い人々に受け入れてもらえることが多い。ここでは、ある特定の種類の確率問題を一般化した関数を定義することで、確率分布を導く。つまり、一つの特定のケースでなく、幅広い状況における確率を計算するための確率分布を作る。

そのような一般化をおこなうには、各問題の共通要素に注目してそれらを抜き出す。統計学者はこの方法を使って、幅広い問題をはるかに簡単に解けるようにしている。それがとくに役に立つのは、問題がとても複雑か、または必要な詳細がいくつか分かっていない場合だ。そのような場合、完全には理解できない現実世界の振る舞いを、完全に理解されている確率分布を使って推定することになる。

確率分布は、ある範囲の値に関する問題に取り組む上でもとても役に立つ。確率分布を使えば、たとえばある顧客が年間30,000ドルから

45,000ドル稼いでいる確率、ある成人の身長が2mより高い確率、あるいは、ウェブページを訪れた人の25～35%が会員登録する確率を求めることができる。多くの確率分布にはとても複雑な数式が使われていて、慣れるのに少々時間がかかる。しかしいずれの確率分布の数式も、ここまでの章で説明した確率の基本定理から導かれる。

二項分布の構造

ここで学ぶ確率分布である**二項分布**を使うと、挑戦する回数（試行回数）と成功する確率（成功確率）が与えられた上で、ある回数成功する確率を計算できる。二項分布の「二」とは、ある出来事が起こる場合と起こらない場合という、2通りの結果を対象とすることを指している。結果が3通り以上ある場合には、**多項分布**と言う。二項分布に従う確率の例としては、以下のようなものがある。

・コインを3回投げて表が2回出る確率。
・当籤（とうせん）金100万ドルの宝くじを何枚か買って、少なくとも1枚は当たる確率。
・正20面体のサイコロを10回振って20の目が2回以下しか出ない確率。

これらの問題には共通の構造がある。もっと言うと、すべての二項分布は、以下の3つの**パラメータ**で表される。

k　関心のある結果が起こる回数
n　挑戦する総回数
p　関心のある結果が起こる確率

これらのパラメータが、二項分布の入力となる。たとえば、コインを3回投げて表が2回出る確率を計算する場合は、

・$k=2$　関心のある結果が起こる、この場合には表が出る回数

・$n=3$ コインを投げる回数
・$p=1/2$ コインを1回投げて表が出る確率

このタイプの問題を一般化して二項分布を作れば、この3つのパラメータを持つどんな問題も簡単に解けるようになる。二項分布を簡潔に表すには、

$$B(k; n, p)$$

という表記を使う。

コインを3回投げる例では、$B(2; 3, 1/2)$となる。"B"は"binomial"（二項）の頭文字。kがほかのパラメータとセミコロンで分けられていることに注意してほしい。これは、ある一つの分布について論じる場合、ふつうはnとpを固定した上ですべてのkの値に注目するからである。そのため、二項分布のそれぞれの値は$B(k; n, p)$と表すが、分布全体はふつう$B(n, p)$と表す。

ではもっと詳しく掘り下げて、これらの問題を二項分布へ一般化するための関数の作り方を見ることにしよう。

問題の詳細を理解して抽象化する

確率分布を作れば確率の問題が単純になることを確実に理解できるよう、まずは具体的な例を解いてみて、そこからできる限りたくさんの要素を抜き出すことにする。引き続き、コインを3回投げて表が2回出る確率を計算するという例を使う。

起こりうる結果の個数が少ないので、紙と鉛筆を使えば関心のある結果を素早く列挙できる。コインを3回投げて表が2回出る結果として起こりうるのは、次の3通りである。

表表裏、表裏表、裏表表

そこで、それ以外の起こりうる結果をすべて書き出した上で、関心の

ある結果の個数を、起こりうるすべての結果の個数（この場合は8）で割ることで、この問題を解きたくなるかもしれない。この問題だけを解くのであればそれで結構だが、ここでの目的は、「挑戦する回数と、ある出来事が起こる確率が与えられた上で、その出来事がある回数起こる確率を求めよ」という形の、あらゆる問題を解くことである。一般化をせずにこの問題の一例だけを解いてしまったら、パラメータが変わったときには新しい問題を再び解かなければならなくなる。たとえば「コインを4回投げて表が2回出る確率は？」という問題であれば、また別の解き方をひねり出す必要がある。そこで代わりに、確率の定理を使ってこの問題について考察してみよう。

一般化の手始めとして、この問題をすぐに解ける小さい部分に分解して、それらの各部分を扱いやすい数式に単純化する。その数式ができたら、それらを組み合わせて、一般化した二項分布の関数を作る。

最初に注目すべきは、関心のあるそれぞれの結果がすべて同じ確率で起こることである。それぞれの結果は互いに、置換、つまり並べ替えたものにすぎない。

$$P(\{表, 表, 裏\})=P(\{表, 裏, 表\})=P(\{裏, 表, 表\})$$

そこでこれを単純に、

$$P(目的の結果)$$

と表すことにする。

結果が3通りあるが、起こるのはそのうちの1通りだけで、どれが起こるかはどうでもいい。また、どれか1つの結果しか起こりえないので、3通りの結果は互いに排反であり、それは次のように表される。

$$P(\{表, 表, 裏\},\{表, 裏, 表\})=0$$
$$P(\{表, 表, 裏\},\{裏, 表, 表\})=0$$
$$P(\{表, 裏, 表\},\{裏, 表, 表\})=0$$
$$P(\{表, 表, 裏\},\{表, 裏, 表\},\{裏, 表, 表\})=0$$

このため、確率の加法定理が簡単になる。まとめると次のように簡潔だ。

$$P(\{表,\ 表,\ 裏\}\ \mathrm{OR}\ \{表,\ 裏,\ 表\}\ \mathrm{OR}\ \{裏,\ 表,\ 表\})$$
$$= P(目的の結果) + P(目的の結果) + P(目的の結果)$$

もちろんこの3つの確率の和は

$$3 \times P(目的の結果)$$

に等しい。

これで、関心のある結果が起こる確率を簡潔に表すことができたが、一般化する上で問題となるのは、3という値がこの問題に特有なことである。それを解消するには、3という値を$N_{結果}$という変数に置き換えればいい。そうすれば、次のようにかなりうまく一般化できる。

$$B(k; n, p) = N_{結果} \times P(目的の結果)$$

次に2つの小さな問題を解かなければならない。関心のある結果が何通りあるかをどのように数えるかと、1つの結果の確率をどのように定めるかである。これらの問題が解ければ、準備は完了だ！

二項係数を使って結果を数え上げる

まず、k（関心のある結果が出る回数）とn（挑戦する回数）が与えられたときに、結果が何通りになるかを求める必要がある。小さい数であれば単純に数え上げられる。コインを5回投げて表が4回出るという場合であれば、関心のある結果の組み合わせは次の5通りである。

裏表表表表，表裏表表表，表表裏表表，表表表裏表，表表表表裏

しかしこの方法だと、やがて手では数えられなくなってくる。たとえば、「立方体のサイコロを3回振って6が2回出る確率は？」

起こりうる結果は6が出るか出ないかの2通りだけなので、これもや

はり二項問題だが、「6が出ない」として数え上げられる出来事がはるかに多い。サイコロを3回投げるという小規模な問題でさえ、数え上げていこうとするとすぐにうんざりしてしまうのだ。

6-6-1
6-6-2
6-6-3
……
4-6-6
……
5-6-6
……

比較的些細な問題でさえ、起こりうる結果をすべて数え上げるという方法は明らかに割に合わない。そこで組み合わせ論が解決してくれる。

●組み合わせ論――二項係数を使った高度な数え方

組み合わせ論という数学の分野に目を向けると、この問題を見通すことができる。組み合わせ論とは単に、高度な数え方の一種のことである。

組み合わせ論には、**二項係数**という特別な演算がある。これは、n個のものの中からk個を選び出す方法が何通りあるかを表す。つまり、すべての挑戦の結果の中から関心のある結果を選び出すというのと同じだ。二項係数は次のように表記する。

$$\binom{n}{k}$$

この式は、「n個の中からk個を選ぶ」と読める。いまの例では

$$\binom{3}{2}$$

となり、「3回のコイン投げのうち2回で表を選ぶ」となる。

この演算は次のように定義される。

$$\binom{n}{k}=\frac{n!}{k!\times(n-k)!}$$

!は**階乗**の意味で、!記号の前に書いた数以下のすべての自然数（その数自体を含む）の積である。たとえば$5!=5\times4\times3\times2\times1$となる。

数学に用いられるたいていのプログラミング言語では、二項係数を`choose()`関数で表す。たとえばR言語では、コインを3回投げて表が2回出る場合の二項係数は、次のように計算する。

```
> choose(3,2)
[1] 3
```

関心のある結果が何通りあるかを計算するこの一般的な演算を使えば、先ほどの一般化した公式を次のように書き換えることができる。

$$B(k;n,p)=\binom{n}{k}\times P(\text{目的の結果})$$

P(目的の結果)は、コインを3回投げて表が2回出る組み合わせのうちのどれか1通りが起こる確率であった。この式ではこの値を単なる記号として使っているが、その値を計算する方法は実際には分からない。問題を解く上で唯一欠けているのは、P(目的の結果)を求めることである。それが分かれば、このタイプの問題を簡単に一般化できる！

●目的の結果が起こる確率を計算する

あと導かなければならないのは、P(目的の結果)、つまり、関心のある出来事のいずれかが起こる確率である。ここまでは、問題の答えをまとめるためにP(目的の結果)を変数として使ってきたが、これから、その値を計算する方法を正確に明らかにする必要がある。そこで、コインを5回投げて表が2回出る確率に注目しよう。この条件に合う結果のうち、表表裏裏裏という1通りに焦点を絞る。

コインを1回投げて表が出る確率は1/2だと分かっているが、いまの問題を一般化するにはそれをP(表)として扱うので、確率を特定の値に決めつけたくはない。前の章で説明した乗法定理と否定を使うと、この問題はP(表, 表, ¬表, ¬表, ¬表)と書くことができる。

あるいは言葉で長ったらしく表現するなら、「表が出て、表が出て、表が出ず、表が出ず、表が出ない確率」となる。

「¬表」の確率は$1-P$(表)と表せる。そこで乗法定理を使えば、次のようになる。

$$P(\text{表}, \text{表}, \neg\text{表}, \neg\text{表}, \neg\text{表})$$
$$=P(\text{表})\times P(\text{表})\times(1-P(\text{表}))\times(1-P(\text{表}))\times(1-P(\text{表}))$$

冪乗(べきじょう)を使ってこの掛け算を簡単に表そう。

$$P(\text{表})^2\times(1-P(\text{表}))^3$$

まとめると次のようになる。

$$P(\text{コインを5回投げて表が2回出る})=P(\text{表})^2\times(1-P(\text{表}))^3$$

見て分かるとおり、$P(\text{表})^2$と$(1-P(\text{表}))^3$の指数はそれぞれ、このシナリオにおいて表が出る回数と表が出ない回数となっている。これらはそれぞれ、関心のある結果の個数kおよび、挑戦する回数と関心のある結果の個数との差$n-k$である。いまのケースに特有の数を排除するために、これらをすべて放り込んでもっとずっと一般的な公式を作ると、次のようになる。

$$\binom{n}{k}\times P(\text{表})^k\times(1-P(\text{表}))^{n-k}$$

次に、表が出る確率だけでなく任意の確率へ一般化するために、P(表)を単にpに置き換える。そうすれば、関心のある結果の個数k、挑戦する回数n、個々の結果が起こる確率pの場合の一般的な答えが、次のように得られる。

$$B(k; n, p) = \binom{n}{k} \times p^k \times (1-p)^{n-k}$$

この数式が得られたので、コイン投げの結果に関するあらゆる問題を解くことができる。たとえば、コインを24回投げて表がちょうど12回出る確率を計算すると、次のようになる。

$$B\left(12; 24, \frac{1}{2}\right) = \binom{24}{12} \times \left(\frac{1}{2}\right)^{12} \times \left(1-\frac{1}{2}\right)^{24-12} \approx 0.1612$$

二項分布について学ぶ前だったら、この問題を解くのはもっとずっと面倒だったに違いない。

二項分布の基礎として使ったこのようなたぐいの数式を、**確率質量関数**という。「質量」という呼び方は、特定のnとpにおける任意のkに対する確率の量、いわば確率の質量を計算するのに使われることに由来する。

たとえば、10回のコイン投げにおいて取りうるkの値をすべて放り込んで、その二項分布をグラフで表すと、図4-1のようになる。

同じく、立方体のサイコロを10回投げて6が出る確率の分布を見ると、図4-2のようになる。

このように確率分布は、あるタイプの問題をまとめて一般化する方法となる。確率分布が得られれば、幅広い問題を解くための強力な方法が手に入る。しかし、その確率分布が単純な確率定理から導かれたということは、けっして忘れないように。では試しに使ってみよう。

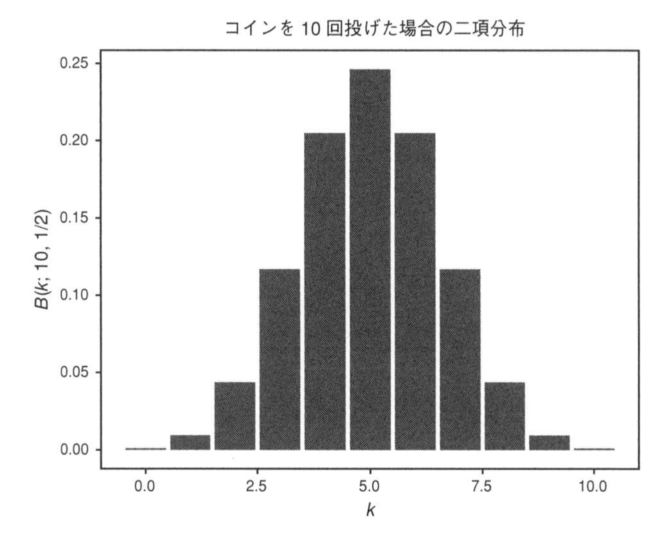

図4-1　コインを10回投げて表が*k*回出る確率を表した棒グラフ

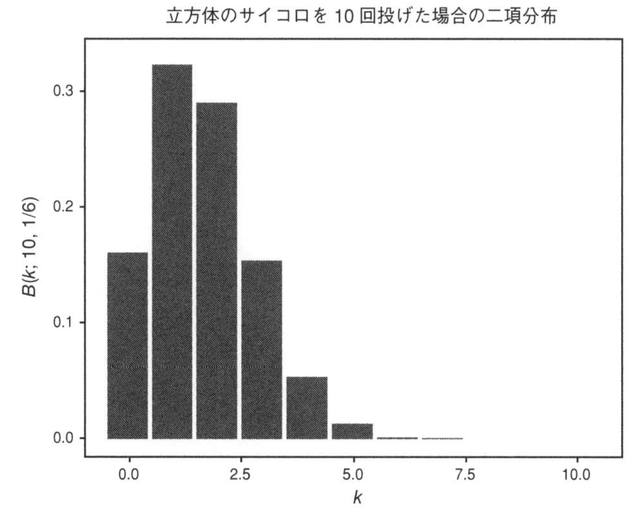

図4-2　立方体のサイコロを10回投げて6が*k*回出る確率

例：ガチャゲーム

「ガチャゲーム」とは、ゲーム内の通貨を使って仮想的なカードを購入する、とくに日本で人気の携帯ゲームである。その売りは、すべてのカードがランダムに出てくるため、プレイヤーがどのカードを買うかを選べないことにある。ほしいカードばかりではないため、プレイヤーはほしいカードが出てくるまで、スロットマシンさながらに何度も引きつづけてしまう。いまから、ある仮想的なガチャゲームである特定のリスクを取るべきかどうかを、二項分布を使って判断する方法を説明する。

シナリオは次のとおり。新しい携帯ゲーム『ベイジアン・バトラーズ』が登場した。現在引けるカードの山を、「バナー」という。バナーには、ふつうのカードが何枚かと、もっと貴重なスペシャルカードが何枚か入っている。ご想像のとおり、『ベイジアン・バトラーズ』のカードにはすべて、有名な確率論学者や統計学者が描かれている。バナーに入っているスペシャルカードとそれが出る確率は、次のとおり。

・トーマス・ベイズ：0.721%
・E・T・ジェインズ：0.720%
・ハロルド・ジェフリーズ：0.718%
・アンドリュー・ゲルマン：0.718%
・ジョン・クルシュケ：0.714%

これらのスペシャルカードが出る確率を合計しても、0.03591にしかならない。確率を足し合わせると1でなければならないため、それほどほしくないカードを引く確率は残りの0.96409となる。さらに、カードの山は事実上無限に大きいとして扱う。つまり、何か特定のカードが出ても別のカードが出る確率が変わることはなく、引いたカードが山からなくなることはないという意味だ。実際のカードを山から引いて、その引いたカードを再び山に戻さない場合には、話が違ってくる。

あなたは一流のベイジアンチームを完成させるために、どうしてもE・T・ジェインズのカードがほしい。でも困ったことに、ゲーム内の通貨ベイズ・バックを購入しないとカードは引けない。カードを1枚引くには1ベイズ・バックが必要だが、ちょうどいま、たった10ドルで100ベイズ・バックを購入できるキャンペーン中だ。このゲームに使おうと思っているのは最高10ドルだが、ただしそれは、ほしいカードが出る確率が五分五分以上であればの話だ。つまり、E・T・ジェインズのカードが出る確率が0.5以上の場合にだけ、あなたはベイズ・バックを購入するつもりである。

当然、先ほどの二項分布の公式に、E・T・ジェインズのカードが出る確率を放り込めばいい。

$$\binom{100}{1}\times 0.00720^{1}\times(1-0.00720)^{99}\approx 0.352$$

答えは0.5より小さいので、やめるべきだ。いや、待ってほしい。とても重要なことを忘れている！　いまの式では、E・T・ジェインズのカードが**ちょうど1**枚出る確率を計算したにすぎない。しかし、E・T・ジェインズのカードは2枚、あるいは3枚出るかもしれない！　だから本当に知りたいのは、E・T・ジェインズのカードが1枚以上出る確率である。それは次のように書くことができる。

$$\binom{100}{1}\times 0.00720^{1}\times(1-0.00720)^{99}$$
$$+\binom{100}{2}\times 0.00720^{2}\times(1-0.00720)^{98}$$
$$+\binom{100}{3}\times 0.00720^{3}\times(1-0.00720)^{97}+\cdots$$

式はこの先も、購入したベイズ・バックで引くことのできるカードの枚数、つまり100枚分続いていくが、かなり長たらしいので、代わりにΣ（ギリシャ文字の大文字のシグマ）という特別な数学記号を使うことにする。

$$\sum_{k=1}^{100}\left\{\binom{100}{k}\times 0.00720^{k}\times(1-0.00720)^{100-k}\right\}$$

Σは総和の記号で、下に書いた数が足し算の最初の値を、上に書いた数が最後の値を表す。つまりこの式は、pを0.00720としておいて、1から100までのすべてのkの値における二項分布の値を単に足し合わせるという意味である。

これでこの問題をずっと簡単に書き下すことができたが、次にこの値を実際に計算する必要がある。電卓を取り出して計算してもかまわないが、ここでRを使いはじめる絶好のチャンスだ。Rでは、`pbinom()`という関数を使うと、kのこれらすべての値における確率質量関数の総和を自動的に計算してくれる。図4-3に、いまの問題を解くための`pbinom()`の使い方を示してある。

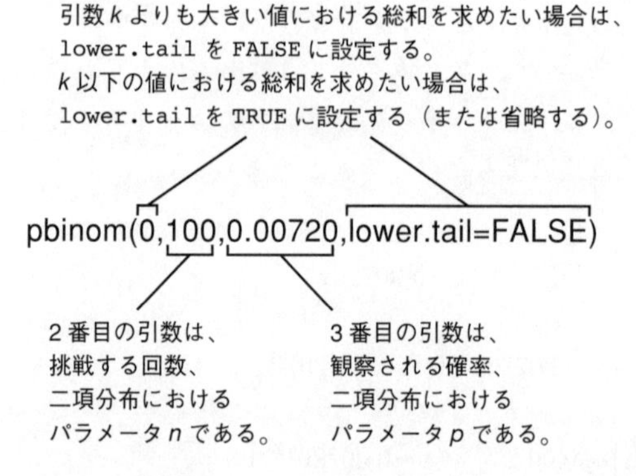

図4-3　pbinom()関数を使って『ベイジアン・バトラーズ』の問題を解く

`pbinom()`関数は、必須の引数を3つと、`lower.tail`というオプション引数を1つ取る。4番目の引数が`TRUE`だと、1番目の引数以下の値における確率が足し合わされる。`lower.tail`を`FALSE`に設定すると、1番目の引数よりも大きい値における確率が足し合わされる。ここでは、

E・T・ジェインズのカードが1枚以上出る確率を計算するために、1番目の引数を0に設定する。`lower.tail`を`FALSE`に設定したのは、1番目の引数よりも大きい値が対象であるからだ（デフォルトのままだと、1番目の引数以下の値が対象となってしまう）。2番目の引数は挑戦する回数n、3番目の引数は成功する確率pを表す。

図4-3のようにそれぞれの数を入力して`lower.tail`を`FALSE`に設定すると、Rは、100ベイズ・バックでE・T・ジェインズのカードが1枚以上出る確率を次のように計算してくれる。

$$\sum_{k=1}^{100}\left\{\binom{100}{k}\times 0.00720^{k}\times(1-0.00720)^{100-k}\right\}\approx 0.515$$

E・T・ジェインズのカードがちょうど1枚出る確率はたった0.352だったが、E・T・ジェインズのカードが1枚以上出る確率は、リスクを取る価値があるくらいに高いのだ。さあ、10ドル突っ込んで一流ベイジアンのチームを完成させよう。

まとめ

この章では、確率の定理と組み合わせ論の手法を使うことで、あるタイプの問題をまとめて解くための一般的な定理を導けることを見てきた。n回の挑戦の中で確率pの結果がk回起こる確率を求めることが関係するどんな問題も、二項分布

$$B(k;n,p)=\binom{n}{k}\times p^{k}\times(1-p)^{n-k}$$

を使って解くことができる。

驚かれるかもしれないが、この定理は、個数を数え上げることと確率定理を当てはめることのみから導かれている。

練習問題

二項分布を完全に理解できたかどうか確かめるために、以下の問題を解いてみてほしい。解答は付録C（p.296）参照。

1. 20面体のサイコロを12回振って1または20の目が1回出る確率を表す二項分布のパラメータは？
2. 1組52枚のトランプにはエースが4枚入っている。カードを1枚引いたらそのカードを戻し、シャッフルして再びカードを1枚引くとする場合、5回引いてエースが1回だけ出るのは何通りあるか？
3. 問題2の例において、10回引いてエースが5回出る確率は？（引いた後にカードを戻して再びシャッフルすることを忘れないように）
4. 新しい仕事を探しているときには、複数の内定をもらって交渉材料にすると都合が良い。面接を受けて内定をもらえる確率が1/5で、1か月で7社の面接を受けると、その月に2社以上から内定をもらえる確率は？
5. 人事担当者からのEメールがたくさん来て、来月は25社の面接を受けることになった。しかしそれだと疲れきってしまって、疲れていると内定をもらえる確率は1/10に下がってしまう。2社以上から内定をもらえる確率が2倍以上に上がらない限り、そんなに何度も面接を受けたくはない。25社の面接を受けたほうがいいか？　それとも7社に絞るべきか？

Chapter 5

第5章
ベータ分布

この章では、前の章で説明した二項分布の考え方を踏まえて、別の確率分布である**ベータ分布**を導入する。ベータ分布を使えば、挑戦した回数と成功した結果の回数がすでに分かっているような出来事の確率を見積もることができる。たとえば、ここまでにコインを100回投げてそのうち40回で表が出ている場合、表が出る確率を見積もることができる。

ベータ分布について探りながら、確率と統計の違いについても見ていくことにする。確率論の教科書では、出来事の起こる確率がはっきりと数値で示されていることが多い。しかし実生活ではそのようなことはめったにない。ふつうは、与えられたデータを使って確率の推定値を導くものだ。そこに統計が関わってくる。統計を使えば、データから問題の確率を推定できるのだ。

ある奇妙なシナリオ——データを得る

この章で使うシナリオを紹介しよう。ある日、骨董店に入った。店主に挨拶されて、しばらく見て回っていると、「何かお探しですか」と声を掛けられた。そこで、「この店で一番奇妙な商品を見せてほしい」と言ってみた。すると店主はにっこりと笑って、カウンターの奥から何かを取り出した。渡されたのはルービックキューブほどの大きさの黒い箱。ありえないくらい重い。あなたは興味津々で、「何をする箱ですか」と尋ねた。

店主は、箱の上の面に1つ、下の面に1つ開いている小さなスリットを指差した。「上から25セント硬貨を1枚入れると、ときどき下から2枚出てくるんです！」。試してみたくなったあなたは、ポケットから25セント硬貨を1枚取り出して箱に入れてみた。しばらく待ったが何も起こらない。すると店主はこう言った。「この箱はあなたの25セント硬貨を食べてしまうこともあります。何度か試していますが、中が空っぽになってしまったこともないし、満杯になってそれ以上入らなくなったこともありません！」

あなたは戸惑ったが、新たに身につけた確率の技能を活かしたくなって、「25セント硬貨が2枚出てくる確率はどれだけですか」と尋ねた。すると店主は困った顔をしてこう答えた。「見当もつきません。ご覧のとおりただの黒い箱で、説明書もありません。分かっているのは動作のしかただけです。ときには25セント硬貨が2枚戻ってくるし、ときには25セント硬貨を食べてしまう。それだけです」。

●確率と統計と推定を区別する

日常の問題としては多少変わっているが、実はとても一般的なタイプの確率の問題である。第1章を除いてここまでに出てきた例はすべて、起こりうるすべての出来事の確率か、少なくともあなたがそれらの出来事にいくら賭けたいと思うかが、すべて分かっていた。しかし実生活ではほとんどの場合、どんな出来事の正確な確率もけっして分からない。観察してデータが得られる、それだけだ。

確率論と統計学の違いはその点にあるとされる。確率論では、すべての出来事の確率が正確に分かっている上で、ある観察結果がどの程度起こりそうかを考える。たとえば、公正なコインを投げて表が出る確率は1/2であると指示された上で、コインを20回投げて表がちょうど7回出る確率を求める。

統計学ではこの問題を逆向きに考える。つまり、「コインを20回投げて表が7回出たとすると、1回投げたときに表が出る確率はどれだけか？」ということだ。お分かりのとおり、この例ではその確率は分かっていない。統計学はいわば確率論の逆だ。与えられたデータに基づいて確率をはじき出すことを**推定**といい、これが統計学の基礎となっている。

●データを集める

統計的推定でもっとも重要なのはデータである！　いまのところ、例の奇妙な箱からはたった1つの例（サンプル）しか得られていない。25セント硬貨を1枚入れたら何も出てこなかったという例だ。この時点で分かっているのは、あなたが損をするかもしれないということだけである。店主に言わせると得をすることもあるそうだが、確信はできない。

この謎の箱から25セント硬貨が2枚出てくる確率を推定したいが、そのためにはまず、さらに何回か試してみてどのくらいの頻度で得をするかを知る必要がある。

店主も興味があると言ってきて、儲かった分は返すという約束で、25セント硬貨10ドル分、40枚を提供してくれた。そこで25セント硬貨を1枚入れてみると、嬉しいことに下から2枚出てきた！　これでデータが2つ手に入った。この謎の箱は実際にお金を増やしてくれることもあれば、硬貨を食べてしまうこともある。

1回は25セント硬貨が取られて、もう1回は儲かったという、2つの観察結果を踏まえた上で安直に考えると、P(2枚出てくる)=1/2と推測してしまいかねない。しかしデータがあまりにも限られているので、この謎の箱から硬貨が2枚出てくる真の割合としてみなすことのできる確率には、まだかなりの幅がある。そこでもっとデータを得るために、残りの25セント硬貨をすべて使ってみた。すると最終的に、最初の1枚を含めて次のような結果になった。

儲かったのが14回
損をしたのが27回

これ以上分析を進めずに直観的に考えると、あなたの推測を、P(2枚出てくる)＝1/2からP(2枚出てくる)＝14/41へと更新したくなるかもしれない。では最初の推測は間違っていたのだろうか？　この新たなデータは、実際の確率が1/2ではありえないということを意味しているのだろうか？

●確率の確率を計算する

この問題を解決するために、確率の値に関する2つの仮説に注目しよう。それは、魔法の箱から25セント硬貨が2枚戻ってくる割合に関する、次の2つの仮説である。

$$P(\text{2枚出てくる}) = \frac{1}{2} \quad \text{vs} \quad P(\text{2枚出てくる}) = \frac{14}{41}$$

単純化のために、それぞれの仮説を変数で表すことにする。

$$H_1 \text{は} P(\text{2枚出てくる}) = \frac{1}{2}$$

$$H_2 \text{は} P(\text{2枚出てくる}) = \frac{14}{41}$$

直観的にはほとんどの人が、観察されたとおりの値であるH_2のほうが可能性が高いと答えるだろうが、確信するにはそれを数学的に証明する必要がある。

この問題は、観察された現象をそれぞれの仮説がどの程度良く説明するかとして考えることができる。言葉で言えば、「H_1が真である場合と、H_2が真である場合のそれぞれで、観察された現象はどの程度起こりやすいか」となる。実はそれは、第4章で説明した二項分布を使えば簡単に計算できる。この場合、$n=41$で$k=14$だと分かっていて、$p=1/2$ (H_1) または$p=14/41$ (H_2) と仮定する。得られたデータはDという変数で表すことにしよう。これらの値を二項分布に放り込むと、次のような結果が得られる（第4章で示した二項分布の公式を使う）。

$$P(D \mid H_1) = B\left(14; 41, \frac{1}{2}\right) \approx 0.016$$

$$P(D \mid H_2) = B\left(14; 41, \frac{14}{41}\right) \approx 0.130$$

つまり、もしH_1が真で、硬貨が2枚出てくる確率が1/2だとすると、41回試してそのうち14回で硬貨が2枚出てくる確率は、約0.016である。しかし、もしH_2が真で、箱から硬貨が2枚出てくる実際の確率が14/41だとすると、同じ結果が観察される確率は約0.130となる。

これで分かったとおり、このデータ（41回試したうちの14回で硬貨が2枚出てきた）を踏まえると、H_1よりもH_2のほうが10倍近く可能性が高いのだ！　しかし、どちらの仮説もありえないわけではないし、もちろんこのデータに基づいてほかにいくつもの仮説を立てることができる。たとえば、H_3としてP(2枚出てくる)＝15/42と仮定する人もいるかもしれない。傾向を見たいのであれば、0.1から0.1刻みで0.9までの確率を選び、そのそれぞれの値において、観察されたデータが得られる確率を計算してみればいい。結果は図5-1のようになる。

仮説の数は有限ではないので、これらの仮説だけでは、考えられる可能性をすべてカバーすることはできない。そこで、さらに多くの値について試してもっと情報を増やしてみよう。確率を0.01から0.99まで0.01ずつ増やしていって、先ほどと同様、そのそれぞれの場合においてこのデータが得られる確率を調べていくと、図5-2のような結果になる。

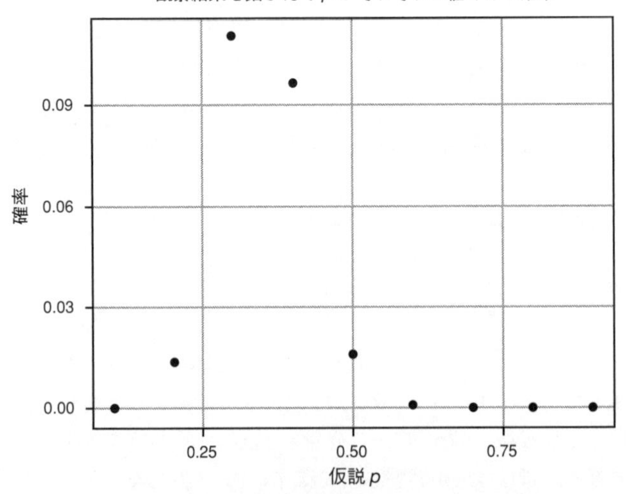

図5-1 25セント硬貨が2枚出てくる割合に関するさまざまな仮説を図示したもの

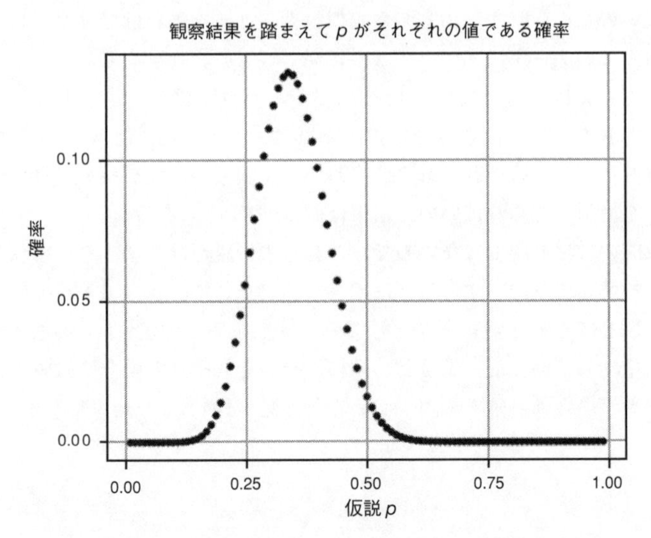

図5-2 仮説の数を増やすとはっきりしたパターンが見えてくる

考えられるすべての仮説を試すことはできないだろうが、パターンははっきりと浮かび上がってきた。例の黒い箱の振る舞いが自分の考えどおりであるかを表現した、分布のようなものが見えてくるのだ。

確率がもっとも高くなる場所が簡単に分かるので、これだけでも貴重な情報であるように思える。しかし最終目標は、考えられるすべての仮説に対して、自分がその仮説を信じる強さ（つまり確率分布全体）をモデル化することである。この方法にはまだ問題点が2つある。第1に、考えられる仮説は無限通りあって、値の増やし方をどんどんと細かくしていっても、考えられるすべての仮説を正確に表現することはできず、どうしても無限通りの仮説が抜け落ちてしまう。実用上は0.000001と0.0000011のような細かい違いは気にしないのでたいした問題ではないが、この無限通りの可能性をあと少しでも正確に表現できれば、データの有用性は増すだろう。

第2に、このグラフを細かく見てみると、もっと大きな問題点に気づく。確率が0.1以上の点がこの時点ですでに10個以上あるし、しかもその範囲には、これから付け足されるべき点が無限個ある。つまり、確率の総和が**1にならない**のだ！　確率の定理によれば、考えられるすべての仮説の確率を足し合わせると1でなければならない。1に達しなかったら、仮説がいくつか抜け落ちていることになる。逆に足し合わせて1を超えたら、確率は0と1の間でなければならないという規則が破られてしまう。考えられる仮説が無限通りあっても、それらの確率をすべて足し合わせると1にならなければならないのだ。そこでベータ分布の出番となる。

ベータ分布

この2つの問題を解決するために、ベータ分布を使うことにしよう。二項分布は不連続な値にきっちりと分かれていたが、それに対してベータ分布は連続的な範囲の値を表していて、考えられる無限通りの仮説を表現することができる。

ベータ分布は**確率密度関数**（PDF）で定義され、これは二項分布で使った確率質量関数にとても似ているが、連続的な値に対して定義される。ベータ分布における確率密度関数の式は次のとおり。

$$\mathrm{Beta}(p;\alpha,\beta)=\frac{p^{\alpha-1}\times(1-p)^{\beta-1}}{\mathrm{beta}(\alpha,\beta)}$$

二項分布の式よりもずっと難しそうに見えるが、実際にはさほど違いはない。確率質量関数のときのように一からこの公式を導くことはしないが、どのような成り立ちになっているかある程度は解きほぐしてみよう。

●確率密度関数を分解する

はじめに、p, α（ギリシャ語の小文字のアルファ）, β（ギリシャ語の小文字のベータ）というパラメータについて見てみよう。

- $\boldsymbol{p}$　ある出来事が起こる確率。例の黒い箱から硬貨が2枚出てくる確率がそれぞれの値になるという各仮説に対応する。
- $\boldsymbol{\alpha}$　関心のある出来事が起こった回数。たとえば、黒い箱から25セント硬貨が2枚出てくるという出来事が観察された回数。
- $\boldsymbol{\beta}$　関心のある出来事が起こらなかった回数。いまの例では、黒い箱が25セント硬貨を食べてしまった回数。

試した回数の合計は$\alpha+\beta$となる。二項分布の場合はそれとは違い、関心のある観察結果がk回で、試した回数がn回だった。

ベータ分布の確率密度関数の分子の部分は、二項分布における確率質量関数

$$B(k;n,p)=\binom{n}{k}\times p^k\times(1-p)^{n-k}$$

とだいたい同じなので、比較的見慣れているはずだ。

ベータ分布の確率密度関数では、$p^k \times (1-p)^{n-k}$の代わりに、それぞれの指数から1を引いた$p^{\alpha-1} \times (1-p)^{\beta-1}$を使う。また、分母に**ベータ関数**（betaと小文字で表される）という別の関数が使われている（ベータ分布という名前はここから来ている）。つまり、指数から1を引いた上で、（確率の総和が1になるように）ベータ関数で値を正規化していることになる。ベータ関数は、$p^{\alpha-1} \times (1-p)^{\beta-1}$を0から1まで**積分**したものである。積分については次の節でもっと詳しく説明するが、ここでは、pを0と1の間のすべての値にした場合に$p^{\alpha-1} \times (1-p)^{\beta-1}$が取りうるすべての値を足し合わせたものと考えておけばいい。指数から1を引いて正規化のためにベータ関数で割る理由については、この章の範囲を超えているが、ここではとりあえず、そうすることで総和が1になって、確率として有効になるということだけが分かっていればいい。

最終的に得られるのは、ある結果の実例がα回、もう一つの結果の実例がβ回観察された場合に、例の箱から硬貨が2枚出てくる確率に関するそれぞれの仮説が成り立つ確率を表した関数である。それぞれ独自の確率pを持つ複数の二項分布が、データをそれぞれどの程度良く説明するかを比較することで、このベータ分布にたどり着いたのだった。つまりベータ分布は、考えられるすべての二項分布が、観察されたデータをそれぞれどの程度良く説明するかを表現していることになる。

●確率密度関数を先ほどの問題に当てはめる

黒い箱に関するデータをベータ分布の式に放り込んで、図5-3のように図示してみると、図5-2の各点を滑らかにつないだように見える。この図がBeta(14, 27)の確率密度関数である。

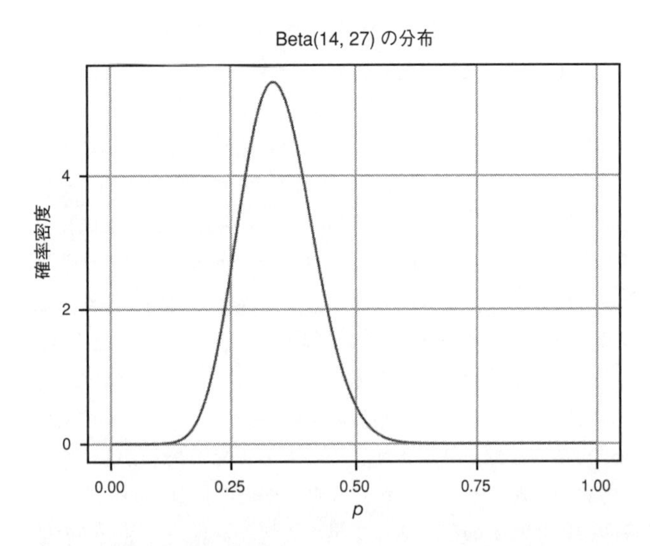

図5-3 例の黒い箱で集められたデータに対するベータ分布のグラフ

見て分かるとおり、グラフの山の大部分は0.5未満に収まっている。例の黒い箱から25セント硬貨が2枚出てくるのが2回に1回より少なかったというデータを踏まえると、これは予想どおりである。

またこのグラフで分かるとおり、黒い箱から25セント硬貨が2枚出てくるのが2回に1回以上である可能性、つまり、25セント硬貨を入れつづけると得をする可能性は、かなり低い。得をするよりも、25セント硬貨をたくさん取られて損をするほうが可能性が高いことが分かる。このグラフを見れば、自分がそれぞれの仮説をどのくらい強く信じるか、その分布が分かる。しかしそれだけでなく、「この箱から25セント硬貨が2枚出てくる真の確率は0.5未満である」という考えをどれだけ強く信じるかを、正確な数値で表せるようにしたい。そのためには、微積分を少々（そしてRを）使えばいい。

●連続分布を積分で定量化する

ベータ分布は二項分布と本質的に違う。二項分布では、関心のある結果の回数kの分布に注目し、その回数はつねに数え上げることができた。しかしベータ分布の場合、注目するのはpの分布であって、pは無限通りの値を取りうる。そこから生じる興味深い問題は、微積分を学んだことのある人にはお馴染みかもしれない（学んだことがなくても大丈夫！）。いま知りたいのは、$\alpha=14, \beta=27$という例において、硬貨が2枚出てくる割合が1/2未満である確率だ。

二項分布では結果が有限通りなので、ある正確な値を取る確率を簡単に求めることができるが、連続分布の場合にはかなり厄介な問題となる。確率の基本的な規則として、確率の総和は1でなければならないが、それぞれの確率が無限に小さいため、ある特定の値になる確率は事実上0なのだ。

微積分における連続関数に馴染みのない人には奇妙に思えるかもしれないので、簡単に説明しておこう。無限個の部分からできているものでは、論理的にそのような結論が導かれる。たとえば、重さ1ポンド〔約450 g〕のチョコレートバー（かなり大きい！）を2つに分けるとしよう。するとそれぞれのかけらは1/2ポンドになる。10個に分ければそれぞれのかけらは1/10ポンド。分ける個数が多ければ多いほど、それぞれのかけらは小さくなって、やがて肉眼では見えなくなる。さらにかけらの個数を無限大に近づけていくと、かけらは事実上消えてしまうのだ！

それぞれのかけらが消えてしまっても、範囲について論じることはできる。たとえば1ポンドのチョコレートバーを無限個に切り分けても、チョコレートバー半分に相当するかけらの重さを足し合わせることはできる。それと同じように、連続分布における確率について論じる場合にも、ある範囲の値の確率を足し合わせることはできる。しかしそれぞれの確率が0だとしたら、それらの和も0ではないのか？

そこで微積分の出番となる。微積分には、無限に小さい値を足し合わせる特別な方法として、**積分**というものがある。例の箱から硬貨が2枚出てくる確率が0.5未満（つまりその値が0と0.5の間）であるかどうかを知りたいのであれば、次のようにすれば総和が求められる。

$$\int_{0}^{0.5} \frac{p^{14-1} \times (1-p)^{27-1}}{\text{beta}(14, 27)} dp$$

微積分を忘れてしまった人のために言っておくと、Sを縦に伸ばしたような記号は、不連続関数でのΣに相当する連続関数である。これは単に、問題としている関数の小さな切れ端をすべて足し合わせたいということを表現しているにすぎない（付録Bに、微積分の基本的な原理についてまとめてある）。

この数式が難しく感じられてきても心配しないでほしい！ Rが代わりに計算してくれるのだから。Rには、ベータ分布の確率密度関数であるdbeta()という関数が用意されている。この関数は、それぞれp, α, βに対応する3つの引数を取る。この関数と、積分を自動的におこなうintegrate()関数を一緒に使えばいい。ここでは、例のデータを踏まえた上で、例の箱から硬貨が2枚出てくる可能性が0.5未満である確率を計算してみる。

```
> integrate(function(p) dbeta(p,14,27),0,0.5)
```

すると次のような出力が得られる。

```
0.9807613 with absolute error < 5.9e-06*
```

"absolute error"（絶対誤差）というメッセージが出るのは、コンピュータでは積分を完璧には計算できずに、どうしてもある程度の誤差が出るためだが、たいていは誤差はとても小さいので気にする必要はない。このRの出力から分かるとおり、証拠を踏まえた上で、例の黒い箱から硬貨が2枚出てくる真の確率が0.5未満である確率は、0.98である。つまり、この箱にもっと25セント硬貨を突っ込むのは、きっと損をするからやめたほうがいいということになる。

*［訳注］絶体誤差が5.9×10^{-6}より小さいという意味。

ガチャゲームのリバースエンジニアリング

実生活の場面では、出来事の真の確率が分かっていることはめったにない。そこでベータ分布が、データを理解するためのもっとも強力な道具の一つとなる。第4章で取り上げたガチャゲームでは、引きたいそれぞれのカードが出る確率が分かっていた。しかし現実には、ゲームメーカーがその情報をプレイヤーに提供することはほとんどない（プレイヤーに自分のほしいカードが出る確率を計算させたくないなど、いろいろな理由がある）。そこでここでは、やはり有名な統計学者が登場する新たなガチャゲーム、『フリクエンティスト・ファイターズ』をプレーするとしよう！　今度はブラッドリー・エフロンのカードを引きたい。

そのカードが出る割合は分からないが、どうしてもほしい。できれば2枚以上。大金を突っ込んだ結果、カードを1,200回引いてもブラッドリー・エフロンのカードは5枚しか出ないことが分かった。そこである友人は、ブラッドリー・エフロンのカードが出る可能性が0.005より高い確率が0.7より大きくない限り、このゲームにお金を使いたくはないと考えた。

そしてその友人が、お金を使ってカードを引くべきだろうかと相談してきた。データでは、カードを1,200枚引いてブラッドリー・エフロンのカードが5枚しか出なかったので、図5-4のようにそれをBeta(5, 1195)としてグラフに表すことができる（引いた合計枚数が$\alpha+\beta$であることを思い出してほしい）。

このグラフを見ると、確率密度のほぼ全体が0.01未満に分布していることが分かる。知りたいのは、友人が関心のある値である、0.005より大きい部分がどれだけあるかだ。それを求めるには、先ほどと同じようにRを使ってこのベータ分布を積分すればいい。

```
> integrate(function(x) dbeta(x,5,1195),0.005,1)
0.2850559 with absolute error < 1e-04
```

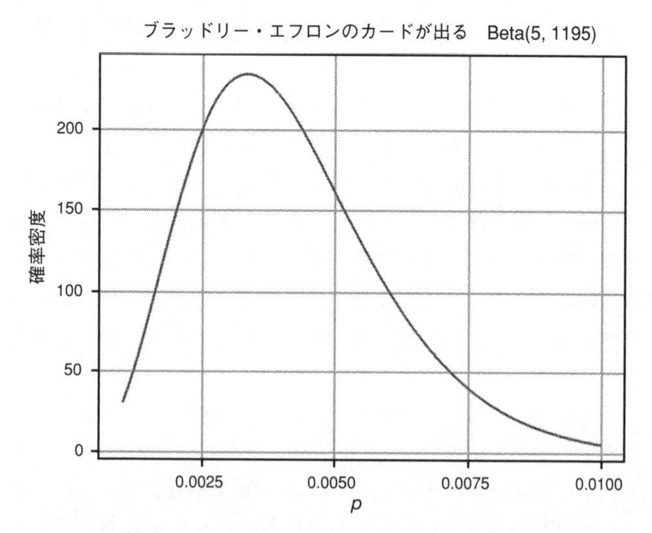

図5-4　データに基づいてブラッドリー・エフロンのカードが出る確率のベータ分布

これで分かったように、観察された証拠に基づけば、ブラッドリー・エフロンのカードが出る割合が0.005以上である確率は、わずか0.29である。友人はその確率が約0.7以上でなければカードを引きたくないのだから、運に身を委ねるべきではない。

まとめ

この章では、二項分布と密接に関係しているが振る舞いはまったく違う、ベータ分布について学んだ。考えられる二項分布の個数を増やしていって、そのそれぞれの二項分布がデータをどの程度良く説明するかを観察することで、ベータ分布を組み立てた。考えられる仮説の個数は無限大なので、それらをすべて記述するには連続分布が必要となる。ベータ分布を使えば、観察されたデータに対して考えられるすべての確率をそれぞれどの程度強く信じられるかを表現できる。観察されたデータに関して統計的推定をおこなうには、一つの出来事に当てはめることのできる確率を複数設定した上で、そのそれぞれをどれだけ強く信じられるかを判断する。いわば確率の確率を見極めるのだ。

ベータ分布と二項分布の最大の違いは、ベータ分布が連続確率分布であることだ。ベータ分布には値が無限個存在するため、不連続な確率分布と同じ方法で和を計算することはできない。そのため、ある範囲の値の和を求めるには微積分が必要となる。幸いにも、厄介な積分を手で計算する代わりにRを使えばいい。

練習問題

確率を推定するためのベータ分布の使い方が理解できたかどうか確かめるために、以下の問題を解いてみてほしい。解答は付録C（p.298）参照。

1. 手元にあるコインが公正かどうか、つまり、表と裏が同じ割合で出るかどうかを、ベータ分布を使って判断したい。そのコインを10回投げたら、表が4回、裏が6回出た。ベータ分布に基づいて、このコインが60%より高い割合で表を出す確率は？
2. 同じコインをさらに10回投げたら、合計で表が9回、裏が11回出た。±5%の範囲内でこのコインが公正である確率は？
3. 仮定に対する自信を深める最良の方法は、データを得ることである。同じコインをさらに200回投げたら、最終的に表が109回、裏が111回出た。±5%の範囲内でこのコインが公正である確率は？

PART II

パートⅡ
ベイズ確率と事前確率

Chapter 6

第6章
条件付き確率

ここまで扱ってきたのは、互いに**独立**である出来事だけだ。互いに独立とは、ある出来事の結果が別の出来事の結果に影響を与えないという意味である。たとえばコインを投げて表が出たことが、サイコロを振って6が出るかどうかに影響を与えることはない。互いに独立の場合は独立でない場合よりも確率の計算がはるかに簡単だが、実生活に当てはまることは多くはない。たとえば、目覚まし時計が鳴らない確率と、仕事に遅刻する確率は、互いに独立ではない。目覚ましが鳴らなかったら、仕事に遅刻する可能性は鳴った場合よりもはるかに高くなる。

この章では、互いに独立でなくて、確率が特定の出来事の結果に左右される場合の、**条件付き**確率について推論する方法を学ぶ。また、条件付き確率のもっとも重要な使い方の一つである、ベイズの定理を導入する。

条件付き確率を導入する

条件付き確率の最初の例として、インフルエンザワクチンと、それを打ってもらったときにかかる可能性のある病気に注目しよう。インフルエンザワクチンを打ってもらうときには、それに伴うさまざまなリスクを記した紙が渡される。リスクの一例が、身体の免疫系が神経系を攻撃して命を脅かしかねない、ギラン・バレー症候群（GBS）というきわめて稀な病気にかかる割合が高くなることである。アメリカ疾病管理予防センター（CDC）によると、1年間のうちにGBSにかかる確率は100,000分の2である。この確率は次のように表すことができる。

$$P(\text{GBSにかかる}) = \frac{2}{100{,}000}$$

通常の場合、インフルエンザワクチンを打っても、GBSにかかる確率はごくわずかしか上がらない。ところが鳥インフルエンザが流行した2010年には、インフルエンザワクチンを打つとGBSにかかる確率が3/100,000に上がった。この場合、GBSにかかる確率はインフルエンザワクチンを打ったかどうかに直接左右されるため、条件付き確率が当てはまる。条件付き確率は、$P(A \mid B)$、あるいは「Bである場合にAである確率」と表現する。GBSにかかる確率を数学的に表すと、次のようになる。

$$P(\text{GBSにかかる} \mid \text{ワクチンを打った}) = \frac{3}{100{,}000}$$

この式は、「インフルエンザワクチンを打った場合にGBSにかかる確率は100,000分の3である」と読める。

●条件付き確率はなぜ重要か

条件付き確率が統計学に欠かせないのは、情報によって自分の考えがどのように変わるかを示せるからだ。インフルエンザワクチンの例の場合、ある人がワクチンを打ったかどうかが分からなければ、その人がGBSにかかる確率は、集団全体の中の誰かがその年にGBSにかかる確率と同じ、2/100,000であると言うことができる。しかしその年が2010年で、その人がインフルエンザワクチンを打ったことを聞かされれば、真の確率は3/100,000であると分かる。このことは、次のように2つの確率の比としてとらえることもできる。

$$\frac{P(\text{GBSにかかる}\mid\text{ワクチンを打った})}{P(\text{GBSにかかる})}=1.5$$

したがって、もしあなたが2010年にインフルエンザワクチンを打っていれば、その情報だけで、あなたがGBSにかかる確率はランダムに選んだ誰かよりも50%高いと信じることができる。幸いにも個人レベルでは、GBSにかかる確率はやはりきわめて低い。しかし集団レベルで見ると、インフルエンザワクチンを打った人の集団の中でGBSにかかる人の割合は、集団全体よりも50%高いと予想される。

GBSにかかる確率を高める要因はほかにもある。たとえば、男性で高齢のほうがGBSにかかりやすい。条件付き確率を使えば、これらの情報をすべて組み込んで、ある個人がGBSにかかる可能性をより良く見積もることができる。

●独立性と改良版の確率の定理

条件付き確率の2つめの例として、特定の色の識別が困難な視覚異常である、色覚異常を取り上げよう。一般集団では、約4.25%の人が色覚異常である。色覚異常の症例の大部分は遺伝性だ。色覚異常は、X染色体上のある遺伝子に欠陥があることで起こる。男性はX染色体を1個しか持っていないが、女性は2個持っているので、X染色体の欠陥が悪影響を引き起こして色覚異常になる可能性は、男性のほうが約16倍高い。したがって、集団全体での色覚異常の割合は4.25%だが、女性ではわずか0.5%で、男性では8%である。ここからは計算を単純化するために、男女の人口比は正確に50/50であると仮定する。以上の事実を条件付き確率として表現してみよう。

$$P(\text{色覚異常})=0.0425$$
$$P(\text{色覚異常}\mid\text{女性})=0.005$$
$$P(\text{色覚異常}\mid\text{男性})=0.08$$

この情報を踏まえた上で、集団の中からランダムに1人を選んだ場合、その人が男性で、かつ色覚異常である確率はどれだけだろうか？

第3章で学んだとおり、2つの確率をANDで組み合わせるには乗法定理を使えばいい。乗法定理に基づけば、この問題の答えは次のようになりそうだ。

$$P(\text{男性},\ \text{色覚異常})=P(\text{男性})\times P(\text{色覚異常})$$
$$=0.5\times 0.0425=0.02125$$

しかし条件付き確率に乗法定理を使おうとすると、ある問題が生じる。その問題をもっとはっきりさせるために、選んだ人が女性で、かつ色覚異常である確率を求めてみよう。

$$P(\text{女性},\ \text{色覚異常})=P(\text{女性})\times P(\text{色覚異常})$$
$$=0.5\times 0.0425=0.02125$$

2つの確率が等しくなってしまったのだから、これは正しいはずがない！　男性が選ばれる確率と女性が選ばれる確率は互いに等しいが、女性が選ばれた場合にその女性が色覚異常である確率は、男性が色覚異常である確率よりもはるかに低いはずだ。そこで、ランダムに1人を選んだ場合、その人が男性か女性かによって、その人が色覚異常である確率が左右されるという事実を組み込んだ公式が必要となる。第3章で示した乗法定理は、2つの確率が互いに独立である場合にしか通用しない。男性（または女性）である確率と色覚異常である確率は、互いに独立ではないのだ。

そこで、色覚異常である男性が選ばれる真の確率は、男性が選ばれる確率と、男性が色覚異常である確率とを掛け合わせたものとなる。数学的には次のように書くことができる。

$$P(\text{男性, 色覚異常}) = P(\text{男性}) \times P(\text{色覚異常} \mid \text{男性})$$
$$= 0.5 \times 0.08 = 0.04$$

この答えを一般化すると、乗法定理は次のように書き換えることができる。

$$P(A, B) = P(A) \times P(B \mid A)$$

独立確率の場合は$P(B) = P(B \mid A)$なので、この定義は独立確率にも通用する。コインを投げて表が出て、かつサイコロを投げて6が出る場合について考えれば、これは直観的に筋が通っている。$P(6)$はコイン投げの結果に関係なく1/6であり、$P(6 \mid \text{表})$も1/6なのだから。

加法定理も、この事実を踏まえて次のように改良できる。

$$P(A \text{ OR } B) = P(A) + P(B) - P(A) \times P(B \mid A)$$

これで、パートⅠで示した確率の論理の定理を使いながら、条件付き確率を扱えるようになった。

条件付き確率と独立性について注意すべき重要な点として、実際の場面では、2つの出来事が互いに関連しているかどうかを見極めるのは難しいことが多い。たとえば、誰かがピックアップトラックを持っていて、かつ1時間以上かけて通勤している確率というものを考えてみよう。この一方がもう一方に左右される理由は、いろいろと思いつくことができる。たとえば、ピックアップトラックを持っている人は郊外に住んでいて、通勤時間が短い傾向があるといったような理由だ。しかし、それを裏付けるデータはないかもしれない。統計学では、たとえ2つの出来事が互いに独立でないように思えても、独立であると仮定してしまうことがとても多い。しかし色覚異常の男性を選ぶという先ほどの例のように、そのように仮定してしまうと、大きく間違った結果が導かれかねない。現実問題として独立性を仮定するしかないことは多いが、もし独立でなかったら結果がどれほど変わってくるかは、けっして忘れてはならない。

逆の条件付き確率とベイズの定理

条件付き確率を使ってできる事柄の中でもっとも驚くべきことの一つが、条件を逆転させて、それまで条件としていた出来事の確率を計算できてしまうことである。つまり、$P(A \mid B)$を使って$P(B \mid A)$を求めることができるのだ。例として、色覚異常矯正メガネを販売している会社のお客様相談窓口にEメールを送るとしよう。そのメガネは少々値が張るので、あなたは相談窓口に「効果がないのではないかと心配している」と伝えた。すると担当者から、「私も色覚異常で、このメガネを使っていますが、とてもよく効きますよ！」という返事が返ってきた。

その担当者が男性である確率を知りたいが、ID番号以外の情報は書かれていない。ではどうすれば、その担当者が男性である確率を導けるだろうか？

P(色覚異常 | 男性)$=0.08$で、P(色覚異常 | 女性)$=0.005$であることは分かっているが、P(男性 | 色覚異常)はどのようにすれば求められるのか？　直観的に考えれば、その担当者が実際に男性である確率のほうがはるかに高いことは分かるが、確信するには定量的に考える必要がある。

幸いにも、この問題を解くのに必要な情報はすべて手元にあるし、いま求めたいのは、担当者が色覚異常である場合にその人が男性である確率であることも分かっている。

$$P(\text{男性} \mid \text{色覚異常}) = ?$$

ベイズ統計でもっとも重要なのはデータだが、いま持っているデータは、すでに分かっている確率のほかには、担当者が色覚異常であることだけだ。そこで次のステップでは、色覚異常者の集団全体に注目する。そうすれば、その集団の中で男性がどれだけの割合を占めるかを求めることができる。

その推論を進めるために、一般集団全体の人数を表すNという新たな変数を追加しよう。先ほど述べたように、まずは、色覚異常者の集団全体の人数を計算する必要がある。P(色覚異常)は分かっているので、上の数式にその人数を入れると次のようになる。

$$P(\text{男性}\mid\text{色覚異常})=\frac{?}{P(\text{色覚異常})\times N}$$

次に、男性でかつ色覚異常である人の人数を計算する必要がある。P(男性)とP(色覚異常|男性)が分かっていて、改良版の乗法定理も手元にあるので、これは簡単だ。単にこれらの確率と集団全体の人数を掛け合わせればいい。

$$P(\text{男性})\times P(\text{色覚異常}\mid\text{男性})\times N$$

したがって、この担当者が色覚異常である場合に、その人が男性である確率は、次のようになる。

$$P(\text{男性}\mid\text{色覚異常})=\frac{P(\text{男性})\times P(\text{色覚異常}\mid\text{男性})\times N}{P(\text{色覚異常})\times N}$$

一般集団全体の人数を表す変数Nが分子と分母の両方にあるので、Nは消去できて、

$$P(\text{男性}\mid\text{色覚異常})=\frac{P(\text{男性})\times P(\text{色覚異常}\mid\text{男性})}{P(\text{色覚異常})}$$

となる。

このそれぞれの情報が分かっているので、これで問題を解くことができる。

$$P(\text{男性}\mid\text{色覚異常})=\frac{P(\text{男性})\times P(\text{色覚異常}\mid\text{男性})}{P(\text{色覚異常})}$$

$$=\frac{0.5\times 0.08}{0.0425}\approx 0.941$$

この計算を踏まえると、色覚異常である担当者が実際に男性である確率は94.1%だと分かる。

ベイズの定理

この数式の中に色覚異常に特有の事柄は何もないのだから、任意のAとBの確率に一般化できるはずだ。そうすると、本書でもっとも基本的な公式である、**ベイズの定理**が得られる。

$$P(A \mid B) = \frac{P(A)\,P(B \mid A)}{P(B)}$$

このベイズの定理がなぜそれほど重要なのかを理解するために、いまの問題を一般的な形でとらえてみよう。自分が信じている事柄は自分の思う世界を表現しているので、ある出来事を観察したときのその条件付き確率は、「自分が信じている事柄を踏まえて、自分が観察した出来事が起こる可能性」、つまり

$$P(\text{観察された出来事} \mid \text{信じている事柄})$$

というものを表している。

たとえばあなたは、気候変動が実際に起こっていると信じていて、自分の住んでいる地域が10年間で旱魃（かんばつ）になる回数が通常よりも多いと予想しているとしよう。あなたが信じている事柄は「気候変動が起こっている」で、あなたが観察する出来事は、自分の住んでいる地域での旱魃の回数である。たとえば、過去10年間で5回旱魃が起こったとしよう。過去10年間に実際に気候変動が起こっているとした場合に、旱魃がちょうど5回起こる可能性はどれだけあるか、それを特定するのは難しいかもしれない。一つの方法としては、気候学の専門家に、気候変動を仮定したモデルのもとで旱魃が起こる確率を尋ねるというやり方もあるだろう。

ここまで問題にしてきたのは、「気候変動が実際に起こっていると私が信じていることを踏まえて、私が観察した出来事が起こる確率」である。しかしあなたが知りたいのは、観察した出来事を踏まえて、気候変動が実際に起こっているとあなたがどれだけ強く信じるか、それを定量

化するための何らかの方法である。ベイズの定理を使えば、気候学者に尋ねたP(観察された出来事 | 信じている事柄)を逆転させ、「あなたが観察した出来事を踏まえて、あなたが信じている事柄が正しい可能性」、つまり

P(信じている事柄 | 観察された出来事)

を求めることができるのだ。

この例では、ベイズの定理を使うことで、10年間に旱魃が5回あったという観察結果を変換して、「それらの旱魃が観察された後で、あなたが気候変動をどれだけ強く信じるか」という問題に変えることができる。ほかに必要な情報は、10年間で旱魃が5回起こる一般的な確率（過去のデータから推定できる）と、あなたがもともと気候変動をどれだけ強く信じていたかだけである。ほとんどの人は気候変動の実在に対して当初はそれぞれ異なる確率を持っているだろうが、ベイズの定理を使えば、気候変動を信じる度合いがデータによってどれだけ変わるかを正確に定量化できる。

たとえば、「気候変動が起こっていると仮定すると、10年間で旱魃が5回起こる可能性はきわめて高い」という専門家の言葉を聞いたら、ほとんどの人は、たとえ気候変動に懐疑的だったとしても、あるいはアル・ゴアと同じ考えを持っていたとしても、気候変動を信じる度合いは少し変わるはずだ。

逆にもしその専門家が、「気候変動が起こっているという仮定のもとで、10年間に旱魃が5回起こる可能性はきわめて低い」と言ったら、どうなるだろうか？　その場合、あなたが事前に気候変動を信じていた度合いは、その証拠を受けてわずかに弱まるだろう。ここで重要なのは、ベイズの定理を使うと、証拠によって信じる度合いが変わるという点である。

ベイズの定理を使うと、世界に関して自分が信じている事柄と、データとを組み合わせて、計算をすることで、観察された証拠のもとでその事柄をどれだけ強く信じるかを見積もることができる。ほとんどの場合、

信じる度合いというのは、ある考えに最初どれだけ確信を持っていたかにほかならず、それはベイズの定理の$P(A)$に対応する。我々はよく、銃を規制すれば犯罪は減るか、テストの回数を増やせば生徒の成績は上がるか、公的医療保険を導入すれば医療費の総額は下がるかといったテーマについて議論している。しかし、議論している人の考えが証拠によってどの程度変わるかについては、めったに考えない。ベイズの定理を使うと、それらの考えに関係する証拠を観察することで、その証拠によって信じる度合いがどれだけ変化するかを、正確に定量化できるのだ！

本書の後のほうで、相異なる信念を互いに比較する方法と、データを得ても驚くことに信念の度合いが変わらないようなケースを見ていく（夕食の席で親戚と議論したことのある人なら分かるはずだ！）。

次の章では、ベイズの定理にもう少し時間を割くことにする。今度はレゴを使って再びベイズの定理を導いてみる。そうすることで、ベイズの定理のしくみをはっきりとイメージできる。また、事前の信念の度合いと、データによってそれがどのように変わるかをもっと具体的にモデル化するものとして、ベイズの定理を理解していく。

まとめ

この章では、ある出来事の確率が別の出来事に左右される場合の、条件付き確率について学んだ。条件付き確率は独立の場合よりも扱い方が複雑で、それに合わせて乗法定理を改良する必要があった。しかしそこから導かれるベイズの定理は、世界に関する自分の信念がデータによって改められる様子を理解するのに欠かせない。

練習問題

条件付き確率とベイズの定理をどれだけ理解できたか確かめるために、以下の問題を解いてみてほしい。解答は付録C（p.299）参照。

1. 2010年にGBSにかかった人がその年にインフルエンザワクチンを打っていた確率を、ベイズの定理を使って求めるには、どんな情報が必要か？
2. 集団全体の中からランダムに選んだ人が、女性でかつ色覚異常でない確率は？
3. 2010年にインフルエンザワクチンを打った男性が、色覚異常であるか、またはGBSにかかる確率は？

Chapter 7

第7章
レゴを使ってベイズの定理を導く

前の章では、条件付き確率について説明して、確率論でとても重要な概念であるベイズの定理にたどり着いた。

$$P(A \mid B) = \frac{P(B \mid A)P(A)}{P(B)}$$

ここでは第6章からわずかに書き換えて、$P(A)P(B \mid A)$でなく$P(B \mid A)P(A)$と書いている。意味はまったく同じだが、項を入れ替えると問題の別の解き方がはっきりするかもしれない。

ベイズの定理を使えば条件付き確率を逆転させることができ、確率$P(B \mid A)$が分かれば$P(A \mid B)$を導くことができる。ベイズの定理が統計学の基礎をなしているのは、ある考えのもとである結果が観察される確率から、その結果が観察されたことを踏まえてその考えを信じる度合いを決められるからである。たとえば、風邪を引いているときにくしゃみをする確率が分かれば、逆に、くしゃみが出たときに風邪を引いている確率を導くことができる。このように、証拠を使って世界に関する信念の度合いを更新するのだ。

この章では、レゴを使ってベイズの定理を視覚的に表すことで、頭の中にその数学を定着させたい。そのために、レゴブロックを何個か取り出して、いくつか具体的な問題を数式で表してみよう。図7-1は大きさ6×10のレゴブロック、面積は60スタッドだ（「スタッド」とは、レゴブロックどうしをつなぐための円筒形の出っ張りのこと）。

図7-1　大きさ6×10のレゴを使って、起こりうる出来事の集まりを視覚的に表す

このブロックを、互いに独立な60通りの起こりうる出来事の集まりとしてイメージする。たとえば、青色のスタッドはクラス60人のうち試験に通った40人を、赤色のスタッドは試験に落ちた20人を表すといった具合だ。この面積60スタッドの中に青色のスタッドは40個あるので、どこかランダムな場所に指を置いたときに青色のブロックに触れる確率は、次のように求められる。

$$P(\text{青}) = \frac{40}{60} = \frac{2}{3}$$

赤色のブロックに触れる確率は次のとおり。

$$P(\text{赤})=\frac{20}{60}=\frac{1}{3}$$

青色または赤色のブロックに触れる確率は、予想どおり1となる。

$$P(\text{青})+P(\text{赤})=1$$

したがって、赤色と青色のブロックだけで、起こりうるすべての出来事を表すことができる。

次に、この2個のブロックの上に黄色のブロックを重ねて、別の確率、たとえば徹夜で勉強した学生を表現してみると、図7-2のようになる。

図7-2 面積6×10のレゴブロックの上に2×3のブロックを重ねる

ここでランダムに指を置くと、黄色のブロックに触れる確率は次のようになる。

$$P(\text{黄})=\frac{6}{60}=\frac{1}{10}$$

ここで$P(\text{黄})$と$P(\text{赤})+P(\text{青})$を足すと1より大きくなってしまうが、確率が1より大きくなることはありえない！

問題はもちろん、黄色のすべてのスタッドが赤色と青色のスタッドからなる集まりの上に重なっていて、黄色のブロックに触れる確率が、青色のブロックと赤色のブロックのどちらの上にあるかによって条件付けられていることである。前の章で分かったとおり、その条件付き確率は、P(黄 | 赤)、つまり「赤色である場合に黄色である確率」と表現できる。いまの例を使えば、ある学生が試験に落ちたとしたときに、その学生が徹夜をしていた確率ということになる。

条件付き確率を視覚的に導く

レゴブロックに戻って、P(黄 | 赤)を導いてみよう。図7-3を見れば、この問題を少し視覚的に見通せるようになる。

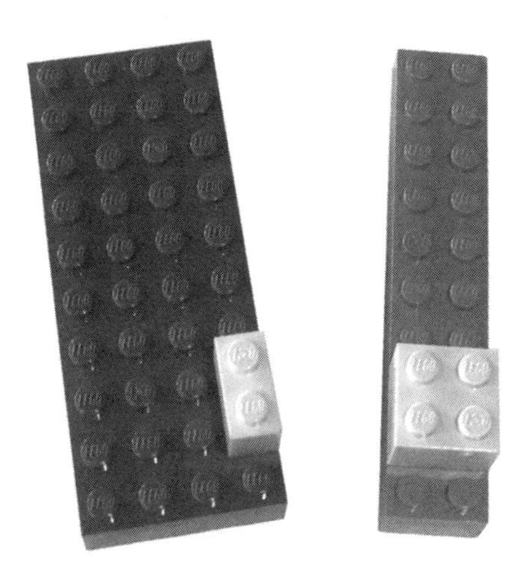

図7-3　P(黄 | 赤)を視覚的に表す

この物理的なモデルを使って、P(黄 | 赤)を求めるプロセスをたどってみよう。

1. 赤色の部分を青色の部分から切り離す。
2. 赤色の部分全体の面積を求める。それは2×10で、20スタッドとなる。
3. 赤色の部分の上にある黄色のブロックの面積を求める。それは4スタッド。
4. 黄色のブロックの面積を赤色のブロックの面積で割る。

答えはP(黄 | 赤)=4/20=1/5。

すばらしい。赤色の場合に黄色である条件付き確率にたどり着いた！　ここまでは問題ない。では、この条件付き確率を逆転させて、P(赤 | 黄)はどれだけかという問題を考えてみたらどうだろうか？　言葉で表現すれば、「黄色のブロックの上にいることが分かっている場合に、その下が赤色である確率は？」ということになる。あるいはテストの例で言えば、「ある学生が徹夜をしたとして、その学生が試験に落ちる確率は？」ということになる。

図7-3を見れば、「黄色のスタッドが6個あって、そのうち4個が赤色の上にあるのだから、赤色のブロックの上にある黄色のスタッドを選ぶ確率は4/6である」と推論することで、直観的にP(赤 | 黄)を導けたかもしれない。このように考えられた人はおめでとう！　自力でベイズの定理を導いたのだから。しかしそれで正しいことを確かめるために、数学を使って定量的に考えてみよう。

数学を使って導く

この直観からベイズの定理を導くには、少々手を動かさなければならない。初めにこの直観を形式的に表すために、黄色のスタッドが6個あることを計算する方法を考え出してみよう。頭の中でなら空間的推論でこの結論にたどり着けるが、ここでは数学的な方法が必要だ。そのためには、黄色のスタッドの上にいる確率と、スタッドの総数とを掛け合わせればいい。

$$\text{黄色のスタッドの個数} = P(\text{黄}) \times \text{スタッドの総数} = \frac{1}{10} \times 60 = 6$$

直観的推論の次の部分は、黄色のスタッドのうちの4個が赤色の上にあるというもので、これを数学的に証明するにはさらに少し作業が必要となる。まず、赤色のスタッドが何個あるかを求めなければならないが、幸いにもそれは黄色のスタッドの個数を計算したのと同じプロセスで、次のようになる。

$$\text{赤色のスタッドの個数} = P(\text{赤}) \times \text{スタッドの総数} = \frac{1}{3} \times 60 = 20$$

また、赤色のスタッドのうち黄色のブロックに覆われている割合は、$P(\text{黄} \mid \text{赤})$としてすでに得られている。これを確率でなく個数に変換するには、いま計算した赤色のスタッドの個数を掛ければいい。

$$\begin{aligned}&\text{黄色のブロックに覆われている赤色のスタッドの個数}\\&= P(\text{黄} \mid \text{赤}) \times \text{赤色のスタッドの個数} = \frac{1}{5} \times 20 = 4\end{aligned}$$

最後に、黄色のブロックに覆われている赤色のスタッドの個数と、黄色のスタッドの総数との比を求める。

$$P(\text{赤} \mid \text{黄}) = \frac{\text{黄色のブロックに覆われている赤色のスタッドの個数}}{\text{黄色のスタッドの個数}}$$

$$= \frac{4}{6} = \frac{2}{3}$$

先ほどの直観的な分析と一致した。しかしこの式は、ベイズの定理の式と同じには見えない。ベイズの定理の式は次のような形をしていたはずだ。

$$P(A \mid B) = \frac{P(B \mid A)P(A)}{P(B)}$$

この式にたどり着くには、元に戻って先ほどの式の各項を次のように展開する。

$$P(\text{赤} \mid \text{黄}) = \frac{P(\text{黄} \mid \text{赤}) \times \text{赤色のスタッドの個数}}{P(\text{黄}) \times \text{スタッドの総数}}$$

この式はさらに次のようになる。

$$P(\text{赤} \mid \text{黄}) = \frac{P(\text{黄} \mid \text{赤})P(\text{赤}) \times \text{スタッドの総数}}{P(\text{黄}) \times \text{スタッドの総数}}$$

最後にこの式からスタッドの総数を消去すると、次のようになる。

$$P(\text{赤} \mid \text{黄}) = \frac{P(\text{黄} \mid \text{赤})P(\text{赤})}{P(\text{黄})}$$

これで、直観から再びベイズの定理にたどり着いた！

まとめ

概念的にはベイズの定理は直観から導かれるが、だからといってベイズの定理を当たり前のように定式化できるわけではない。数学を使うメリットは、直観から理屈を引き出せることにある。この章では、もともとの直観的考えが理にかなっていることを確かめて、レゴブロックよりも複雑な確率の問題に取り組むための新しい強力な道具を手にした。

次の章では、ベイズの定理を使うことで、信念の度合いについて推論し、データに基づいてそれを更新する方法を見ていく。

練習問題

ベイズの定理を使って条件付き確率について推論する方法を確実に理解できたかどうか確かめるために、以下の問題を解いてみてほしい。ベイズの定理を使うこと。解答は付録C（p.300）参照。

1. カンザスシティーはその名と違い、ミズーリ州とカンザス州という2つの州の境界にまたがっている。カンザスシティー都市圏は15の郡からなり、そのうちの9つがミズーリ州に、6つがカンザス州に含まれる。カンザス州全体では郡は105、ミズーリ州全体では114ある。カンザスシティー都市圏のある郡に引っ越してきたばかりの親戚がカンザス州の郡に住んでいる確率を、ベイズの定理を使って計算せよ。その親戚がカンザス州とミズーリ州のどちらかに住んでいると仮定した上で、P(カンザス州に住んでいる)、P(カンザスシティー都市圏に住んでいる)、P(カンザスシティー都市圏に住んでいる｜カンザス州に住んでいる)を求めること*。
2. トランプ1組は52枚のカードからなり、それぞれのカードの色は赤または黒である。またトランプ1組にはエースが4枚あり、赤が2枚と黒が2枚。さて、トランプ1組から赤のエースを1枚抜いてシャッフルする。友人がカードを1枚引いたら黒だった。それがエースである確率は？

＊[訳注] ここでは、親戚がそれぞれの郡に住んでいる確率は互いに等しいと仮定する。

Chapter 8

第8章 ベイズの定理における事前確率、尤度、事後確率

空間的推論でベイズの定理を導く方法を説明したので、次に、ベイズの定理を確率論の道具として使って、不確実さについて論理的に推論する方法を探ってみよう。この章では、データを踏まえた上で自分の考えが正しい可能性がどれだけ高いかを、ベイズの定理を使って計算して定量化する。そのためには、ベイズの定理を構成する3つの部品である、事前確率、尤度（ゆうど）、事後確率を使う。いずれも、ベイズ統計とベイズ確率の探検を進めていく上で頻繁に登場する概念である。

3つの部品

ベイズの定理を使うと、観察されたデータによって自分の信念の度合いがどの程度変わるかを正確に定量化できる。この場合に知りたいのは、P(信念 | データ)である。言葉で表せば、「観察されたデータを踏まえた上で、自分の考えをどれほど強く信じるか」を定量化したい。公式のこの部分のことを、専門用語で**事後確率**といい、ベイズの定理ではこれが導かれる。

事後確率を求めるには、2つめの部品である、データに関する自分の考えを踏まえてそのデータが得られる確率、つまりP(データ|信じる事柄)が必要となる。これは、自分が信じている事柄を踏まえると、そのデータが得られる可能性はどれだけあるかということで、**尤度**（ゆうど）と呼ばれる。

最後に、そもそも自分が最初に信じていた事柄がどれだけ可能性が高いか、つまりP(信念)を定量化したい。ベイズの定理のこの部分のことを、データを見る前に自分の考えをどれだけ強く信じているかということで、**事前確率**という。尤度と事前確率を組み合わせると、事後確率が得られる。一般的には、事後確率が0と1の間の値になるよう正規化するために、データが得られる確率P(データ)も必要となる。しかし実際には必ずしもP(データ)は必要ないため、この値に特別な名前は付いていない。

すでに説明したとおり、自分が信じる事柄（信念）のことを仮説Hと呼び、データは変数Dで表す。図8-1にベイズの定理の各部品をまとめておいた。

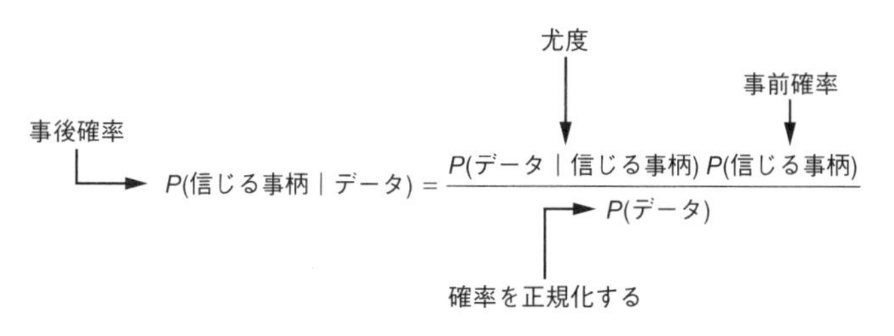

図8-1　ベイズの定理の各部品

この章ではある犯罪について調べるために、これらの部品を組み合わせて現場の状況について推論する。

犯罪現場を調べる

ある日、仕事から帰ってきたら、窓が割れていて、玄関が開いていて、ノートパソコンがなくなっていた。真っ先に考えるのはきっと「泥棒が入った！」だろう。しかし、どのようにしてこの結論にたどり着いたのだろうか？　そしてもっと重要な点として、その結論をどれだけ強く信じるかは、どのように定量化すればいいのだろうか？

最初の仮説は「泥棒が入った」なので、$H=$「泥棒が入った」となる。知りたいのは泥棒が入った可能性がどれだけ高いかを表す確率なので、データを踏まえた上で求めたい事後確率は次のようになる。

$$P\begin{pmatrix}\text{泥棒が入った} \mid \text{窓が割れている，玄関が開い} \\ \text{ている，ノートパソコンがなくなっている}\end{pmatrix}$$

この問題を解くために、ベイズの定理で欠けている部品を埋めていくことにする。

●尤度を求める

初めに求める必要があるのは、尤度である。この場合は、実際に泥棒が入ったとした場合に同じ証拠が観察される確率、言い換えれば、証拠が仮説とどれだけ合致しているかである。

$$P\begin{pmatrix}\text{窓が割れている，玄関が開いている，ノー} \\ \text{トパソコンがなくなっている} \mid \text{泥棒が入った}\end{pmatrix}$$

ここで問題にしているのは、「泥棒が入ったとした場合に、ここで見られた証拠が観察される可能性はどれだけ高いか」である。泥棒が入ってもこれらの証拠のいずれかが残っていないようなシナリオは、いろいろと考えられる。たとえば賢い泥棒なら、玄関の鍵をピッキングしてノートパソコンを盗み、再び玄関の鍵を閉めれば、窓を割る必要はない。あるいは、窓を叩き割ってノートパソコンを盗み、そのまま同じ窓をよじ登って外に出るということも考えられる。観察された証拠は、直観的に考えて泥棒の犯行現場にかなりよく見られるものだと思われるので、泥棒が入った場合にこの証拠が見つかる確率を、3/10と設定しておこう。

重要な点として、この例では尤度の値を当てずっぽうで決めてしまったが、ある程度調べればもっと良い値を見積もることができる。近くの警察署に行って、泥棒の犯行現場に残される証拠に関する統計を調べてもらったり、最近の空き巣事件のニュースを片っ端から読んだりしてもいい。そうすれば、泥棒が入った場合にこれらの証拠を目にする尤度をもっと正確に見積もることができるだろう。

ベイズの定理の驚くべき点は、その尤度の値を使って、思いついた考えを形にまとめるとともに、大量のデータからきわめて正確な確率をはじき出せることである。3/10が精確な概算値でないと思ったら、いつでも計算に立ち返って、異なる仮定のもとで結果がどのように変わるかを確かめることができる。たとえば、泥棒が入った場合にこれらの証拠を目にする確率はわずか3/100だと考えたのであれば、元に戻って代わりにこの値を放り込めばいい。ベイズ統計では、人それぞれの信念の度合いが測定可能な形で食い違っていてもかまわない。自分の考えをどれだけ強く信じるかを定量的な方法で取り扱っているため、この章の計算をすべてやり直せば、尤度を変えたことで最終結果が大きく影響を受けるかどうかを見極めることができるのだ。

●事前確率を計算する

次に、そもそも泥棒が入る確率を見極める必要がある。それが事前確率となる。事前確率はきわめて重要で、それによって予備知識をもとに尤度を調節することができる。たとえば先ほどの犯行現場が、住人があなた1人だけの離島にあったとしよう。その場合、泥棒（少なくとも人間の泥棒）が入ったということはほぼありえないだろう。逆に犯罪率の高い地域に家があれば、泥棒は頻繁に現れるかもしれない。ここでは計算を単純にするために、泥棒が入る事前確率を次のように設定しておこう。

$$P(\text{泥棒が入った})=\frac{1}{1{,}000}$$

のちに異なる証拠か新たな証拠が手に入ったら、この値はいつでも調節できる。

これで事後確率の計算に必要なものがほぼすべて揃った。あと必要なのはデータの正規化だけである。そこで先へ進める前に、正規化されていない事後確率を見ておこう。

$$P(\text{泥棒が入った})\times P\left(\begin{matrix}\text{窓が割れている，玄関が開いている，ノー}\\\text{トパソコンがなくなっている}\mid\text{泥棒が入った}\end{matrix}\right)$$

$$=\frac{3}{10{,}000}$$

この値は信じられないほど小さい。直観的に考えれば、観察された証拠のもとで家に泥棒が入った確率はきわめて高いように思える。しかしまだ、これらの証拠が観察される確率自体を調べていなかった。

●データを正規化する

上の数式に欠けているのは、泥棒が入ったかどうかにかかわらず、観察されたデータが見られる確率である。この例では、窓が割れていて、玄関が開いていて、ノートパソコンがなくなっているという出来事が、原因如何にかかわらず**すべて同時に**観察される確率である。先ほどの式はとりあえず次のように修正される。

$$P\left(\begin{matrix}\text{泥棒が入った}\mid\text{窓が割れている，玄関が開い}\\\text{ている，ノートパソコンがなくなっている}\end{matrix}\right)=\frac{\frac{1}{1{,}000}\times\frac{3}{10}}{P(D)}$$

分子の値がきわめて小さかったのは、この奇妙な証拠が見られる確率で正規化していなかったからである。$P(D)$ を変えていくと事後確率がどのように変化するかを、表8-1にまとめた。

表8-1　$P(D)$ が事後確率にどのような影響を与えるか

$P(D)$	事後確率
0.050	0.006
0.010	0.030
0.005	0.060
0.001	0.300

このデータが観察される確率が低くなるにつれて、事後確率は高くなる。これは、観察されたデータの可能性が低くなるにつれて、一般的には可能性の低い説明が、この出来事を次第にうまく説明するようになるためである（図8-2を見よ）。

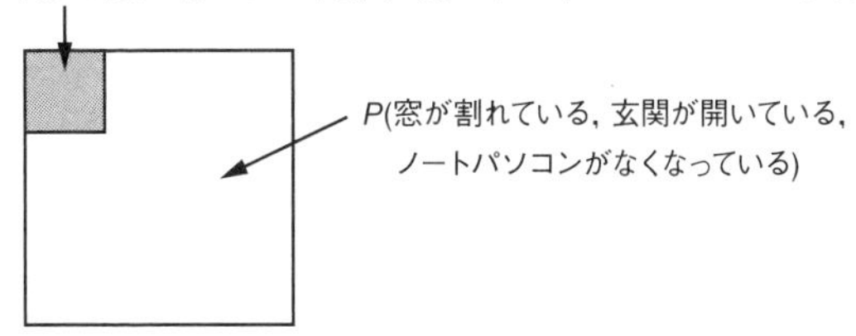

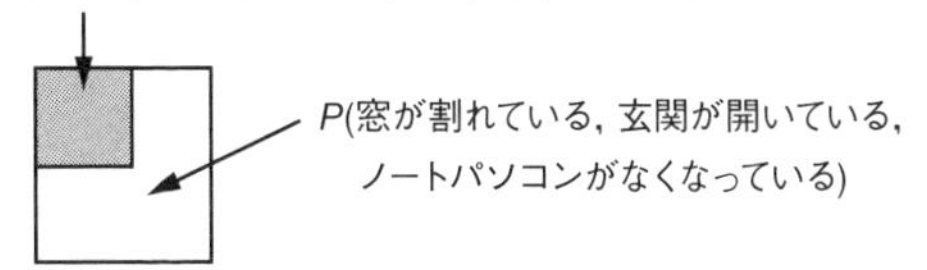

図8-2　データが観察される確率が低くなるにつれて、事後確率は高くなる

次のような極端な例を考えてみてほしい。あなたの友人が億万長者になる方法は、宝くじを当てるか、または知らない親戚から遺産を相続するかしかない。そのため、友人が億万長者になる可能性はとんでもなく低い。ところが、実際にその友人が億万長者に**なった**ことが分かった。すると、友人が宝くじを当てた可能性ははるかに高くなる。なぜなら、億万長者になるための2通りしかない方法の一つだからだ。

もちろん泥棒が入ったというのは、観察された事柄に対する考えられる説明の一つにすぎず、ほかにも説明のしかたはたくさんある。しかし、その証拠が観察される確率そのものが分からなければ、そのほかの確率をどのように正規化すればいいか見当もつかない。では$P(D)$はどれだけなのか？　そこが厄介である。

$P(D)$の最大の問題点は、現実世界の多くのケースでそれを正確に計算するのがきわめて難しいことである。公式のそれ以外の部分は、いまの例では当てずっぽうで値を推測しているだけだったが、実際のデータを集めればもっと具体的な確率を与えることができる。事前確率P(泥棒が入った)については、過去の犯罪データを見て、ある日に同じ町内のある家が泥棒に入られる確率を特定できるかもしれない。同様に、理屈上は過去の窃盗事件を調べることで、泥棒が入った場合にあなたが目にした証拠が観察される尤度ももっと正確に導けるだろう。しかし、P(窓が割れている，玄関が開いている，ノートパソコンがなくなっている)を当てずっぽうでも実際に推測するには、どうすればいいのだろうか？

観察されたデータが見られる確率を調べる代わりに、この観察結果を説明できるような、起こりうるすべての出来事について、それらが起こる確率を漏れなく計算してみることもできるだろう。それらの和は1でなければならないので、逆に考えれば$P(D)$を求めることができる。しかしこの証拠の場合、考えられる説明はほぼ無数にある。

$P(D)$が決められずに行き詰まってしまった。第6章と第7章では、相談窓口の担当者が男性である確率と、レゴの各色のスタッドが選ばれる確率を計算したが、それらの場合には$P(D)$に関する情報がふんだんにあった。そのおかげで、観察された事柄のもとで仮説を信じられる正

確な確率を与えることができた。$P(D)$が得られなければ、P(泥棒が入った | 窓が割れている，玄関が開いている，ノートパソコンがなくなっている)の値を求めることはできない。だが完全に手詰まりというわけではない。

幸いなことに、多くの場合は複数の仮説どうしを比較したいだけなので、そのような場合には$P(D)$がはっきりと分からなくてもかまわない。いまの例では、泥棒が入った可能性と、ほかの考えられる説明が正しい可能性とを比較したい。それは、正規化する前の事後確率の比を見ればできる。$P(D)$はおそらく一定なので、それを省いても分析結果が変わることはないのだ。

そこでこの章のこれ以降では、$P(D)$を計算する代わりに、対立仮説を設定してその事後確率を計算し、それをもともとの仮説の事後確率と比較する。この方法では、観察された証拠に対する唯一の説明が泥棒に入られたことである正確な確率は導けないが、それでもベイズの定理を使えば、探偵役を演じてそれ以外の可能性を調べることができる。

対立仮説を考える

もともとの仮説と比較するための、別の仮説を考え出そう。その新たな仮説は次の3つの出来事からなる。

1. 近所の子供が窓に野球のボールをぶつけた。
2. あなたが玄関に鍵を掛け忘れた。
3. あなたがノートパソコンを仕事に持っていったままであることを忘れている。

このそれぞれの説明を単にリストの番号で表し、それらをまとめてH_2と書いて、$P(H_2)=P(1, 2, 3)$としよう。次に必要なのは、このデータの尤度と事前確率を求めることである。

●対立仮説における尤度

先ほど述べたように、尤度については、仮説のもとであなたが観察した事柄が起こる確率、つまり$P(D \mid H_2)$を計算したい。おもしろいことに、実はこの対立仮説における尤度は1である。

$$P(D \mid H_2) = 1$$

これは論理的に正しい。なぜなら、この仮説に含まれるすべての出来事が実際に起これば、窓が割れていて、玄関が開いていて、ノートパソコンがなくなっているという観察結果は、確実に得られるからだ。

●対立仮説における事前確率

事前確率は、3つの出来事がすべて起こる確率である。そのため、まずはそれぞれの出来事の確率を導いてから、乗法定理を使って事前確率を求める必要がある。いまの例では、これらの起こりうる結果は互いに独立しているとみなすことにする。

仮説の第1の部分は、近所の子供が野球のボールを窓にぶつけたというものである。映画ではよくある場面だが、実際にそういうことがあったという話を私は聞いたことがない。しかし泥棒に入られた人はもっと大勢知っているので、野球のボールで窓が割れた確率は、先ほど使った、泥棒が入った確率の半分であるとしておこう。

$$P(1) = \frac{1}{2{,}000}$$

仮説の第2の部分は、あなたが玄関の鍵を掛け忘れたというものである。これはかなりよくあることなので、1か月に1回あるとしておこう。したがって、

$$P(2) = \frac{1}{30}$$

最後に、あなたがノートパソコンを仕事に持っていったことについて考えてみよう。ノートパソコンを仕事に持っていったままであるというのはよくあることかもしれないが、そもそも持っていったことを完全に忘れているというのは、それほどしょっちゅうあることではない。年に1回といったところだろう。

$$P(3)=\frac{1}{365}$$

これでH_2の各部分に確率を与えることができたので、乗法定理を使って事前確率を計算できる。

$$P(H_2)=\frac{1}{2{,}000}\times\frac{1}{30}\times\frac{1}{365}=\frac{1}{21{,}900{,}000}$$

お分かりのとおり、この3つの出来事がすべて起こる事前確率はきわめて低い。そこで次に、2つの仮説の事後確率を比較する。

●対立仮説の事後確率

尤度$P(D \mid H_2)$が1であると分かっているので、もし第2の仮説が真であれば、問題の証拠は確実に観察される。もし第2の仮説における事前確率を無視すれば、その新たな仮説の事後確率は、泥棒が入ったというもともとの仮説の事後確率よりもはるかに高いように思える（たとえ泥棒が入ったとしても、そのデータが観察される可能性はそこまでは高くはないからだ）。そこで、事前確率によって正規化前の事後確率がどのように変わるかを見てみよう。

$$P(D \mid H_2)\times P(H_2)=1\times\frac{1}{21{,}900{,}000}=\frac{1}{21{,}900{,}000}$$

次に、2つの事後確率を比較して、それぞれの仮説がどれだけ強く信じられるかを比で表したい。いまから見ていくとおり、その際に$P(D)$

は必要ない。

正規化前の事後確率を比較する

まず、2つの事後確率の比を求めたい。その比は、一方の仮説が正しい可能性がもう一方の仮説の何倍であるかを示す。もともとの仮説（泥棒が入った）をH_1とすると、その比は次のようになる。

$$\frac{P(H_1 \mid D)}{P(H_2 \mid D)}$$

次にベイズの定理を使ってそれぞれの事後確率を展開する。ここでは、ベイズの定理の公式を$P(H) \times P(D \mid H) \times 1/P(D)$と書いておいたほうが分かりやすい。

$$\frac{P(H_1) \times P(D \mid H_1) \times \frac{1}{P(D)}}{P(H_2) \times P(D \mid H_2) \times \frac{1}{P(D)}}$$

分子と分母の両方に$1/P(D)$が含まれているので、それらを消去しても比は変わらない。2つの仮説を比較する際に$P(D)$が問題にならないのはそのためだ。これで、正規化前の事後確率の比が得られる。事後確率は自分の考えをどれだけ強く信じるかを表しているので、事後確率の比を見れば、$P(D)$が分かっていなくても、H_1がデータをH_2の何倍良く説明するかが分かる。そこで、$P(D)$を消去して値を代入してみよう。

$$\frac{P(H_1) \times P(D \mid H_1)}{P(H_2) \times P(D \mid H_2)} = \frac{\frac{3}{10{,}000}}{\frac{1}{21{,}900{,}000}} = 6{,}570$$

つまり、H_1は観察された出来事をH_2の6,570倍良く説明する。言い換えれば、この分析によって、もともとの仮説（H_1）のほうが対立仮説（H_2）よりもはるかに良くデータを説明することが分かった。これは直観とも合致していて、観察された場面を踏まえれば、泥棒が入ったという予想のほうが当然もっともらしく聞こえる。

正規化前の事後確率が持つこの性質を数学的に表現して、比較に利用できるようにしたい。そのために、「比例する」を意味する∝という記号を使って、次のような変形版のベイズの定理を使う。

$$P(H \mid D) \propto P(H) \times P(D \mid H)$$

この式は、「事後確率（データを踏まえて仮説が成り立つ確率）は、Hの事前確率と、Hを踏まえてデータが観察される確率との積に比例する」と読むことができる。

この形のベイズの定理がとても役に立つのは、ある考えが正しい確率と別の考えが正しい確率とを比較したいが、簡単には$P(D)$を計算できないという場合である。仮説自体の確率に意味のある値を当てはめることはできないが、それでもこの変形版のベイズの定理を使えば、仮説どうしを比較できる。仮説どうしを比較できれば、ある説明が別の説明に比べて観察された出来事をどれだけ良く説明するかを正確に知ることができるのだ。

まとめ

この章では、観察されたデータを踏まえて、世界に関する自分の信念をモデル化する上で、ベイズの定理がその枠組みになるということを説明した。ベイズ分析におけるベイズの定理は、事後確率$P(H \mid D)$、事前確率$P(H)$、尤度$P(D \mid H)$という、おもに3つの部品からなる。

データ自体の確率$P(D)$がこのリストに含まれていないのは、信念どうしを比較することだけが問題である場合、分析をおこなうのにそれは必要ないからである。

練習問題

ベイズの定理の各部品を確実に理解できたかどうか確かめるために、以下の問題を解いてみてほしい。解答は付録C（p.303）参照。

1. 先ほど述べたように、あなたはもともとの尤度に対して次のように異なる確率を当てはめるかもしれない。

$$P\left(\begin{array}{l}\text{窓が割れている，玄関が開いている，ノー}\\\text{トパソコンがなくなっている}\mid\text{泥棒が入った}\end{array}\right)=\frac{3}{100}$$

   これによって、H_2と比べてH_1を信じる程度はどれだけ変わるか？

2. H_1とH_2の比が1になるためには、泥棒が入ったと信じる程度（H_1における事前確率）はどの程度小さくなければならないか？

Chapter 9

第9章
ベイズ事前確率と確率分布の利用

事前確率は主観的であるとみなされることが多いため、ベイズの定理の中でももっとも異論の激しい部分である。それでも実際には多くの場合、有効な予備知識を使って不確実な状況について完全な形で推論する方法を示してくれる。

この章で見ていくのは、事前確率を使って問題を解く方法と、自分の信念の強さを1つの値でなくある範囲の値として数値的に表すための、確率分布の使い方である。1つの値の代わりに確率分布を使うことは、おもに2つの理由で役に立つ。

第1に、現実に我々が抱いて考慮する信念は広い幅を持っていることが多い。第2に、ある範囲の確率を用いれば、一連の仮説に対する確信の度合いを表現することができる。このどちらの例も、すでに第5章の謎の黒い箱を調べた際に掘り下げた。

小惑星帯に関するC-3POの心配

例として、『スター・ウォーズ/帝国の逆襲』の一場面に見られた、もっとも記憶に残る統計分析の失敗の一つを取り上げよう。ハン・ソロが敵の戦闘機から逃れようと、ミレニアム・ファルコン号を小惑星帯に突入させたとき、何でもお見通しのC-3POがハン・ソロに、それは分が悪いと忠告した。「小惑星帯を無事通過できる確率はおおよそ3,720分の1です！」

するとハン・ソロは、「確率のことなんて言うな！」と言い返した。

表面的には、「退屈な」データ分析を無視した娯楽映画にすぎないが、実はここには興味深い矛盾が存在する。我々観客は、ハン・ソロがうまく切り抜けることを知っていながら、C-3POの分析結果にも異議は唱えないだろう。ハン・ソロでさえ危険だと思っていて、「いかれたやつじゃなければ付いてこれないだろう」と言っている。しかも、追跡してきたTIE戦闘機（タイ・ファイター）が一機も通過できなかったことが、C-3POの言った値が的外れでなかったことの強力な証拠となっている。

C-3POが計算で見落としたのは、ハン・ソロがつわものであることだ！　C-3POは間違ってはおらず、重要な情報を追加しそこねただけだ。そこで次のような問題を考えよう。ハン・ソロと違って確率を完全に無視せずに、C-3POの分析の失敗を避ける方法はあるだろうか？　この問題に答えるには、C-3POがどのように考えるかと、我々がハン・ソロのことをどのように考えるか、この両方をモデル化した上で、ベイズの定理を使ってそれらを組み合わせる必要がある。

まず次の節でC-3POの推論について考え、その次にハン・ソロのつわものぶりを考えることにしよう。

C-3POの考えを見極める

C-3POは単に数値をでっち上げたわけではない。600万を超える言語に秀でているし、裏付けとなる大量のデータを入手しているので、C-3POは「おおよそ3,720分の1」という主張を裏付ける実際のデータを持っていたと仮定してかまわない。C-3POは、小惑星帯を無事通過するおおよその確率を示したにすぎないので、C-3POが持っていたデータの情報からでは、無事通過する確率をある範囲までしか絞れなかったことが分かる。その範囲を表現するには、確率を表す1つの値でなく、無事通過する確率に関する信念の強さの**分布**に注目する必要がある。

C-3POにとって考えられる結果は、小惑星帯を無事通過するか、または通過できないかのいずれかだけである。そこで第5章で学んだベータ分布を使い、C-3POのデータに基づいて無事通過する確率として取りうるさまざまな値を見極めることにする。ベータ分布を使うのは、成功と失敗の割合に関する情報が与えられた際に、ある出来事が起こる確率として取りうる幅広い範囲の値を、正しくモデル化するからである。

ベータ分布にはα(成功が観察される回数)とβ(失敗が観察される回数)というパラメータがあったことを思い出してほしい。

$$P(\text{成功率} \mid \text{観察された成功と失敗の回数}) = \text{Beta}(\alpha, \beta)$$

この分布を見ると、手元にあるデータを踏まえた上で、どのような成功率になる可能性がもっとも高いかが分かる。

C-3POの信念の強さを見極めるために、そのデータがどこから来たかについていくつか仮定を設ける。たとえばC-3POは、2人が小惑星帯を無事通過し、7,400人が大爆発で飛行を終えたという記録を持っていたとしよう！　図9-1は、真の成功率に対するC-3POの信念の強さを表現した確率密度関数のグラフである。

小惑星帯に突入したふつうのパイロットなら、これはまずいと思う。ベイズ的な言い方をすれば、観察されたデータを踏まえてC-3POが推定した真の成功率、3,700分の1は、第8章で説明した**尤度**に相当する。そこで次に、事前確率を見極める必要がある。

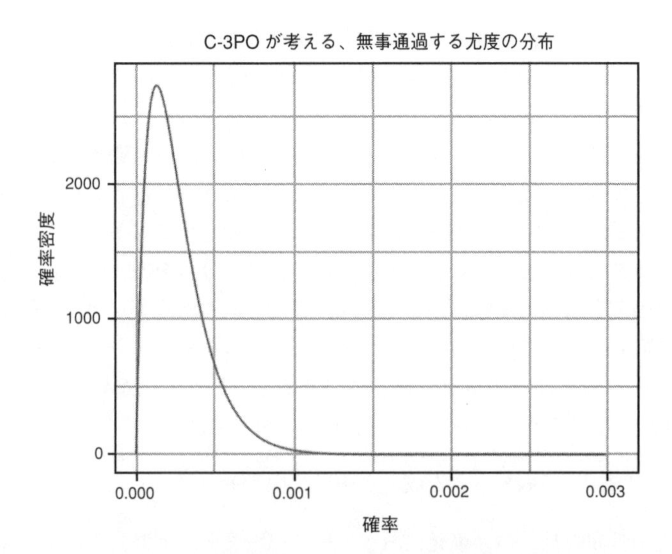

図9-1　ハン・ソロが生き延びるとC-3POが信じる程度を表現したベータ分布

ハン・ソロのつわものぶりを見積もる

C-3POの分析の問題点は、このデータがすべてのパイロットに関するものだったのに、ハン・ソロは平均的なパイロットからかけ離れていたことである。ハン・ソロのつわものぶりに数値を当てはめられなければ、分析は先へ進まない。そもそも、ハン・ソロは小惑星帯を無事通過しただけでなく、ハン・ソロは無事通過すると我々は信じていたのだ。統計は、推論を手助けして世界に関する考えを整理するための道具である。統計分析の結果が我々の推論や考えと矛盾しているだけでなく、我々の推論や考えを変えることすらできなかったら、その分析には何か間違いがあったということになる。

これまでハン・ソロは不可能に思える状況をことごとくかいくぐってきたので、我々はハン・ソロが小惑星帯を無事通過するだろうという事前の信念を持っている。ハン・ソロが伝説的人物なのは、どんなに生き延びられそうにない状況でも必ずかいくぐってきたからこそだ！

ベイズ統計以外のデータ分析では、事前確率はかなりの異論を招くことが多い。多くの人が、事前確率を「でっち上げる」のは客観的でないと感じている。しかしこの映画の場面は、事前の信念を無視するのはますますばかげているということを、客観的に物語っている。たとえば『帝国の逆襲』を初めて観ていてこの場面になったとき、友人が本心から「あら、ハン・ソロが死んでしまうわ」と言ったとしよう。そのとおりだとあなたが考えるはずはない。C-3POは、生き延びる可能性の低さについて完全には間違っていなかった。もし友人が「あら、TIE戦闘機のパイロットが死んでしまうわ」と言ったのなら、あなたはにっこりしながらうなずくだろう。

この時点では、ハン・ソロが生き延びられると信じる理由がいくつもあるが、その信念を裏付ける数値はない。そこでいくつかのデータを組み合わせてみよう。

まずは、ハン・ソロのつわものぶりの上限というものを考えてみる。もしハン・ソロは絶対に死なないと信じてしまったら、映画は先が読めてつまらなくなってしまう。一方、ハン・ソロは生き延びると我々が信じる程度は、生き延びられないとC-3POが信じる程度よりも高いはずなので、我々が信じる強さをC-3POが信じる強さに対して20,000対1と設定しておこう。

図9-2は、ハン・ソロが無事通過すると考える我々の事前確率の分布である。

ここでもベータ分布を使うことには、2つの理由がある。第1に、我々の信念の強さはかなりおおざっぱなので、成功率には幅を持たせておかなければならない。第2に、ベータ分布を使うとのちの計算がはるかに簡単になる。

これで尤度分布と事前分布が定まったので、次の節で事後確率を計算することができる。

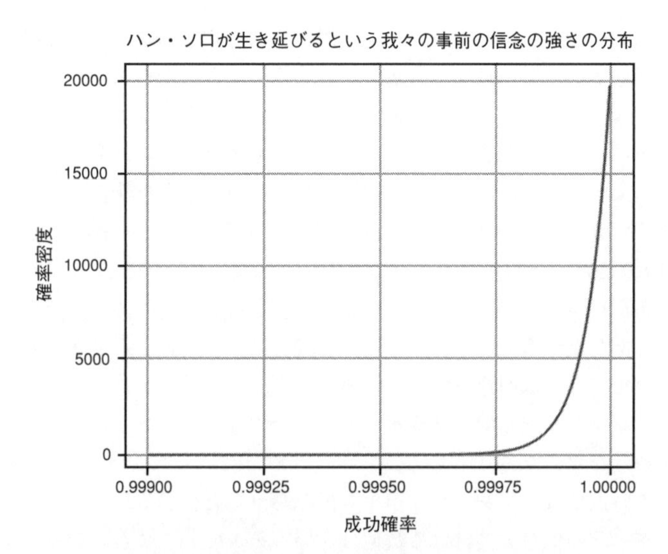

図9-2 ハン・ソロが生き延びるという我々の事前の信念の強さを表現したベータ分布

事後確率でスリルを演出する

C-3POがどのように考えていたか（尤度分布）が定まり、ハン・ソロは生き延びると我々が信じる強さ（事前分布）をモデル化できたが、次にこれらを組み合わせる方法が必要だ。これらを組み合わせることで、**事後分布**を作る。いまの場合、その事後分布は、C-3POによる尤度分布を知った上で我々が感じるスリルの程度をモデル化したものになる。映画の中でC-3POの分析結果を示した目的は、その分析的思考力をバカにするためだけでなく、真のスリルを生み出すためでもあった。我々の事前の考えだけではけっしてハン・ソロのことを心配しないが、C-3POのデータに基づいてそれが調節されることで、真の危険に対する新たな考えが芽生えてくるのだ。

事後確率の公式は実際にとても単純で直観的である。尤度と事前確率さえ分かれば、前の章で説明した、比例式タイプのベイズの定理を使うことができる。

事後確率 $\propto$ 尤度 $\times$ 事前確率

前に述べたとおり、この比例式タイプのベイズの定理を使う場合には、事後分布の総和が必ずしも1にならなくてもかまわない。しかし幸いなことに、尤度と事前確率しか分かっていない場合でも、ベータ分布を組み合わせることで、正規化された事後確率を簡単に求めることができる。C-3POのデータ（尤度分布）と、ハン・ソロの生き延びる能力に関する我々の事前の信念（事前分布）という、2つのベータ分布を組み合わせる方法は、次のように驚くほど簡単である。

$$\mathrm{Beta}(\alpha_{\text{事後}}, \beta_{\text{事後}}) = \mathrm{Beta}(\alpha_{\text{尤度}} + \alpha_{\text{事前}}, \beta_{\text{尤度}} + \beta_{\text{事前}})$$

事前分布と尤度分布のαを足し合わせ、事前分布と尤度分布のβを足し合わせさえすれば、正規化された事後分布になるのだ。このようにとても単純になるため、ベイズ統計ではベータ分布を使うのがとても都合が良い。ハン・ソロが小惑星帯を無事通過する事後分布を求めるには、次のように単純な計算をすればいい。

$$\mathrm{Beta}(2+20000, 7400+1) = \mathrm{Beta}(20002, 7401)$$

これで、データに対する新たな分布をグラフに描くことができる。図9-3が、我々の最終的な事後の信念の強さを表したグラフである。

C-3POの考えと、ハン・ソロのいかれ具合に対する我々の考えとを組み合わせることで、はるかに理にかなった立場に立つことができた。我々の事後の考えでは、生き延びる確率はおよそ73%である。つまり、ハン・ソロはきっと生き延びられると考えつつも、スリルを感じられるのだ。

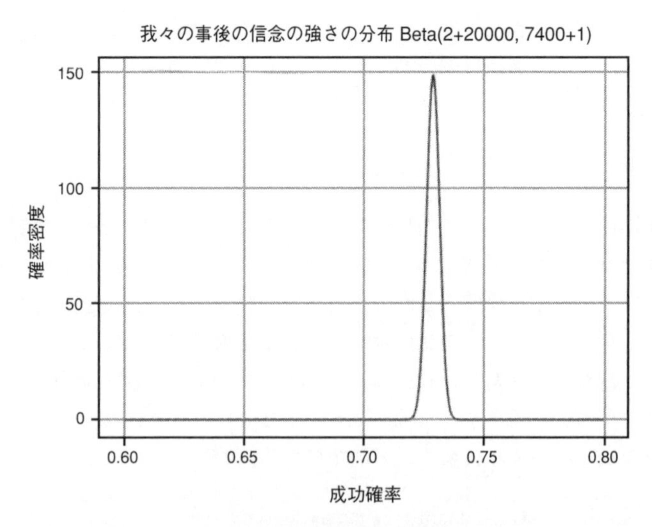

図9-3　尤度分布と事前分布を組み合わせることで、もっと興味深い事後分布が得られる

本当に役に立つのは、ハン・ソロが生き延びられる確率そのものではなく、生き延びられるとどの程度信じられるか、その分布全体である。ここまで本書の多くの例では、確率に1つだけの値を使うことにこだわってきたが、実際には分布全体を使うことで、信念の強さを柔軟にとらえられるのだ。

まとめ

この章では、目の前にある情報を分析する上で予備知識がいかに重要であるかを学んだ。C-3POのデータによって提供される尤度関数は、ハン・ソロの能力に関する我々の事前の知識と合致しなかった。そこで、ハン・ソロがやったようにC-3POの言葉をただ無視するのではなく、C-3POによる尤度分布と我々の持つ事前分布とを組み合わせて、ハン・ソロが生き延びる可能性に関する我々の考えを調節した。『スター・ウォーズ/帝国の逆襲』では、この不確実さがこの場面のスリルには欠かせない。もしC-3POのデータか、または我々自身の事前分布を完全に信じていたら、ハン・ソロはきっと死ぬと確信してしまうか、または、きっと何事もなく生き延びると確信してしまうことになる。

また、1つの確率値でなく確率分布を使えば、ある範囲の信念の強さを表現できることも知った。後のほうの章では、確率分布についてもっと詳しく見て、あなたの考えに対する確信のなさをもっと微妙な形で探っていく。

練習問題

事前分布と尤度分布を組み合わせて正確な事後分布を導く方法を理解できたかどうか確かめるために、以下の問題を解いてみてほしい。解答は付録C（p.304）参照。

1. 友人が地面に落ちているコインを見つけて投げてみたところ、表が6回連続で出てから裏が1回出た。この出来事を記述するベータ分布を示せ。このコインが比較的公正である、つまり表が出る真の割合が0.4と0.6の間である確率を、積分を使って求めよ。
2. このコインが公正である事前確率を与えよ。表が出る真の割合が0.4と0.6の間である可能性が95%以上となるようなベータ分布を使うこと。
3. 表がさらに何回出れば（裏が1回も出ずに）、このコインが公正でない可能性が比較的高いと確信できるか？　この場合、表が出る割合が0.4と0.6の間であるという考えを信じる程度が0.5未満に下がるという意味としよう。

PART 

パートⅢ
パラメータ推定

Chapter 10

第10章 平均化とパラメータ推定の入門

この章では、データを使って未知の変数の値を推測する統計的推定に欠かせない、**パラメータ推定**という方法を紹介する。たとえば、ウェブページを訪れた人が商品を購入する確率、お祭りで瓶の中に入っているジェリービーンズの個数、あるいは素粒子の位置と運動量などを推定したい。いずれの例でも、推定したい未知の値があり、観察された情報を使ってそれを推測する。それらの未知の値を**パラメータ**と呼び、それらのパラメータをなるべく精確に推測するプロセスをパラメータ推定と呼ぶ。

ここでは、もっとも基本的なタイプのパラメータ推定である**平均化**に話を絞る。一連の観察結果の平均を取ることが真の値を推測するための最良の方法であることは、ほぼ誰もが理解しているが、わざわざ立ち止まって、なぜそれでうまくいくのかを考える人はほとんどいない。そもそも、本当にうまくいくのだろうか？　後の章で、もっと複雑な形のパラメータ推定に平均化の方法を組み込むので、ここで平均化の方法が信用できることを証明しておく必要がある。

積雪量の推定

昨夜、大雪が降ったので、庭に雪が何cm積もったのかを精確に知りたいとしよう。しかし残念ながら、精確に測定するための雪量計を持っていない。外を見ると、夜のうちに風で雪が少し吹き寄せられていて、完全に平坦ではない。そこで、庭の中から7か所をおおよそランダムに選び、物差しを使って雪の深さを測ることにした。すると次のような測定値（単位はcm）が得られた。

6.2, 4.5, 5.7, 7.6, 5.3, 8.0, 6.9

明らかに雪がかなり吹き寄せられているし、庭も完全に平らではないので、測定値はかなりばらばらだ。それを踏まえた上で、これらの測定値を使って実際の積雪量を推定するにはどうすればいいか？

この単純な問題は、パラメータ推定の優れた実例となる。推定しようとしているパラメータは、昨夜から降った雪の実際の深さ。風で雪が吹き寄せられているし、雪量計もないので、降った雪の正確な量はけっして分からない。しかし代わりに一連のデータがあるので、確率を使ってデータを組み合わせることができる。そうすれば、各測定値が推測値にどれだけ寄与するかを見極めることで、できる限り最良の推定をおこなえる。

●測定値を平均化して誤差を最小にする

最初に思いつくのは、これらの測定値の平均を取ることだろう。小学校で習ったとおり、いくつかの要素の平均を取るには、それらを足し合わせて要素の総数で割ればいい。測定値がn個あって、i番目の測定値をm_iとすれば、次のようになる。

$$平均 = \frac{m_1 + m_2 + m_3 + \ldots + m_n}{n}$$

先ほどのデータを放り込むと、次のような答えが出てくる。

$$\frac{6.2+4.5+5.7+7.6+5.3+8.0+6.9}{7}\approx 6.31$$

したがって、この7つの測定値を踏まえると、積雪量の最良の推定値は約6.31cmとなる。

平均化の方法は子供の頃から頭の中に刻み込まれているため、この問題に利用するのは当たり前のように思える。しかし実際のところ、なぜそれでうまくいくのか、確率とどのように関係しているのかを理解するのは難しい。そもそも、測定値はそれぞれ食い違っているし、いずれの測定値も真の積雪量の値とは異なるだろう。何百年も前から、データを平均化すると測定値の誤差が積み重なって、きわめて不正確な推定値になってしまうのではないかと、偉大な数学者たちも恐れていた。

パラメータ推定をおこなう際に重要なのは、判断の根拠を理解しておくことである。そうでないと、思いがけない偏りを含んでいるなど、系統的な形で誤った推定方法を使ってしまう恐れがある。統計でよく犯してしまう過ちの一つが、理解できていない手順をやみくもに当てはめて、間違った答えを導いてしまうことである。確率は不確実な事柄について推論するための道具で、パラメータ推定は不確実な事柄を扱うためのもっとも一般的な手順だろう。そこで、平均化についてもう少し深く掘り下げて、それが正しい手順であることにもっと自信を持てるかどうか確かめてみよう。

●単純化した問題を解く

先ほどの積雪量の問題を少し単純化してみよう。考えられるあらゆる雪の深さを思い浮かべる代わりに、雪がすべて同じ大きさのきっちりとした塊として降ってきて、庭が2次元の単純な格子状になったとするのだ。図10-1は、雪が完全に均一に深さ6cmで降った様子を、俯瞰(ふかん)でなく横から見たものである。

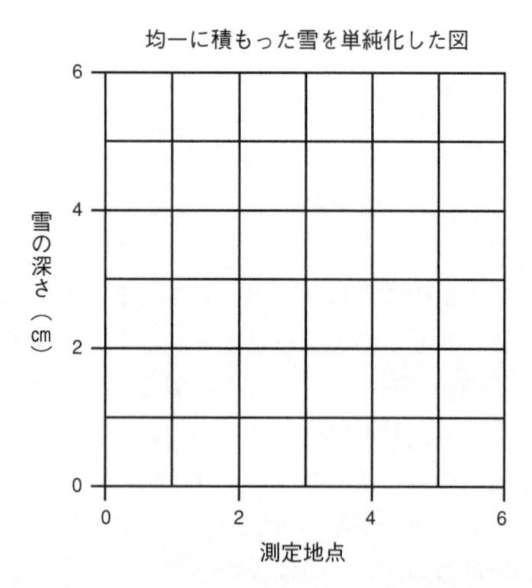

図10-1 塊となって完全に均一に積もった雪の図

これは理想化したシナリオである。これなら、測定値の個数が際限なく増えてしまうことはない。測定できるのは6か所で、各地点で測定値は6cmの1つだけである。この場合は明らかに平均化が通用する。どのようにデータを取ったとしても、答えは必ず6cmだからだ。

次に、家の左側に雪が吹き寄せられた場合のデータを示した図10-2を見てみよう。

今度は雪面が滑らかでなく、ある程度のばらつきが含まれている。もちろん、雪の塊の個数を数えれば積雪量は正確に分かるが、この例を使うことで、不確実な状況について推測する方法を探ることができる。まずはこの問題を調べるために、庭の各地点で雪の深さを測ってみよう。

8, 7, 6, 6, 5, 4

次に、このそれぞれの値に何らかの確率を割り当てたい。積雪量の真の値は6cmとしたので、測定値と真の値との差、**誤差**も書き留めておこう（表10-1を見よ）。

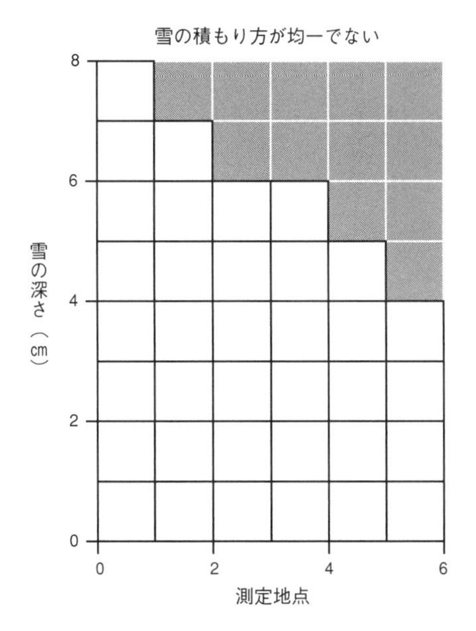

図10-2　風で雪が吹き寄せられた場合の図

表10-1　測定値、真の値との差、確率

測定値	真の値との差	確率
8	2	1/6
7	1	1/6
6	0	2/6
5	−1	1/6
4	−2	1/6

各測定値と真の値との差に注目すると、大きく見積もられすぎている値が、小さく見積もられすぎている値によって打ち消されることが分かる。たとえば、真の値より2cm大きい測定値が得られる確率が1/6あるが、真の値より2cm小さい測定値が得られる確率もそれと等しい。こ

こから、平均化が通用する理由に関する最初のヒントが得られる。測定値の誤差は互いに打ち消し合う傾向があるのだ。

●もっと極端なケース

いまのシナリオは誤差の分布が滑らかだったので、もっと複雑な状況でも誤差が打ち消し合うかどうかはまだ確信が持てないかもしれない。別のケースでもそれが成り立つことを示すために、もっとずっと極端な例を見てみよう。図10-3のように、6地点のうちの1か所に雪が21cm分吹き寄せられていて、残りの地点には雪が3cmしか残っていないとする。

雪の分布は先ほどと大きく異なっている。まず先ほどの例と違って、どの測定値も真の積雪量とは食い違っている。また、誤差も均等ではなく、予想より小さい測定値がいくつもあって、極端に大きい測定値が1つある。表10-2に、測定値、真の値との差、各測定値が得られる確率を示した。

すぐに分かるとおり、1つの測定値の誤差と別の1つの測定値の誤差とが打ち消し合うことはない。しかし確率を割り当てれば、このような極端な分布でも誤差は打ち消し合う。そのためには、誤差を含む各測定値に

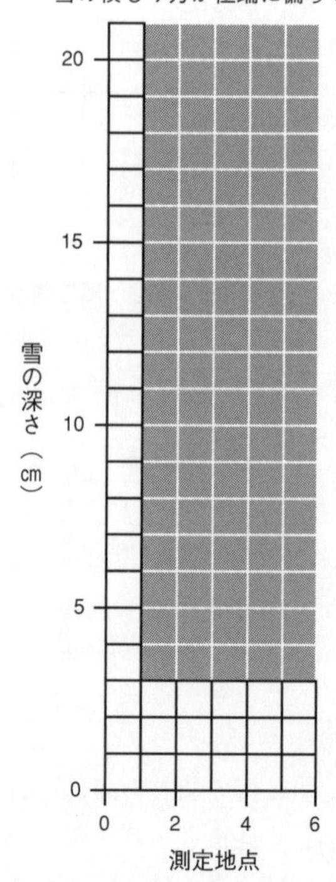

図10-3　雪がもっと極端に吹き寄せられたケース

表10-2　極端な例における測定値、真の値との差、確率

測定値	真の値との差	確率
21	15	1/6
3	−3	5/6

いわば投票をすると考えればいい。観測されたそれぞれの誤差の確率は、その誤差をどれだけ強く支持するかに相当する。測定結果を組み合わせるには、各測定値の確率を、最終的な推定値に向けてその測定値が集める票数とみなせばいい。いまの場合、誤差が−3cmである確率は、誤差が15cmである確率の5倍なので、誤差−3cmのほうが支持を集める。そこで投票をおこなうと、誤差−3cmが5票獲得するのに対し、誤差15cmは1票しか得られない。すべての票を集計するには、それぞれの誤差の値とその確率とを掛け合わせてから、すべて足し合わせることで、**加重和**を求める。すべての測定値が同じであるという極端なケースでは、その測定値にただ1を掛けて、その値そのものが答えとなる。一方、いまの例では次のようになる。

$$\frac{5}{6}\times(-3)+\frac{1}{6}\times 15=0$$

各測定値の誤差が打ち消し合って0になるのだ！　これで、どの測定値も真の値と違っていたり、誤差が不均等だったりしても問題ないことが改めて分かった。それぞれの測定値に、その測定値を信じる度合いで重み付けをすれば、誤差が打ち消し合うようになるのだ。

●重み付けをした確率で真の値を推定する

これで、真の値からの誤差が打ち消し合うことはかなり確信できた。しかしまだ問題が残っている。ここまでは真の値からの誤差を使ってきたが、それを使うにはそもそも真の値が分かっていなければならない。真の値が分かっていない場合には、測定値を使うしかない。そこで、測定値そのものの加重和を取っても誤差が打ち消し合うかどうかを確かめる必要がある。

この方法が通用することを示すには、何らかの「未知の」真の値が必要となる。まずは次のような誤差を考えよう。

$$2, 1, -1, -2$$

真の値は分からないので、それをtという変数で表すことにして、これに誤差を足し合わせる。そうすれば、各測定値をその確率で重み付けすることができる。

$$\frac{1}{4}(2+t)+\frac{1}{4}(1+t)+\frac{1}{4}(-1+t)+\frac{1}{4}(-2+t)$$

ここまででやったのは、真の値を表す一定値tに誤差を足し合わせ、そのそれぞれの答えをその確率で重み付けしただけだ。それでも誤差が打ち消し合って、値tだけが残るかどうか、確かめてみよう。もしそうであれば、測定値自体の平均を取るだけでも誤差が打ち消し合うとみなすことができる。

次のステップは、測定値に重み付けした確率を括弧内の各項に掛け合わせて、1つの長い和に変形することである。

$$\frac{2}{4}+\frac{1}{4}t+\frac{1}{4}+\frac{1}{4}t+\frac{-1}{4}+\frac{1}{4}t+\frac{-2}{4}+\frac{1}{4}t$$

項を並べ替えて誤差を一つにまとめると、誤差は打ち消し合い、tの加重和は単にt（未知の真の値）になることが分かる。

$$\left(\frac{2}{4}+\frac{1}{4}+\frac{-1}{4}+\frac{-2}{4}\right)+\left(\frac{1}{4}t+\frac{1}{4}t+\frac{1}{4}t+\frac{1}{4}t\right)=0+t$$

このように、測定値を未知の真の値tと何らかの誤差の和として定義しても、やはり誤差は打ち消し合って、最後にはtだけが残る。たとえ真の値や真の誤差が分からなくても、測定値の平均を取ると誤差は打ち消し合うのだ。

実際には取りうる測定値を残らず測定することはできないが、測定値を増やせば増やすほど誤差は打ち消し合って、一般的に推定値は真の値に近づいていく。

●期待値と平均の定義

いま得られた値は、正式にはデータの**期待値**と呼ばれる。これは単に、それぞれの値をその確率で重み付けしてからすべて足し合わせたものである。各測定値をx_i、各測定値の確率をp_iとすると、期待値（ふつうはμ（ギリシャ文字の小文字のミュー）で表す）は数学的に次のように定義される。

$$\mu = \sum_{i=1}^{n} p_i x_i$$

念を押しておくが、この計算は小学校で習った平均と*まったく*同じで、確率を使うことをもっとはっきりと明記したにすぎない。例として、学校では4つの数の平均を次のように書いた。

$$\frac{x_1 + x_2 + x_3 + x_4}{4}$$

これは次のように書いてもまったく同じである。

$$\frac{1}{4}x_1 + \frac{1}{4}x_2 + \frac{1}{4}x_3 + \frac{1}{4}x_4$$

あるいは$p_i = 1/4$とすれば、次のように書かれる。

$$\mu = \sum_{i=1}^{4} p_i x_i$$

つまり、期待値はほぼ誰もが知っている平均と同じものだが、それを確率の原理から組み立てることで、データの平均化が*なぜ*有効であるのかが分かる。誤差がどのように分布していようとも、ある極端な誤差に対応する確率が別の極端な誤差に対応する確率と打ち消し合う。そして測定値を増やせば増やすほど、誤差が打ち消し合って、期待値が目的の真の値に近づいていくのだ。

測定のための平均と集計のための平均

ここまで、ある程度の誤差を含む測定値の分布から真の値を推定するために、平均（期待値）を使ってきた。しかし平均は、一連のデータを**集計**する方法として使われることも多い。たとえば次のようなものである。

- 人の平均身長
- 住宅の平均価格
- 学生の平均年齢

いずれの場合にも、何らかの真の値を推定するために平均を使っているのではなく、ある集団の性質を集計しているにすぎない。正確に言うと、これらの集団が持つ何らかの抽象的な性質を推定しているのであって、その性質は実在していないかもしれない。平均はとても単純でよく知られたパラメータ推定法だが、誤った使い方をして奇妙な結果を導いてしまう恐れがある。

データを平均化する際には必ず、次のような根本的な問題を自らに問いかけるべきだ。「自分は正確に何を求めようとしていて、その値は実際のところ何を意味するのか？」 積雪量の例ではその答えは簡単で、昨夜、風で吹き寄せられる前に実際どれだけの量の雪が降ったかを推定しようとしている。しかし「平均身長」を求めようとしている際には、その答えはもっとあいまいだ。平均人間などというものは存在しないし、測定された身長差は誤差ではなく、実際に身長が違っていることにほかならない。ある人の身長が165cmだからといって、その身長の一部が身長190cmの人に吹き寄せられてしまったからではないのだ！

遊園地を建設して、入場者の半数以上が乗れるようジェットコースターに身長制限を設けたいのなら、求めたいのは実際の値である。しかしその場合、平均はあまり役に立たない。推定すべき値としてもっと適しているのは、ジェットコースターに乗れる最低身長をxとして、遊園地を訪れた誰かの身長がxよりも高い確率である。

この章での説明では、平均を使って誤差を打ち消し合うことで、ある特定の値を求めようとしていると仮定した。つまり、平均化をパラメータ推定の一種として使っていて、そのパラメータの実際の値はけっして分からない。一方、平均化は大量のデータを集計するためにも役に立つが、そのデータのばらつきは意味のある実際のばらつきであって、測定誤差ではないので、「誤差が打ち消し合う」という直観はもはや使えないのだ。

まとめ

この章では、「未知の値をなるべく精確に推定するには、測定値の平均を取ればいい」という直観が信用できることを学んだ。それは誤差が打ち消し合う傾向があるためである。この平均化の概念を形式化すると、期待値の考え方に行き着く。期待値を計算するには、すべての測定値に、そのそれぞれが測定される確率で重み付けをすればいい。最後に、平均化は単純に理解できる道具だが、平均化によって何を求めようとしているのかはつねにはっきりさせて理解しておかなければならない。そうでないと有効でない結果が得られてしまうかもしれない。

練習問題

未知の値を推定するための平均化の方法をどれだけ理解できたか確かめるために、以下の問題を解いてみてほしい。解答は付録C（p.305）参照。

1. 誤差が望みどおり完全には打ち消し合わない可能性もある。たとえば平熱は37.0℃で、発熱していると判断される下限値は38.0℃であるとしよう。あなたが面倒を見ている子供が熱っぽくて病気かもしれないが、体温計で何回測っても、測定値はすべて37.5℃から37.8℃の間だった。熱っぽいが、発熱しているとまでは言えない。そこで、その体温計であなた自身の体温を何回か測ってみると、36.4℃から36.7℃の間だった。体温計がおかしいのだろうか？
2. あなたが健康で、体温もずっと平熱でかなり一定しているとした上で、この子供が発熱しているどうかを推定するには、37.8℃、37.5℃、37.6℃、37.9℃といった体温計の値はどのように補正すればいいか？

Chapter 11

第11章 データの散らばり具合を測る

この章では、測定値の散らばり具合、つまり極端な測定値どうしの隔たりを定量化するための3通りの方法である、平均絶対偏差、分散、標準偏差について学ぶ。

前の章で学んだとおり、期待値は未知の値を推定する最良の方法だが、測定値が散らばっていればいるほど、期待値による推定値には確信が持てなくなる。例として、2台の車が衝突した地点を、車がレッカーで運び去られた後に残骸の散らばり具合だけから突き止めようとしている場合、残骸が散らばっていればいるほど、正確な衝突地点については確信が持てなくなる。

測定値の散らばり具合は測定の不確実さと結びついているので、推定値について確率論的に説明する（その方法は次の章で学ぶ）ためには、測定値の散らばり具合を定量化できなければならない。

井戸にコインを落とす

あなたが友人と森の中を散歩していたら、奇妙な古井戸を見つけた。

中を覗き込むと、底なしのようにも見える。試しにポケットからコインを1枚取り出して井戸に落としてみると、思ったとおり、数秒後に水の跳ねる音が聞こえた。あなたは、この井戸は確かに深いが底なしではないと結論づけた。

摩訶不思議な井戸ではなかったものの、あなたと友人はこの井戸の実際の深さを知りたくなった。そこでもっとデータを集めるために、あなたがポケットからコインをさらに5枚取り出して井戸に落とすと、次のような測定値（単位は秒）が得られた。

3.02, 2.95, 2.98, 3.08, 2.97

予想どおり、測定結果にはある程度のばらつきがある。そのおもな原因は、コインをつねに同じ高さから落としたり、水の跳ねる音を正確に聞き取ったりするのが難しいことにある。

すると友人が、自分も何回か測定してみたいと言い出した。友人は互いに近い大きさの5枚のコインを選ぶ代わりに、小石や小枝など、もっとさまざまな種類の物体を手に取った。そしてそれらを井戸に落とすと、次のような測定値が得られた。

3.31, 2.16, 3.02, 3.71, 2.80

どちらの測定でも期待値（μ）は約3秒だが、あなたの測定値の散らばり具合と友人の測定値の散らばり具合は違っている。この章の目標は、あなたの測定値の散らばり具合と友人の測定値の散らばり具合との違いを定量化する方法を導くことである。次の章ではその結果を使って、ある範囲を持つ推定値の中に真の値が入っている確率を求める。

この章ではこれ以降、第1の値のグループ（あなたの測定値）について述べる際には変数aを、第2の値のグループ（友人の測定値）について述べる際には変数bを使うことにする。それぞれのグループにおける各測定値は、下付き文字を使って表す。たとえば、グループaの2番目の測定値はa_2と書く。

平均絶対偏差を求める

初めに、各測定値が期待値（μ）からどれだけ外れているかを調べる。期待値はaでもbでも3である。期待値は真の値に対する最良の推定値なので、2つのグループの散らばり具合の違いを定量化するためにまずは、期待値と各測定値との差を調べてみたらいいだろう。表11-1に、各測定値とその期待値との差を示した。

表11-1　あなたと友人の測定値およびその期待値との差

測定値	期待値との差
グループa	
3.02	0.02
2.95	−0.05
2.98	−0.02
3.08	0.08
2.97	−0.03
グループb	
3.31	0.31
2.16	−0.84
3.02	0.02
3.71	0.71
2.80	−0.20

注　期待値との差は誤差とは違う。誤差は真の値との差であって、この場合には真の値は未知である。

2つのグループの散らばり具合の違いを定量化する方法として、まずは、期待値との差を単に足し合わせてみたらどうだろうか。しかしやってみると、どちらのグループでもその差の合計はまったく同じであることが分かる。

$$\sum_{i=1}^{5}(a_i-\mu_a)=0 \qquad \sum_{i=1}^{5}(b_i-\mu_b)=0$$

2つのグループの散らばり具合には大きな違いがあるのだから、これでは辻褄が合わない。

期待値との差を単に足し合わせるわけにいかない理由は、そもそも期待値がなぜ有効なのかと関係している。第10章で分かったとおり、誤差は打ち消し合う傾向があるからだ。そこで、測定値を台無しにすることなしに、期待値との差が打ち消し合わないようにする数学的方法が必要となる。

期待値との差が打ち消し合う理由は、その差が負の場合と正の場合があることだ。そこで、すべての差を正に変換すれば、その値を台無しにすることなしにこの問題を解決できる。

その方法として最初に思いつくのは、差の**絶対値**を取ることである。絶対値とは0からその数までの距離のことであり、4の絶対値は4、−4の絶対値も4である。これを使うと、値そのものを変えることなしに、負の値を正に変換できる。絶対値を表すには、もとの値を2本の縦線で挟む。たとえば$|-6|=|6|=6$である。

表11-1に示した差の絶対値を取って、それを計算に使うと、次のように有効な結果が得られる。

$$\sum_{i=1}^{5}|a_i-\mu_a|=0.20 \qquad \sum_{i=1}^{5}|b_i-\mu_b|=2.08$$

実際に手で計算してみれば、これと同じ答えになるはずだ。この方法はいまの場面でなら役に立つが、2つの測定値グループが同じ大きさでないと通用しない。

たとえば、グループaの測定値がさらに40個あって、2.9という測定値が20個、3.1という測定値が20個あったとしよう。このように測定値が増えてもグループaのデータはグループbのデータよりも散らばり具合が小さいように見えるが、グループaにおける絶対値の総和は、単に測定値が増えたせいで4.2になってしまうのだ！

これを補正するには、総和を測定値の総数で割ることで正規化すればいい。ただし割り算の代わりに、1/総数、つまり逆数を掛けることとして表すと、次のようになる。

$$\frac{1}{5} \times \sum_{i=1}^{5} |a_i - \mu_a| = 0.040 \qquad \frac{1}{5} \times \sum_{i=1}^{5} |b_i - \mu_b| = 0.416$$

これで、測定値の個数に左右されない、散らばり具合の尺度が得られた！　この方法を一般化すると次のようになる。

$$\mathrm{MAD}(x) = \frac{1}{n} \times \sum_{i=1}^{n} |x_i - \mu|$$

この式で計算されるのは、測定値と期待値との差の絶対値の平均である。つまり、グループaでは期待値と測定値とが平均で0.040離れていて、グループbでは0.416離れているということになる。この式の値を**平均絶対偏差**（MAD）という。平均絶対偏差はとても有用で、測定値がどれだけ散らばっているかを直観的に表している。グループaの平均絶対偏差が0.04で、グループbの平均絶対偏差が約0.4なので、グループbはグループaの約10倍散らばっていると言うことができる。

分散を求める

データを台無しにせずにすべての差を正にするためのもう一つの数学的方法が、$(x_i - \mu)^2$というように、差を2乗するというものである。この方法には平均絶対偏差と比べて長所が少なくとも2つある。

第1の長所は、少々学問的である。数学的には、絶対値を取るよりも値を2乗するほうがはるかに容易なのだ。本書ではその利点を直接活用することはないが、数学者にとって絶対値関数は実用的に少々扱いづらい。

第2のもっと実際的な理由は、2乗することで、ペナルティーに大きな差が付く、つまり、期待値から大きく離れた測定値ほど大きいペナルティーが科されることである。要するに、直観的な感覚のとおり、小さな差は大きな差に比べて重要度が低いということだ。たとえば、会議をする部屋を間違って聞かされても、正しい部屋が隣であればさほど慌てないが、国の反対端のオフィスに行ってしまっていたら間違いなく慌てふためくだろう。

絶対値を差の2乗に置き換えると、次のような式が得られる。

$$\mathrm{Var}(x)=\frac{1}{n}\times\sum_{i=1}^{n}(x_i-\mu)^2$$

この式は確率論の中でとても特別な位置を占めていて、**分散**(variance)と呼ばれる。分散の式は平均絶対偏差とほぼ同じだが、平均絶対偏差で絶対値だったところが2乗に置き換えられていることに注目してほしい。こちらのほうが数学的に性質が良いため、確率論では平均絶対偏差よりも分散のほうがずっと頻繁に使われる。先ほどの例で分散を計算すると結果にどのような差が出るか、確かめてみよう。

$$\mathrm{Var}(\text{グループ}\,a)\approx 0.002,\ \mathrm{Var}(\text{グループ}\,b)\approx 0.269$$

しかし2乗してしまっているため、分散の値が何を意味するかを直観的に理解することはできない。平均絶対偏差は、期待値からの距離の平均というように直観的に定義されていた。しかし分散は、差の2乗の平均と定義される。平均絶対偏差を使ったときには、グループbの散らばり具合はグループaの約10倍だったが、分散を使うと100倍も散らばっていることになってしまうのだ！

標準偏差を求める

理論上は分散には有用な性質がいくつもあるが、実用面ではその値の解釈が難しい。「0.002平方秒の差」というのが何を意味するのか、人間の頭で考えるのは困難だ。先ほど述べたように、平均絶対偏差の長所は、その値が我々の直観とうまく合致することである。グループbの平均絶対偏差が0.4であるというのは、測定値と期待値との距離の平均が文字どおり0.4秒であるという意味だ。しかし差の2乗を平均した場合には、その値をこれほどうまく説明することはできない。

その問題を解消するには、分散の平方根を取ることで、直観がもう少しうまく働くような値に戻せばいい。分散の平方根を**標準偏差**といい、σ（ギリシャ文字の小文字のシグマ）で表す。標準偏差は次のように定義される。

$$\sigma=\sqrt{\frac{1}{n}\times\sum_{i=1}^{n}(x_i-\mu)^2}$$

この標準偏差の式は、見た目ほど恐ろしくはない。データの散らばり具合を数値で表すことが目標であるのを踏まえた上で、この式の各部分に注目すると、次のように理解できる。

1. データと期待値との差を求める。$x_i-\mu$
2. 負の値を正に変換したいので、2乗する。$(x_i-\mu)^2$
3. これをすべて足し合わせる。

$$\sum_{i=1}^{n}(x_i-\mu)^2$$

4. 測定値の個数に左右されたくないので、$1/n$を掛けて正規化する。
5. 最後に、もっと直観的である平均絶対偏差と近い値になるよう、全体の平方根を取る。

先ほどの2つのグループにおける標準偏差を見ると、次のように平均絶対偏差にかなり近いことが分かる。

$$\sigma(\text{グループ}a)\approx 0.046,\quad \sigma(\text{グループ}b)=0.519$$

標準偏差は、直観的な平均絶対偏差と数学的に扱いやすい分散との、いいとこ取りと言える。bとaとの標準偏差の違いが、平均絶対偏差と同じく約10倍であることに注目してほしい。標準偏差はとても有用で至るところに使われているため、確率論や統計学のほとんどの文献では、分散のほうが逆にσ^2と定義されているくらいだ。

これで、データの散らばり具合を表すための3通りの方法が得られた。それらの値を表11-2にまとめておこう。

表11-2 各方法による散らばり具合の値

散らばり具合を求める方法	グループa	グループb
平均絶対偏差	0.040	0.416
分散	0.002	0.269
標準偏差	0.046	0.519

散らばり具合を求めるためのこれらの方法のうち、どれが正しくてどれが間違っているということはない。ただし、飛び抜けて多く使われるのは標準偏差である。標準偏差と期待値を組み合わせて用いると正規分布を定義でき、それによって、それぞれの値が真の値である確率をはっきりと定めることができる。次の章ではその正規分布に注目し、測定結果に対する確信の程度を理解する上でそれが役に立つことを見ていく。

まとめ

この章では、一連の測定値の散らばり具合を定量化するための3通りの方法を学んだ。測定値の散らばり具合の指標としてもっとも直観的なのは平均絶対偏差で、これは各測定値と期待値との距離の平均である。平均絶対偏差は直観的だが、数学的にはほかの方法よりも使いにくい。

数学的にもっと好ましい方法が分散で、これは測定値と期待値との差の2乗の平均である。しかし分散を計算すると、計算結果の意味に関する直観的な感覚が失われてしまう。

第3の方法が標準偏差で、これは分散の平方根である。標準偏差は数学的に有用であると同時に、ある程度直観的な値が得られる。

練習問題

データの散らばり具合を測る3通りの方法をどれだけ理解できたか確かめるために、以下の問題を解いてみてほしい。解答は付録C（p.306）参照。

1. 分散の利点の一つが、差を2乗することで、ペナルティーに大きな差を付けられることである。この性質が役に立つような例をいくつか挙げなさい。
2. 以下の値の期待値、分散、標準偏差を計算せよ。

　　1, 2, 3, 4, 5, 6, 7, 8, 9, 10

Chapter 12

第12章
正規分布

前の2つの章では、とても重要な2つの概念について学んだ。ばらつきのある測定値から真の値を推定するための期待値（μ）と、測定値の散らばり具合を測るための標準偏差（σ）である。

これらの概念はそれ自体でも有用だが、組み合わせて用いるとますます力を発揮する。もっとも有名な確率分布である**正規分布**のパラメータとして使うことができるのだ。

この章では、ある推定値がほかの推定値と比べて真であるとどれだけ確信できるか、その確信の程度に相当する正確な確率を、正規分布を使って定める方法を学ぶ。パラメータ推定の真の目標は、単に値を推定することではなく、ある取りうる範囲の値に確率を割り当てることである。それによって、不確実な値についてもっと高度な推論をおこなうことができる。

前の章で説明したとおり、期待値は既存のデータに基づいて未知の値を推定するための確実な方法で、標準偏差はそのデータの散らばり具合を測るのに使うことができる。測定値の散らばり具合を測れば、得られた期待値をどの程度確信を持って信じられるかが分かる。測定値が散らばっていればいるほど、得られた期待値には確信が持てなくなると考えてかまわない。正規分布を使えば、測定値を考慮した上で、さまざまな考えにどの程度確信が持てるかを、正確に定量化できるのだ。

爆弾の導火線の長さを測る

マンガの中で、口髭を生やした悪党が、爆弾を爆発させて銀行の金庫室に穴を開けようと企んでいる。しかしあいにく爆弾は1個しかないし、かなり大きい。爆弾から60 m離れれば安全であることは分かっている。この悪党はそれだけの距離離れるのに18秒かかる。それより近くで爆発してしまうと命を落としかねない。

爆弾は1個しかないが、すべて同じ長さの導火線が6本あるので、うち1本は爆弾を爆発させるために取っておいて、残り5本を試しに燃やすことにした。導火線はすべて同じ長さで、燃え切るのにかかる時間も同じはずだ。悪党は、爆弾から離れるのに必要な18秒を確保できるかどうかを確かめるために、それぞれの導火線に火を付けて、燃え切るのに何秒かかるかを測ってみた。もちろんあっという間に燃え切ってしまうので、測定値にはある程度ばらつきが出る。それぞれの導火線が燃え切るのにかかった時間（単位は秒）を計ると、次のようになった。

19, 22, 20, 19, 23

ここまでは問題ない。どの導火線も燃え切るのに18秒以上かかった。期待値を計算すると$\mu = 20.6$、標準偏差を計算すると$\sigma \approx 1.62$となる。

しかしここで知りたいのは、測定されたデータを踏まえた上で、導火線が18秒以内に燃え切る可能性がどの程度あるか、その具体的な確率である。いくら悪党でもお金より命が大事なので、爆発しても死なないと99.9%確信できない限り、盗みを働きたくはない。

第10章で学んだとおり、期待値を使えば、一連の測定値を踏まえて真の値を良く推定できるが、その値が真であるとどの程度強く信じられるかを表現する方法は、ここではまだ思いつかない。

第11章では、標準偏差を計算することで、測定値の散らばり具合を定量化できることを学んだ。そこで、期待値以外の値が真である可能性がどの程度あるかを知る上でも、標準偏差は役に立ちそうだと考えてかまわないだろう。たとえば、ガラスのコップが床に落ちて粉々に割れたとしよう。掃除するとき、ガラスの破片の散らばり具合によっては、隣の部屋にも破片が飛んでいないか確かめるかもしれない。図12-1のように破片が近くにまとまっていれば、隣の部屋を確かめる必要はないという自信を強く感じるだろう。

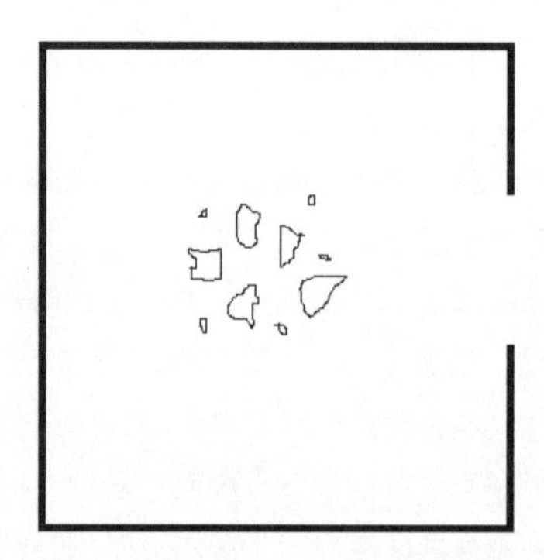

図12-1 破片が近くにまとまっていれば、どこを掃除するべきか確信できる

しかし、図12-2のように破片が広く散らばっていたら、たとえすぐには見つからなくても、隣の部屋の入口あたりまでは掃除したくなるだろう。それと同じように、もし導火線が燃え切る時間にかなりばらつきがあったら、たとえ18秒以内に燃え切った導火線が1本もなかったとしても、実際に使う導火線が18秒以内に燃え切ってしまう可能性はある。

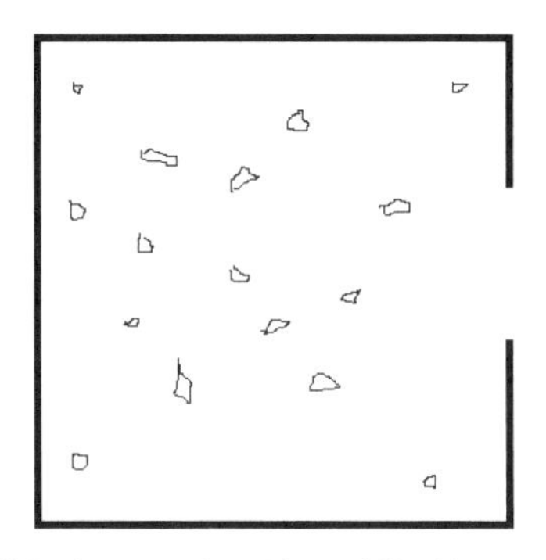

図12-2　破片が散らばっていたら、どこに破片があるか確信が持てなくなる

見た目で測定値が散らばっていれば、極端に外れたところにもほかの測定値があるかもしれないと直観的に感じられる。また、中心が正確にどこであるかも確信が持てなくなる。ガラスの例で言うと、コップが落ちた瞬間を見ていなくて、破片が広く散らばっていたら、どこにコップが落ちたか確信するのは難しい。

この直観を定量化するには、もっともよく研究されていてもっとも有名な確率分布である、正規分布を使えばいい。

正規分布

正規分布は（第5章で説明したベータ分布と同じく）連続的な確率分布で、期待値と標準偏差が分かっている場合に、ある不確実な値をどれだけ強く信じられるかを、もっともよく記述している。パラメータはμ（期待値）とσ（標準偏差）だけである。$\mu=0, \sigma=1$の場合の正規分布は、図12-3のように釣り鐘型をしている。

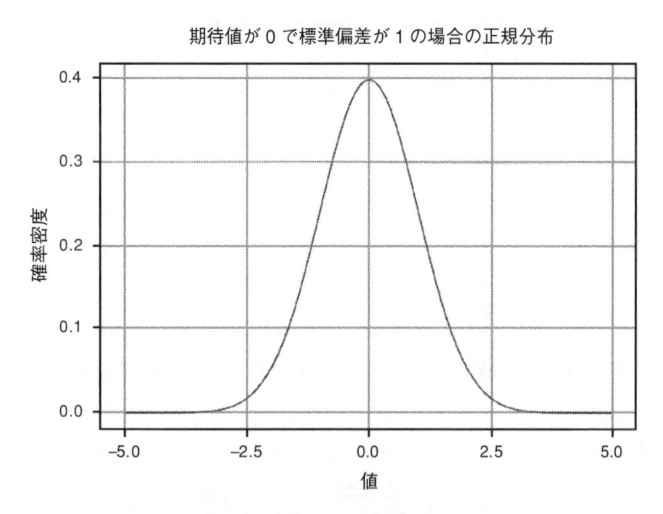

図12-3　$\mu=0, \sigma=1$の場合の正規分布

見て分かるとおり、期待値が正規分布の中心となる。正規分布の幅は標準偏差で定まる。図12-4と図12-5は、μが同じく0で、σがそれぞれ0.5と2の場合の正規分布である。

標準偏差が小さいほど、正規分布の幅は狭くなる。

先ほど述べたように、正規分布は、期待値をどれだけ強く信じられるかを反映している。つまり、測定値が散らばっていればいるほど、信じられる値の範囲は広くなり、中心の期待値に対する確信の度合いは低くなる。逆に測定値がすべてほぼ同じであれば（σが小さければ）、推定値はかなり精確だと信じることができる。

分かっているのが測定データの期待値と標準偏差だけである場合、正規分布は、自分がそれぞれの値をどれだけ強く信じるか、その状態をもっとも誠実に表現したものとなる。

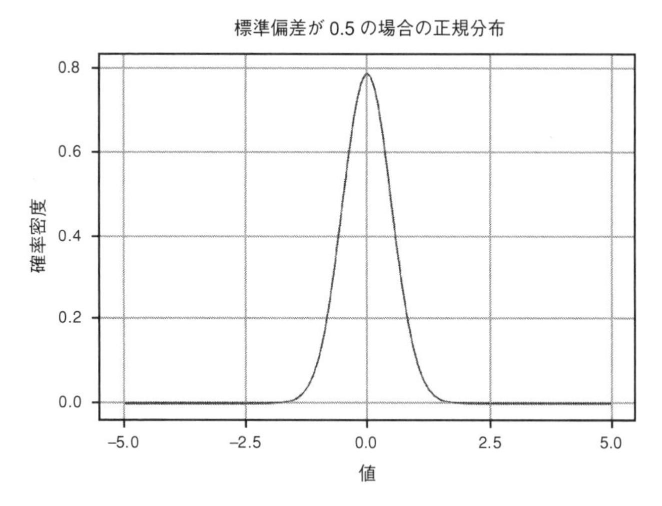

図12-4　$\mu=0, \sigma=0.5$の場合の正規分布

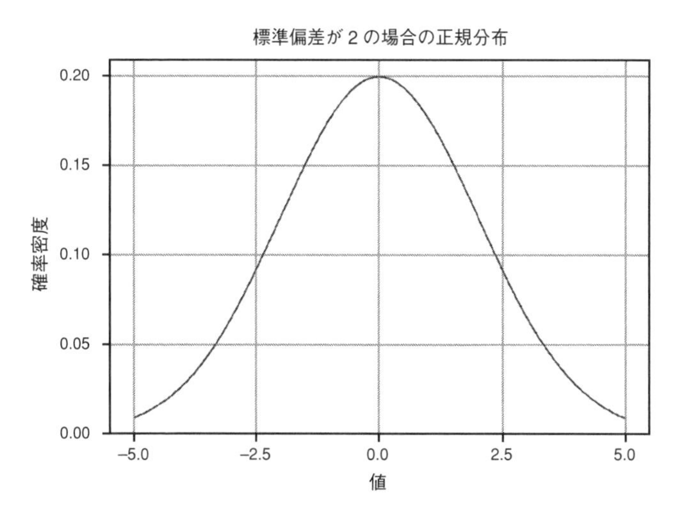

図12-5　$\mu=0, \sigma=2$の場合の正規分布

導火線の問題を解く

最初の問題に戻って、$\mu=20.6$, $\sigma=1.62$ の正規分布を考える。導火線の性質については、燃え切る時間の測定値以外に何も分からないので、測定された期待値と標準偏差を踏まえて、正規分布でこのデータをモデル化する（図12-6を見よ）。

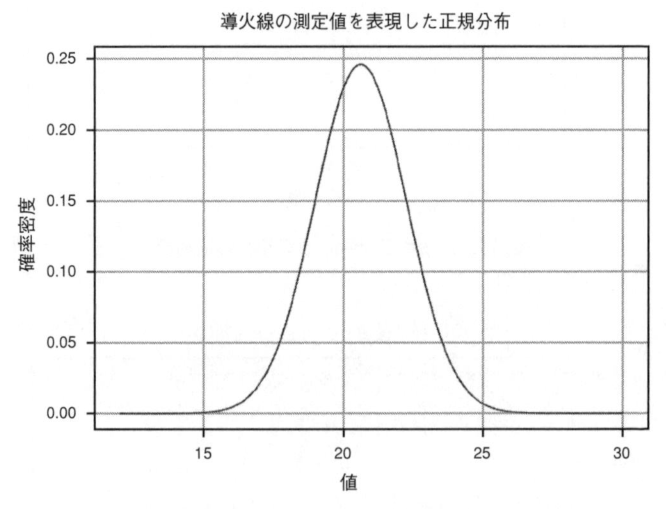

図12-6 $\mu=20.6$, $\sigma=1.62$ の場合の正規分布

知りたいのは、測定データを踏まえた上で、この導火線が18秒以内に燃え切る確率である。この問題を解くには、第5章で最初に学んだ確率密度分布の概念を使う。正規分布の確率密度関数は次のとおり。

$$N(\mu, \sigma)=\frac{1}{\sqrt{2\pi\sigma^2}}\times e^{\frac{(x-\mu)^2}{2\sigma^2}}$$

目的の確率を求めるには、この関数を18以下の値について積分する。

$$\int_{-\infty}^{18} N(\mu=20.6, \sigma=1.62)$$

その積分を具体的にイメージするなら、図12-7のように、関心のある範囲における曲線より下側の面積ということになる。

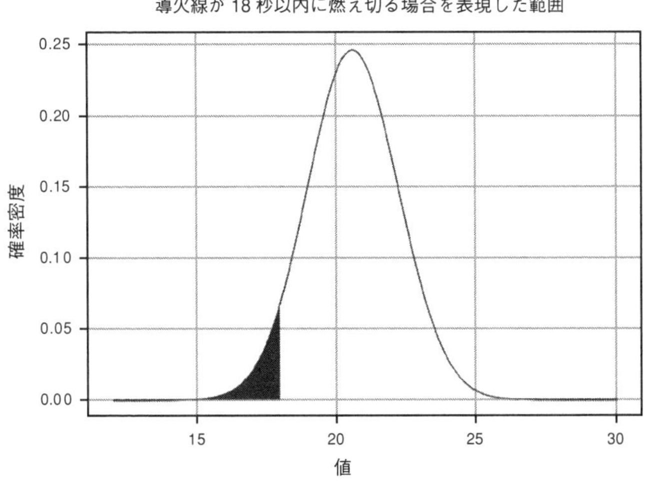

図12-7　関心のある範囲における曲線より下側の面積

影を付けた領域の面積が、測定値を踏まえた上で導火線が18秒以内に燃え切る確率を表している。注目すべき点として、測定値はいずれも18以上だったが、測定値が散らばっていたせいで、図12-6の正規分布から分かるとおり、値が18以下となる可能性がある。18以下のすべての値について積分すれば、あの悪党が必要とする時間だけ導火線が持たない確率を計算できる。

この関数を手計算で積分するのは容易でないが、幸いにもRが代わりに積分してくれる。

だがその前に、どの値から積分を始めるかを決める必要がある。正規分布は、マイナス無限大（$-\infty$）からプラス無限大（$+\infty$）までのすべての値において定義されている。そのため理屈上は、

$$P(\text{燃え切る時間} < 18) = \int_{-\infty}^{18} N(\mu, \sigma)$$

を計算したいところだ。

しかしもちろん、コンピュータでマイナス無限大からこの関数を積分することはできない！　だが幸いにも、図12-6や図12-7を見れば分かるとおり、この確率密度関数の値は端のほうにいくにつれてあっという間にとてつもなく小さくなっていく。10のところでは確率密度関数の曲線はほぼ平坦で、この領域では確率はほぼ0なので、10から18まで積分すればいい。もっと低い値、たとえば0を選んでもいいが、その領域では確率は事実上0なので、意味のある形で結果が変わることはない。次の節では、下限と上限をもっと簡単に選ぶための経験則を説明する。

Rでこの関数を積分するには、`integrate()`関数と`dnorm()`関数（正規分布の確率密度関数）を使って次のように計算する。

```
> integrate(function(x) dnorm(x,mean=20.6,
sd=1.62),10,18)
0.05425369 with absolute error < 3e-11
```

値を丸めると$P(\text{燃え切る時間} < 18) \approx 0.05$となり、導火線が18秒以下しか持たない可能性が5%あることが分かる。いくら悪党でも命は大事で、問題の悪党は、爆発から安全に逃れられると99.9%確信できない限り、銀行からお金を盗もうとは思わない。だから今日のところは銀行は安全だ！

正規分布の威力は、期待値とは異なる幅広い範囲の値について確率論的に推論して、期待値にどの程度現実味があるかを推し量れることにある。期待値と標準偏差しか分かっていないようなどんなデータについても、正規分布を使えば推論することができるのだ。

しかし正規分布は危険性もはらんでいる。現実の場面で、期待値と標

準偏差のほかにも情報がある場合には、それを活用するのが一番である。後の節でその例を取り上げよう。

ちょっとした便法と直観

Rを使えば正規分布の積分を手計算よりもはるかに簡単におこなうことができるが、正規分布を使う場合にはさらに簡単になるとても有用な便法がある。期待値と標準偏差が分かっているどんな正規分布でも、μを中心としたσの整数倍の範囲における曲線より下側の面積を、簡単に知ることができるのだ。

たとえば$\mu-\sigma$（期待値より標準偏差の1倍分小さい値）から$\mu+\sigma$（期待値より標準偏差の1倍分大きい値）までの範囲における曲線より下側の面積は、分布全体の68%である。

つまり図12-8に示したように、取りうる値のうちの68%が、期待値からプラスマイナス標準偏差1つ分の範囲に入る。

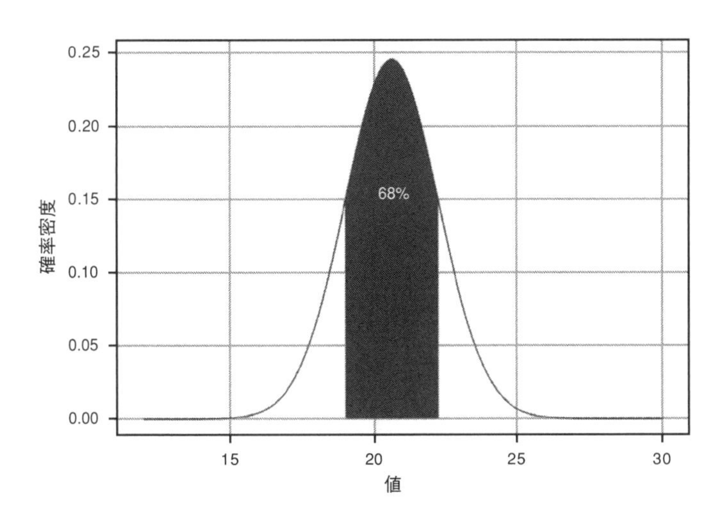

図12-8　確率密度（曲線より下側の面積）のうちの68%が、期待値から左右に標準偏差１つ分の範囲に入る

期待値からの距離をσの整数倍ずつ増やしていっても同様である。表12-1に、いくつかの範囲における確率を示してある。

表12-1 いくつかの範囲における曲線より下側の面積

期待値からの距離	確率
σ	68%
2σ	95%
3σ	99.7%

この便法はとても有用で、測定値の個数が少ない場合にある値が正しい可能性を素早く見積もることができる。たとえ会議の最中でも、電卓さえあれば、μとσを計算してかなり精確な推定ができるのだ！

例として、第10章で積雪量を求める際に得られた測定値は、6.2, 4.5, 5.7, 7.6, 5.3, 8.0, 6.9であった。これらの測定値の期待値は6.31、標準偏差は1.17である。したがって、積雪量の真の値は3.97cm（6.31−2×1.17）から8.65cm（6.31＋2×1.17）の間のどこかに位置すると、95%確信できる。手で積分を計算したり、Rを使うためにコンピュータを起動させたりする必要はないのだ！

Rを使って積分を計算したい場合も、積分範囲の下限と上限を決める上でこの便法は役に立つ。たとえば、先ほどの悪党の導火線が21秒以上持つ確率を知りたい場合、21から無限大まで積分する必要はない。上限としてはどんな値が使えるか？　期待値から標準偏差の3倍分大きい、25.46（20.6＋3×1.62）まで積分すればいいのだ。期待値から標準偏差3つ分の範囲に、確率分布全体の99.7%が入る。残り0.3%が分布の左右に来るため、25.46より大きい領域に入るのは、その半分、わずか0.15%である。したがって21から25.46まで積分すれば、そこから抜け落ちる分はごくわずかで済む。もちろんRを使えば、21から、たとえば30など本当に安全な値まで簡単に積分できるが、この便法によって、「本当に安全」が何を指すのかを判断できるのだ。

「nシグマ」の出来事

「何シグマの出来事（事象）」という表現を聞いたことがあるかもしれない。たとえば、「この株価下落は8シグマの出来事である」といった具合だ。この表現は、観測されたデータが期待値から標準偏差の8倍分外れているという意味である。表12-1に示したように、標準偏差の1倍、2倍、3倍の範囲内にそれぞれ、分布の68%, 95%, 99.7%が入る。そこから直観的に考えれば、8シグマの出来事がとてつもなく起こりにくいはずだということは分かるだろう。それどころか、観測されたデータが期待値から標準偏差の5倍分外れていても、その正規分布はデータを正確にモデル化していない可能性が高いといえる。

nが大きくなるにつれてnシグマの出来事がどれだけ稀になっていくかを示すために、ある特定の日に観察されそうな出来事に注目してみよう。目覚めたら日が昇っていたというような、とてもありふれた出来事もあれば、目覚めたら自分の誕生日だったというような、あまり頻繁に起こらない出来事もある。1シグマ分大きくなるにつれて、その出来事が起こるまでに何日かかると予想されるかを、表12-2に示した。

表12-2　標準偏差分大きくなるにつれてその出来事がどれだけ稀になっていくか

期待値からの距離（両側）	どれだけの期間のうちに起こると予想されるか
σ	3日
2σ	3週間
3σ	1年
4σ	40年
5σ	5,000年
6σ	140万年

つまり、3シグマの出来事は、目覚めたら自分の誕生日だったようなもので、6シグマの出来事は、目覚めたら巨大小惑星が地球に衝突しようとしているのに気づいたようなものである！

ベータ分布と正規分布

第5章で述べたように、望む結果がα回、望まない結果がβ回観察された（合計で$\alpha+\beta$回）場合に真の確率を推定するには、ベータ分布を使えばいい。それを踏まえると、「得られたデータの期待値と標準偏差しか分かっていない場合にパラメータ推定をおこなうための最良のモデルは、正規分布である」という考え方には、多少疑問が出てくるかもしれない。たとえば$\alpha=3, \beta=4$である状況は、1という値が3回、0という値が4回観測されたものと表現できる。それに基づいて計算すると、$\mu\approx0.43, \sigma\approx0.49$となる。そこで、$\alpha=3, \beta=4$の場合のベータ分布と、$\mu=0.43, \sigma=0.49$の場合の正規分布を比べてみると、図12-9のようになる。

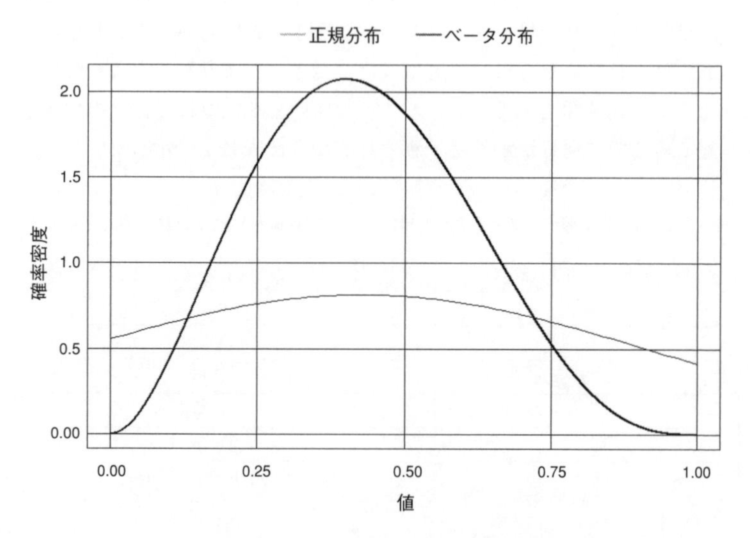

図12-9　ベータ分布と正規分布の比較

明らかに2つの分布はかなり違う。どちらの分布でも中心はおおよそ同じ場所にあるが、正規分布はグラフの両端よりもかなり先まで広がっている。これは重要な注意点を物語っている。正規分布を仮定してもかまわないのは、データについて期待値と標準偏差以外に何も分かっていない場合に限られるのだ。

ベータ分布の場合、探している値は0と1の間の範囲に入ることが分かっている。一方、正規分布は－∞から＋∞までの範囲で定義されていて、そこには取りようのない値が含まれることも多い。ほとんどの場合、そのような大きく外れた測定値は確率論的にほぼありえないので、実用上は重大な問題ではない。しかし、ある出来事が起こる確率を求めるといういまの例では、この問題をモデル化する上でその欠けている情報が重要となってくる。

したがって、確かに正規分布はとても強力な道具だが、問題に関してさらなる情報を得るほうがはるかに望ましいのだ。

まとめ

正規分布は、期待値を使って測定値から真の値を推定する方法を拡張したものである。正規分布は、期待値と標準偏差を組み合わせて、測定値が期待値からどのように散らばっているかをモデル化する。測定値の誤差について確率論的に推論できるため、これは重要な性質である。期待値を使って最良の推定をおこなえるだけでなく、推定値が取りうる範囲について確率論的に論じることもできる。

練習問題

正規分布についてどれだけ理解できたかを確かめるために、以下の問題を解いてみてほしい。解答は付録C（p.306）参照。

1. 期待値よりも5シグマ以上大きい値が観測される確率は？
2. 体温が38.0℃以上であれば発熱しているとみなす。以下の測定値を踏まえて、この患者が発熱している確率は？

37.8, 37.7, 38.3, 38.1, 37.6

3. 第11章の例で、井戸の深さを見積もるために、コインが落ちるのにかかる時間を計ってみたところ、次のような値が得られたとしよう。

   2.5, 3, 3.5, 4, 2

   物体の落下距離は次の公式で計算できる。

   $距離 = 1/2 \times G \times 時間^2$

   ただし G は9.8 m/s^{2}である。この井戸の深さが500 m以上である確率は？

4. そもそも井戸なんてない（つまり深さが0 mである）確率は？　井戸があったという観察結果を踏まえると、その確率はあなたが思うより高いかもしれない。この確率が想像以上に高い理由は2つ考えられる。第1に、正規分布はこの測定値のモデルとしては適していない。第2に、私はこの例に、実世界ではありえそうにない値を選んだ。あなたはどちらの理由のほうがもっともらしいと思っただろうか？

Chapter 13

第13章 パラメータ推定の道具——確率密度関数、累積分布関数、分位関数

ここまではおもに、正規分布の成り立ちと、パラメータ推定におけるその使い方に焦点を絞ってきた。この章ではもう少し掘り下げて、パラメータ推定の結果についてもっと詳しく論じるための数学的道具をいくつか学ぶ。現実世界のある問題を取り上げて、さまざまな測定法や関数やグラフを使った何通りかの方法を見ていく。

この章では、確率密度関数についてもっと説明したのちに、ある範囲の値を取る確率をもっと容易に見極めるのに役立つ、累積分布関数を導入し、さらに、確率分布を互いに等しい確率の部分に分割した、分位関数を導入する。たとえば**パーセント**（%）は、確率分布を100個の互いに等しい部分に分割したという意味で、100分位に相当する。

メールマガジンのコンバージョン率を推定する

ブログを運営しているあなたは、ブログの訪問者があなたのメールマガジンを購読する確率を知りたいとしよう。マーケティングの用語では、ユーザーに好ましい行動を取らせることを**コンバージョン**、ユーザーが

メールマガジンを購読する確率を**コンバージョン率**という。

第5章で説明したように、購読をする人数kと訪問者の合計人数nが分かっている場合、購読する確率pを推定するには、ベータ分布を使う。ベータ分布に必要な2つのパラメータは、αとβ、この場合はそれぞれ、購読する人数（k）と、購読しない人数（$n-k$）である。

ベータ分布を導入したときには、その形と振る舞いに関する基本的な事柄しか説明しなかった。そこでここからは、ベータ分布をパラメータ推定の土台としてどのように使うかを見ていく。コンバージョン率の1つの値を推定するだけでなく、真のコンバージョン率が含まれると強く確信できるような値の範囲も知りたい。

確率密度関数

最初に使う道具は確率密度関数である。すでに確率密度関数は何度か登場した。第5章でベータ分布について説明し、第9章で確率密度関数を使って事前分布を組み合わせ、第12章で正規分布について説明した。確率密度関数は、1つの値を入力として、その値となる確率を返す関数である。

あなたのメールマガジンの真のコンバージョン率を推定するという例では、最初にブログを訪問した40,000人のうち300人が購読するとしよう。この問題における確率密度関数は、$\alpha=300, \beta=39{,}700$の場合のベータ分布となる。

$$\text{Beta}(x; 300, 39700)=\frac{x^{300-1}\,(1-x)^{37900-1}}{\text{beta}(300, 39700)}$$

ここまで長い時間をかけて説明してきたとおり、ある程度の不確実さがある場合には、期待値を真の値の良い推定値として使うことができる。ほとんどの確率密度関数には期待値があり、ベータ分布ではそれを次のようにして計算する。

$$\mu_{\text{Beta}}=\frac{\alpha}{\alpha+\beta}$$

この公式はかなり直観的で、関心のある結果の回数（300）をすべての結果の回数（40,000）で割っただけだ。これは、それぞれの購読者を測定値1、それ以外の人を測定値0とみなして平均化した値と同じである。

この期待値が、真のコンバージョン率をパラメータ推定するための最初の手掛かりとなる。しかしこれだけでなく、真のコンバージョン率となりうるほかの値についても知りたい。ほかにどんなことが分かるか、確率密度関数を使ってさらに探っていこう。

●確率密度関数をグラフで表現して解釈する

確率の分布を把握するには、ふつう確率密度関数に頼る。図13-1は、ブログのコンバージョン率のベータ分布の確率密度関数をグラフにしたものである。

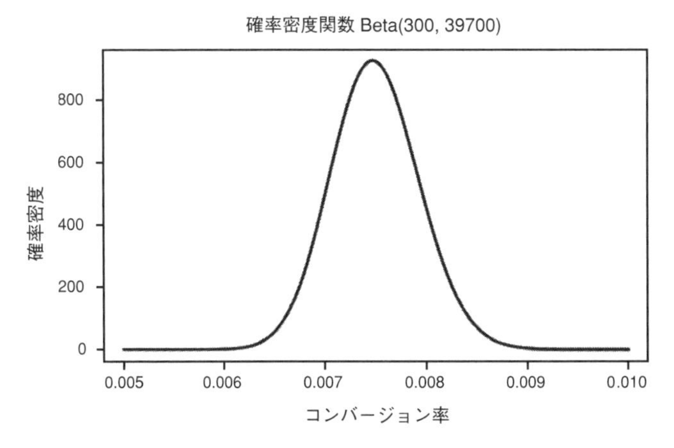

図13-1　真のコンバージョン率に対する確信の度合いを表した、ベータ分布の確率密度関数のグラフ

この確率密度関数は何を表しているのか？　データからは、ブログのコンバージョン率の期待値が単純に、

$$\frac{\text{購読者数}}{\text{訪問者数}}=\frac{300}{40{,}000}=0.0075$$

であると分かる。これがこの分布の期待値となっている。コンバージョン率がたとえば0.00751でなく正確に0.0075であるとは考えにくい。この確率密度関数は取りうるすべての値に対応する確率を表しているので、確率密度関数の曲線より下側の総面積は1のはずだ。真のコンバージョン率がある範囲に含まれる確率を推定するには、その範囲における曲線より下側の面積に注目すればいい。微積分では曲線より下側の面積のことを**積分**といい、対象範囲における確率密度関数の合計がどのような値になるかを与える。前の章で正規分布に対して積分を使ったのとまったく同じである。

測定値に不確実さがあって、期待値が分かっている場合、積分を使えば、真のコンバージョン率が期待値0.0075より0.001以上大きい可能性と、同じく期待値0.0075より0.001以上小さい可能性のうち、どちらがどれだけ高いかを調べることができる。そうすることで、許容できる誤差範囲（その中のどの値でもかまわないとみなせる範囲）が分かる。そのためには、真のコンバージョン率が0.0065より小さい確率と、真のコンバージョン率が0.0085より大きい確率を計算して、それらを比較すればいい。真のコンバージョン率が期待値よりはるかに小さい確率は、次のように計算される。

$$P(\text{はるかに小さい})=\int_0^{0.0065}\text{Beta}(300,39700)dx\approx0.008$$

関数の積分を取るというのは、その関数の小さい切れ端をすべて足し合わせることにほかならないということを思い出してほしい。したがって、$\alpha=300, \beta=39{,}700$ のベータ分布において0から0.0065までの積分を取ることで、この範囲の値を取る確率がすべて足し合わされて、真のコ

ンバージョン率が0と0.0065の間である確率が求められる。

もう一方の極端な場合についても、次のような疑問を考えることができる。サンプルの取り方が異常に悪くて、真のコンバージョン率はもっとずっと大きく（予想よりもずっと良く）、たとえば0.0085よりも大きいという可能性はどれだけあるか？

$$P(\text{はるかに大きい})=\int_{0.0085}^{1}\text{Beta}(300,\ 39700)dx\approx 0.012$$

この場合は、0.0085から、取りうる最大値である1まで積分することで、真の値がこの範囲内に入る確率が得られた。したがってこの例では、真のコンバージョン率が観測値よりも0.001以上大きい確率は、観測値よりも0.001以上小さい確率よりも実際に高い。このように限られたデータから判断を下さなければならない場合でも、一方の極端なケースともう一方の極端なケースのどちらのほうがどれだけ可能性が高いかを計算できるのだ。

$$\frac{P(\text{はるかに大きい})}{P(\text{はるかに小さい})}=\frac{\int_{0.0085}^{1}\text{Beta}(300,39700)dx}{\int_{0}^{0.0065}\text{Beta}(300,39700)dx}\approx\frac{0.012}{0.008}=1.5$$

したがって、真のコンバージョン率が0.0085よりも大きい可能性は、0.0065よりも小さい可能性に比べて50%高い。

● Rで確率密度関数を使う

本書ではすでに、Rで確率密度関数を扱うための2つの関数、`dnorm()`と`dbeta()`を使った。Rには、これらに相当する関数として、よく知られたほとんどの確率分布についてその確率密度関数を計算するための、`d`［確率分布の名前］`()`という形の関数が用意されている。

`dbeta()`などの関数は、連続的な確率密度関数を近似する際にも役に立つ。たとえば先ほどのグラフ（図13-1）は、次のようにすれば手っ取り早くプロットできる。

```
xs <- seq(0.005,0.01,by=0.00001)
plot(xs,dbeta(xs,300,40000-300),
type='l',lwd=3,las=1,
     ylab="確率密度",
     xlab="コンバージョン率",
     main="確率密度関数 Beta(300,39700)")
```

注　このコードの説明は付録Aを見よ。

このコード例では、0.00001ずつ大きくなる一連の値を生成している。この増分は小さいものの、真の連続分布の場合と違って無限小ではない。それでもそれらの値をプロットすれば、真の連続分布に十分に近く見える（図13-1のように）。

累積分布関数を導入する

確率密度関数の数学的使い方としてもっとも一般的なのは、前の節でやったように積分をして、さまざまな範囲における確率を求めるというものである。しかし何回も積分をしなくても、確率分布の各部分を次々に足し合わせていくことで作られる**累積分布関数**を使えば、かなり労力を減らすことができる。

累積分布関数は、1つの値を入力として、その値以下である確率を返す。たとえば、Beta(300, 39700)の累積分布関数の$x=0.0065$における値は、約0.008である。したがって、真のコンバージョン率が0.0065以下である確率は0.008となる。

累積分布関数は、確率密度関数の曲線より下側の面積を積算することで得られる（微積分に通じている人向けに言えば、累積分布関数は確率密度関数の**不定積分**である）。そのプロセスは次の2段階にまとめられる。(1) 確率密度関数のそれぞれの値以下の範囲における、曲線より下側の面積を求める。(2) それらの値をプロットする。それが累積分布関数となる。任意のxにおける累積分布関数の値は、真の値がx以下である確率ということになる。0.0065における累積分布関数の値は、先ほど計算したように約0.008である。

そのしくみを理解するために、いまの問題における確率密度関数を0.0005ずつの塊に分割して、確率密度の大部分を占める0.006から0.009までの範囲に注目しよう。

図13-2に、Beta(300, 39700)の確率密度関数における曲線よりも下側の累積面積を示してある。見て分かるとおり、曲線より下側の累積面積には、対象部分より左側のすべての部分の面積が含まれる。

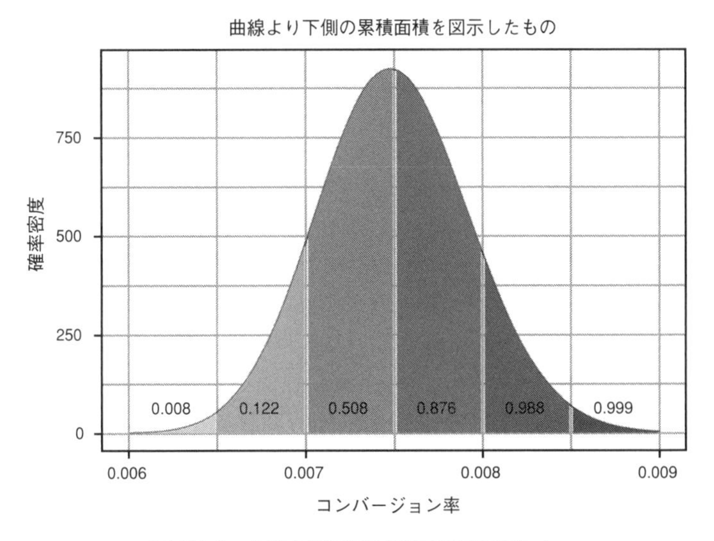

図13-2　曲線より下側の累積面積を図示した

数式で表すと、図13-2は以下の一連の積分値を表していることになる。

$$\int_0^{0.0065} \text{Beta}(300, 39700)dx$$

$$\int_0^{0.0065} \text{Beta}(300, 39700)dx + \int_{0.0065}^{0.007} \text{Beta}(300, 39700)dx$$

$$\int_0^{0.0065} \text{Beta}(300, 39700)dx + \int_{0.0065}^{0.007} \text{Beta}(300, 39700)dx + \int_{0.007}^{0.0075} \text{Beta}(300, 39700)dx$$

以下同様

このようにして確率密度関数をたどっていくと、含まれる確率がどんどんと大きくなっていって、最終的に面積の合計が1になり、完全に確実であるという状態に至る。これを累積分布関数で表すには、この曲線より下側の面積だけに注目した関数をイメージすればいい。図13-3は、0.0005ずつ離れた各点における、曲線より下側の累積面積をプロットしたものである。

このようにすれば、確率密度関数の値をたどっていくにつれて、曲線より下側の累積面積がどのように変化していくかを図示できる。もちろん、不連続な塊を使っていることは問題である。実際の累積分布関数には確率密度関数の無限小の部分が使われるため、滑らかな曲線になる（図13-4を見よ）。

いまの例では、累積分布関数を視覚的、直観的に導いた。数学的に累積分布関数を導くのはもっとずっと難しく、きわめて込み入った式になる場合が多い。だが幸いにも、累積分布関数を扱う場合はたいていプログラムコードを使うもので、それについてはこのあといくつかの節で見ていく。

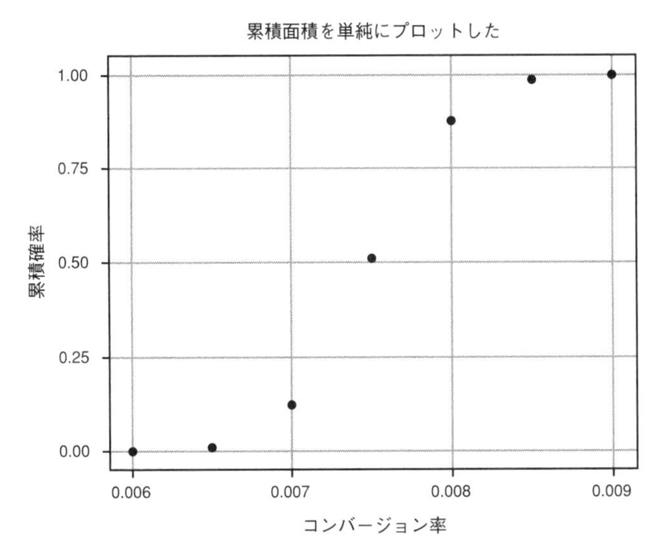

図13-3　図13-2の累積面積を単純にプロットした

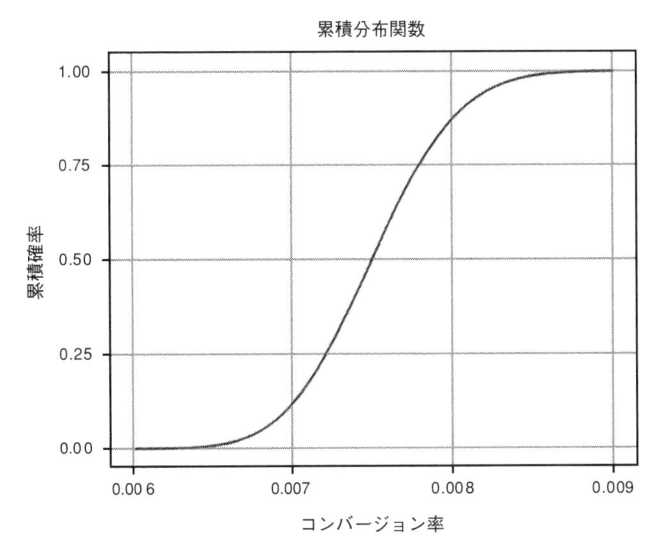

図13-4　いまの問題における累積分布関数

●累積分布関数をグラフで表現して解釈する

分布のピークがどこにあるかを素早く見積もって、分布の幅（標準偏差）と形を視覚的におおざっぱにつかむには、確率密度関数がもっとも適している。しかし確率密度関数では、さまざまな範囲に含まれる確率を視覚的にとらえるのがとても難しい。そのためには累積分布関数のほうがはるかに適している。たとえば図13-4の累積分布関数を使えば、確率密度関数だけを使う場合に比べてずっと幅広い範囲の確率論的推定値について視覚的に推論できる。この驚きの数学的道具をどのように使うか、視覚的な例をいくつか見ていこう。

●中央値を求める

中央値とは、値のうちの半数が一方の側に、もう半数がもう一方の側に入るようなデータ点、つまり、データのちょうど真ん中の値のことである。言い換えると、真の値が中央値よりも大きい確率と、中央値よりも小さい確率は、どちらも0.5である。極端な値を含むデータを集計する場合には、中央値がとくに役に立つ。

期待値の場合と違い、中央値を計算するのは実はかなり厄介である。データが少なくて不連続な場合には、単に測定値を順番に並べて中央の値を選び出せばいい。しかし、いまのベータ分布のように連続分布の場合には、もう少し複雑になる。

幸いにも、累積分布関数のグラフを使えば中央値を簡単に見つけることができる。累積確率が0.5である点、つまり、それより小さい値が50%、それより大きい値が50%であるような点から、単に直線を下ろせばいい。図13-5に示したとおり、その直線がx軸と交わる点が中央値となるのだ！

見て分かるとおり、このデータの中央値は0.007と0.008の間にある（たまたま期待値0.0075にきわめて近く、データがあまり偏っていないことが分かる）。

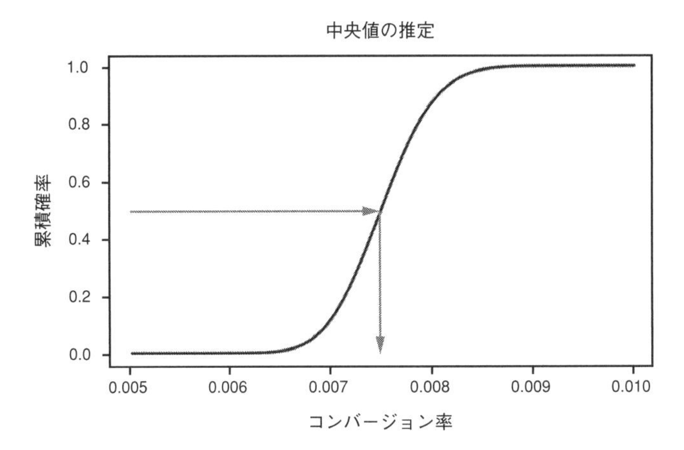

図13-5　累積分布関数を使って中央値を推定する

●積分値を視覚的に近似する

さまざまな範囲における確率を扱う際には、真の値が何らかの値yとxの間である確率を知りたい場合が多い。

この種の問題は積分で解くことができるし、Rを使えば積分は簡単に求められるが、いちいちデータを解釈してはRに頼って積分を計算するというのでは、とても時間がかかる。いまの例では、ブログの訪問者がメールマガジンを購読する割合がある特定の範囲内に入る確率をおおざっぱに推定したいだけなので、わざわざ積分を使う必要はない。累積分布関数を使えば、ある範囲内の値になる確率がきわめて高いかきわめて低いかを、目で簡単に判断できる。

コンバージョン率が0.0075と0.0085の間である確率を見積もるには、これらの点から左に直線を伸ばして、y軸とぶつかる点を見ればいい。図13-6に示したように、その2点間の距離が積分のおおざっぱな値となる。

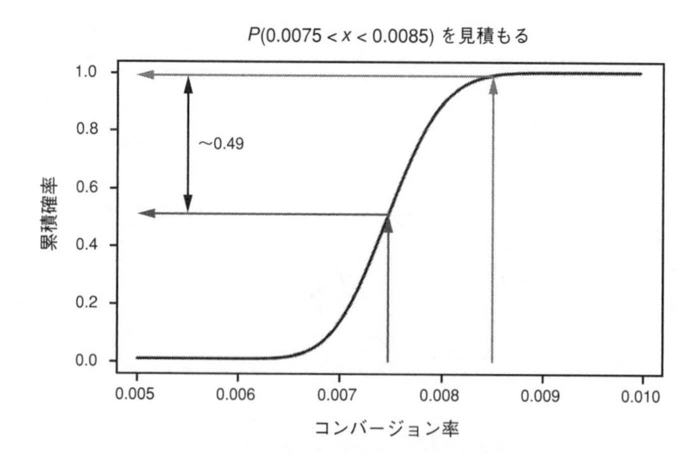

図13-6　累積分布関数を使って視覚的に積分をする

見て分かるとおり、y軸上でこれらの値はおおざっぱに0.5と0.99なので、真のコンバージョン率が0.0075と0.0085の間である可能性は約49%ということになる。最大のポイントは、いっさい積分をせずに済むことである！　もちろんそれは、累積分布関数が、もとの関数の最小値からおのおのの値までの積分をすでに表現しているからである。

パラメータ推定に関する確率論的な問題にはほぼ必ず、ある範囲における確率を求めることが関わってくるので、累積分布関数は確率密度関数よりも視覚的にはるかに有用な道具である。

●信頼区間を見積もる

ある範囲の値となりうる確率に注目すると、確率論においてきわめて重要な、**信頼区間**という概念に行き着く。信頼区間とは、一般的に期待値を中心として、ある高い確率（ふつうは95%, 99%, 99.9%）で真の値が含まれる範囲の、上限値と下限値のことである。「95%信頼区間は12から20である」という表現は、真の値が12と20の間にある確率は95%

であるという意味になる。信頼区間は、不確実な情報を扱っている際に、ある確率で真の値が入る範囲を示すための優れた方法である。

注　ベイズ統計で「信頼区間」と呼ばれる概念には、「棄却域」や「棄却区間」など、ほかにもいくつかの呼び名がある。従来の統計学の学派では、「信頼区間」という言葉は少し違う意味で使われるが、それは本書の範囲を超えている*。

信頼区間も累積分布関数を使って見積もることができる。たとえば、真のコンバージョン率が80%の確率で含まれる範囲を知りたいとしよう。この問題を解くには、先ほどの方法を組み合わせればいい。図13-7のように、y軸上で80%の値が含まれるよう、0.1と0.9の点から右に直線を伸ばし、それらが累積分布関数と交差した点がx軸上でどこに来るかを見るだけだ。

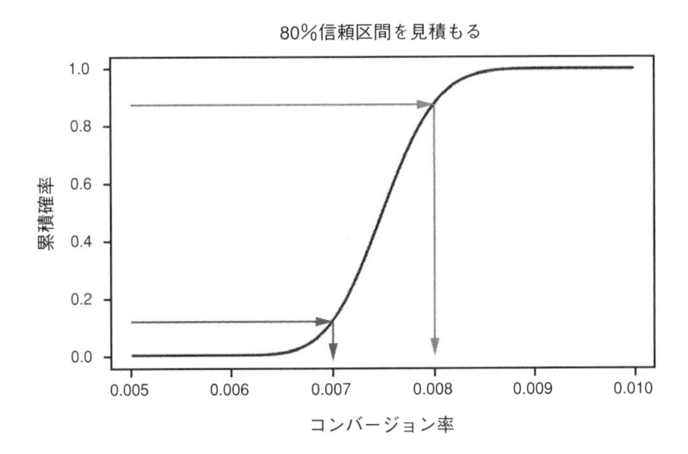

図13-7　累積分布関数を使って信頼区間を視覚的に見積もる

＊［訳注］従来の頻度論統計学では、真の値を定数と考えるので、「信頼区間」とは、たとえば100回推定をおこなって、うちたとえば95回で真の値が含まれるような範囲と解釈される。一方でベイズ統計学では、真の値を変数として考えるので、本文のとおり、たとえば95%の確率で真の値が含まれる範囲と解釈される。この違いを区別するために、一般的には後者を「確信区間」や「信用区間」と呼んでいる。

見て分かるとおり、x軸とはだいたい0.007および0.008の点で交わるので、真のコンバージョン率がこの2つの値の間に来る可能性が80%あるということが分かる。

● Rで累積分布関数を使う

主要なほぼすべての確率密度関数の名前がdnorm()のように"d"から始まっているのと同じように、累積分布関数の名前はpnorm()のように"p"から始まっている。Beta(300, 39700)が0.0065未満となる確率をRで計算するには、次のようにpbeta()を呼び出すだけでいい。

```
> pbeta(0.0065,300,39700)
[1] 0.007978686
```

真のコンバージョン率が0.0085より大きい確率を計算するには、次のようにすればいい。

```
> pbeta(1,300,39700) - pbeta(0.0085,300,39700)
[1] 0.01248151
```

累積分布関数の優れた点は、分布が不連続でも連続的でもかまわないことである。たとえば、コインを5回投げて表が出る回数が3回以下となる確率を求めたいのなら、次のように二項分布の累積分布関数を使えばいい。

```
> pbinom(3,5,0.5)
[1] 0.8125
```

分位関数

ここまでは累積分布関数を使って中央値と信頼区間を視覚的に見積もったが、それらを数学的に求めるのは難しいことに気づかれたかもしれない。視覚的に見積もるだけなら、y軸から右に直線を伸ばして、グラフと交わる点のxの値を見ればいい。

数学的に言うと累積分布関数は、推定したい値xを入力として、累積確率yを与える関数にすぎない。しかし、その逆をおこなうための簡単な方法はない。つまり、この関数にyを入力してもxは出てこないのだ。例として2乗の値を与える関数`square()`を考えてみよう。`square(3)=9`であることは分かるが、9の平方根が3であることを知るには、平方根関数というまったく新たな関数が必要となる。

しかし、前の節で中央値を推定した際には、まさに累積密度関数を逆に使った。y軸上で0.5の点に注目して、そこから逆にx軸上の値へとたどっていったのだ。この視覚的な操作は、累積分布関数の**逆関数**を求めたことにほかならない。

累積分布関数の逆関数の値を視覚的に見積もるのは簡単だが、正確な値を計算するには別の数学関数が必要となる。累積分布関数の逆関数はかなり広く使われている有用な道具で、**分位関数**と呼ばれている。いまの問題における中央値と信頼区間の精確な値を計算するには、ベータ分布の分位関数を使う必要がある。分位関数も累積分布関数と同じく、数学的に導いて利用するのはきわめて難しいことが多いため、代わりに面倒な計算はソフトウエアに任せることにする。

●分位関数をグラフで表現して理解する

分位関数は累積分布関数の逆関数にほかならないので、図13-8のように、グラフの左下から右上に走る対角線で累積分布関数を折り返した形となる。

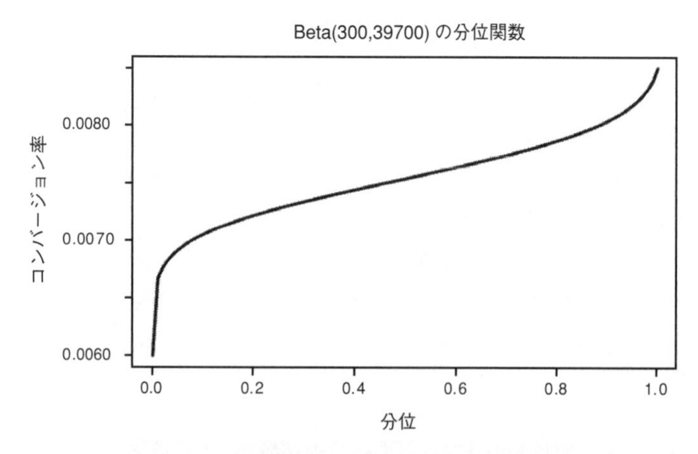

図13-8　分位関数は累積分布関数を折り返した形となる

「上位10%の学生は……」、「勤労者の下位20%の所得は……」、「上位1/4は著しく優れた性能を……」といった言い回しをしているときには、分位関数を使って求めた値について話していることになる。分位を視覚的に求めるには、関心のある値をx軸上で探して、そこから上に直線を伸ばし、交わった点のyの値を見ればいい。そのyの値が、その分位に対応する値となる。注意点として、「上位10%」と言う際には、求めたいのは実は0.9分位である。

● Rで分位を計算する

Rには分位を計算するための`q`［確率分布の名前］`()`という形の関数が用意されている。確率分布の範囲に関する問題に素早く答えるには、この関数がきわめて役に立つ。たとえば、確率分布の99.9%を含む範囲の上限値を知りたければ、`qbeta()`を使って、計算したい分位を1つめの引数、ベータ分布のパラメータαとβを2つめと3つめの引数とする。

```
> qbeta(0.999,300,39700)
[1] 0.008903462
```

出力が0.0089なので、真のコンバージョン率は0.0089未満であると99.9%確信できることになる。さらに分位関数を使えば、推定値に対する信頼区間の精確な値を素早く計算できる。95%信頼区間を知るには、下限の分位である2.5%に対応する値と、上限の分位である97.5%に対応する値を求めれば、これらの間の区間が95%信頼区間となる（確率密度の両端に位置する合計5%の領域はこの範囲に含まれない）。これはqbeta()を使えば簡単に計算できる。

下限はqbeta(0.025,300,39700)≈0.0066781
上限はqbeta(0.975,300,39700)≈0.0083686

これで、ブログ訪問者の真のコンバージョン率が0.67%と0.84%の間であるのは95%確実であると、自信を持って言うことができる。

もちろん、どれだけ強く確信したいかに応じて、これらの閾値（しきいち）を増やしたり減らしたりできる。これでパラメータ推定の道具がすべて手に入ったので、コンバージョン率が取りうる値の精確な範囲を容易に特定できるようになった。素晴らしいことに、それを使えば未来の出来事においてその値が取りうる範囲も予測できる。

あなたのブログの記事が注目されて、訪問者が100,000人に達したとしよう。いまの計算に基づけば、メールマガジンの購読者は新たに670人から840人増えると予想できるのだ。

まとめ

ここまでさまざまな基礎知識を説明し、確率密度関数、累積分布関数、分位関数のあいだの興味深い関係性に触れてきた。これらの基本的な道具を使えば、パラメータを推定して、その推定値の信頼度を計算することができる。つまり、未知の値を推測できるだけでなく、パラメータの取りうる値がきわめて高確率で含まれる信頼区間を特定することもできる。

練習問題

パラメータ推定の道具をどれだけ理解できたか確かめるために、以下の問題を解いてみてほしい。解答は付録C（p.309）参照。

1. p.160で確率密度関数をプロットしたコード例に手を加えて、累積分布関数と分位関数をプロットせよ。
2. 第10章の積雪量の例に戻り、以下の測定値（単位はcm）が得られたとする。

   7.8, 9.4, 10.0, 7.9, 9.4, 7.0, 7.0, 7.1, 8.9, 7.4

   真の積雪量に対する99.9%信頼区間を求めよ。
3. ある子供が家を1軒ずつ訪ねてキャンディーバーを売っている。ここまでに30軒を訪ねて10本売れた。今日はあと40軒訪ねるつもりだ。今日この後に売れるキャンディーバーの本数に対する95%信頼区間を求めよ。

Chapter 14

第14章
事前確率によるパラメータ推定

前の章では、いくつか重要な数学的道具を使って、ブログ訪問者がメールマガジンを購読するコンバージョン率を推定した。しかしまだ、パラメータ推定のもっとも重要な部分を説明していない。それは、問題に関する事前の信念を利用するという部分である。

この章では、事前の知識と収集したデータを組み合わせた、より良い推定値を、事前確率と観測データを使って導く方法を見ていく。

メールマガジンのコンバージョン率を予測する

情報が得られることでベータ分布がどのように変化するかを理解するために、先ほどとは別のコンバージョン率に注目しよう。今度の例では、あなたのメールマガジンを開いた購読者のうちどれだけの割合の人が、そこに張られているリンクをクリックするかを知りたい。メールマガジン管理サービスを提供するほとんどのプロバイダーは、何人がメールを開いて何人がリンクをクリックしたかをリアルタイムで教えてくれる。

これまでのデータから、メールを開いた最初の5人のうち2人がリンクをクリックしたことが分かっている。このデータによるベータ分布は図14-1のようになる。

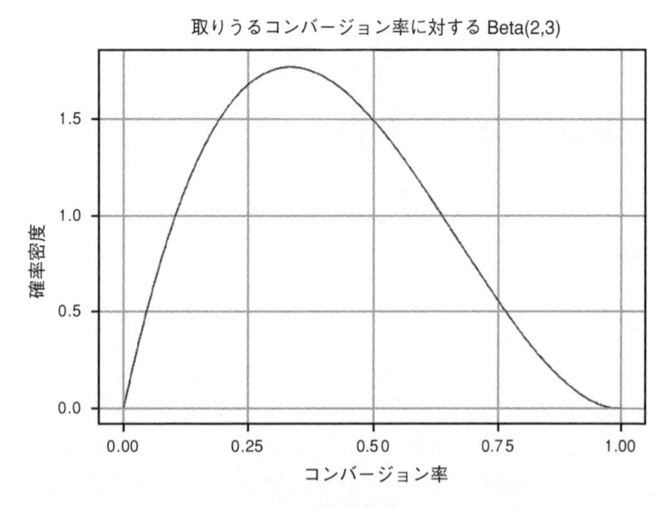

図14-1　これまでの観察結果によるベータ分布

図14-1はBeta(2, 3)を表している。これらの引数を使ったのは、2人がリンクをクリックして3人がクリックしなかったからである。前の章では取りうる値が比較的狭い範囲に集中していたが、今度の場合は使える情報がかなり少ないため、真のコンバージョン率が取りうる値は広い範囲におよぶ。図14-2はこのデータの累積分布関数で、これを使えばそれらの確率についてもっと容易に推論できる。

見てすぐに分かるよう、95%信頼区間に破線で印を付けてある（真のコンバージョン率がその範囲のどこかに入る可能性が95%ということ）。この時点でのデータからは、真のコンバージョン率が0.05と0.8の間であろうということしか分からない！　その原因は、これまでに実際に得られているデータが少ないことである。リンクをクリックした人が2人いるので、真のコンバージョン率は0ではありえないし、クリックしなかった人が3人いるので、真のコンバージョン率が1ではありえない。しかしそれ以外の値はすべて取りうる。

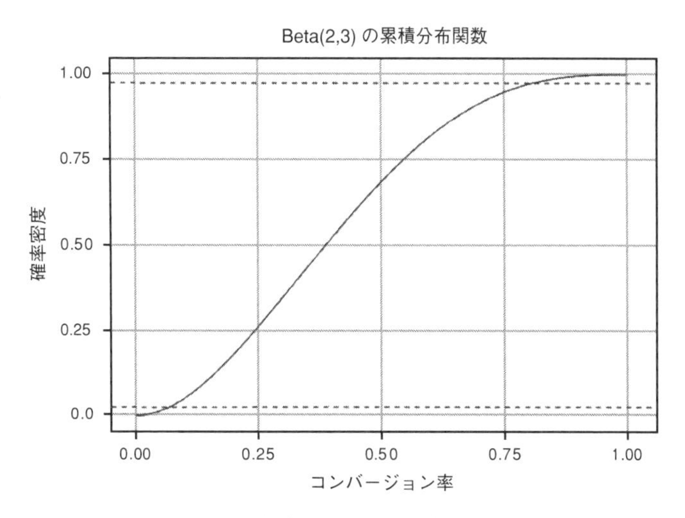

図14-2　観察結果による累積分布関数

事前確率を使って視野を広げる

しかしちょっと待ってほしい。あなたはメールマガジンを始めたばかりかもしれないが、コンバージョン率が80%なんて高い値になりそうにないことくらいは分かるだろう。私はメールマガジンをたくさん購読しているが、開いたメールの80%でリンクをクリックするなどということはけっしてない。私自身の行動を考えれば、80%という値を額面どおりに受け止めるなんて、おめでたいにもほどがある。

実はあなたが使っているメールプロバイダーも、そんなことはないだろうと考えている。もっと視野を広げてみよう。プロバイダーのデータによると、あなたのブログと同じカテゴリーのブログの場合、メールを開いた人のうちリンクをクリックした人の割合は平均でわずか2.4%だという。

第9章では、ハン・ソロが小惑星帯を無事通過できると信じる強さを、過去の情報を使って修正する方法を学んだ。データが教えてくれることと、予備知識が教えてくれることとは別である。前に説明したとおり、ベイズ統計では観察されたデータが**尤度**に相当し、外部から与えられる参考情報（いまの場合は私の個人的経験やプロバイダーのデータ）が**事前確率**に相当する。ここで問題となるのが、事前確率をどのようにモデル化するかである。幸いにもこの場合は、ハン・ソロの場合と違って役に立つデータがある。

プロバイダーによる2.4%というコンバージョン率がその出発点となる。そこで、期待値が約0.024であるようなベータ分布を使いたい（ベータ分布の期待値は$\alpha/(\alpha+\beta)$だった）。しかしそれだけでは、Beta(1,41), Beta(2,80), Beta(5,200), Beta(24,976)など、幅広い選択肢がある。どれを使うべきか？　これらのうちのいくつかをプロットして、どのような形になるか見てみよう（図14-3）。

見て分かるとおり、$\alpha+\beta$が小さいほど分布は幅広くなる。ここで問題なのは、もっとも許容度の高い選択肢であるBeta(1,41)でさえも、確率密度のかなり多くの部分がきわめて低い値を取っていて、少し悲観的すぎるように思えることである。とはいえ、プロバイダーの提供する2.4%というコンバージョン率に基づいているし、これらの事前分布の中でもっとも「弱い」ので、この分布にこだわることにする。事前分布が「弱い」とは、実際のデータが増えると容易に覆されてしまうという意味である。Beta(5,200)のようなもっと強い事前確率は、もっと多くの証拠が得られなければ変化しない（その様子は次に示す）。強い事前分布を使うべきかどうかの判断は、事前のデータが現在の状況をどの程度良く反映しているとあなたが予想するかに基づいて、個人的に下すものである。これから見ていくように、使えるデータが少ない場合には、たとえ弱い事前分布であっても、推定値を現実的な値に保つ上でそれが役に立つ。

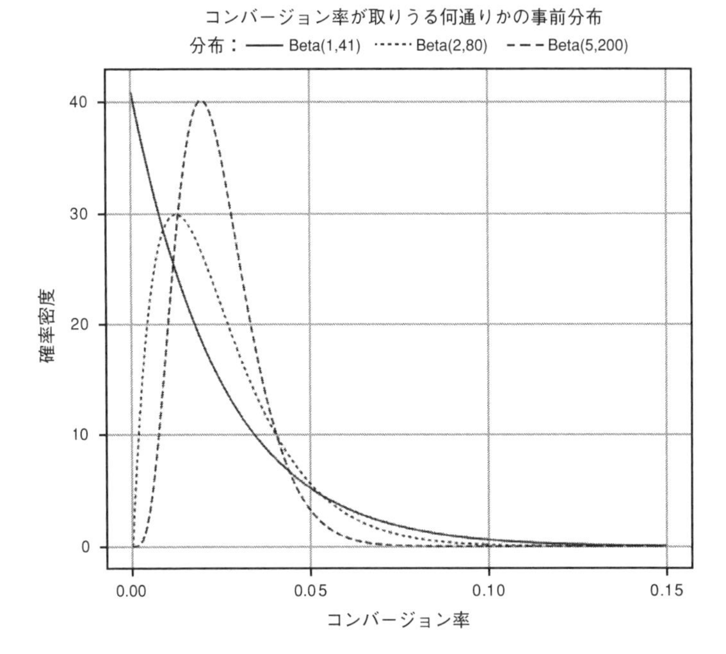

図14-3　何通りかの事前確率分布の比較

前に説明したように、ベータ分布を使っている場合には、尤度分布と事前分布という2つのベータ分布のパラメータを足し合わせるだけで、事後分布を計算できる。

$$\mathrm{Beta}(\alpha_{\text{事後}}, \beta_{\text{事後}}) = \mathrm{Beta}(\alpha_{\text{尤度}} + \alpha_{\text{事前}}, \beta_{\text{尤度}} + \beta_{\text{事前}})$$

この公式を使えば、事前分布を含めた場合の確信度合いの分布と、含めなかった場合の分布とを比較することができ、その結果は図14-4のようになる。

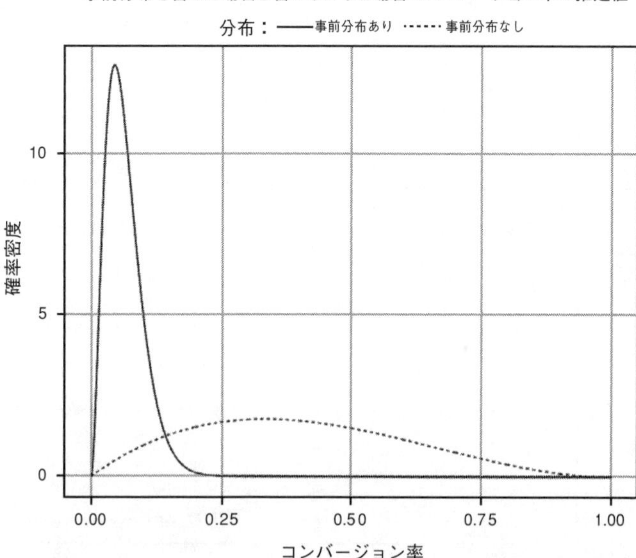

図14-4　尤度（事前分布なし）と事後分布（事前分布あり）の比較

はっとさせられる結果だ！　比較的弱い事前分布を使ったのに、見て分かるとおり、現実的なコンバージョン率に対する自分の考えがとても大きな影響を受けた。事前分布を含めない尤度分布では、コンバージョン率が80%にもなるという確信がある程度あった。先ほど述べたようにそれはかなり疑わしい値で、経験豊富なマーケティング担当者なら、コンバージョン率80%なんて聞いたことがないと指摘するだろう。そこでこの尤度分布に事前分布を追加すると、もっとずっと理にかなった考えに調節される。しかし、この更新された考えは少し悲観的だと思う。真のコンバージョン率が40%だとは考えにくいが、それでも現時点での事後分布が示しているよりは可能性は高いかもしれない。

あなたのメールマガジンのコンバージョン率が、プロバイダーのデータに含まれているメールマガジンのコンバージョン率2.4%よりも高いことを証明するには、どうすればいいか？　理性のある人なら誰でもするとおり、もっとデータを集めることだ！　数時間待っていたらさらなる結果が集まり、メールを開いた100人中25人がリンクをクリックしたことが分かった！　そこで、新たな事後分布と尤度分布の違いを図14-5で見てみよう。

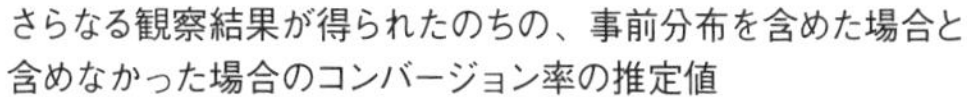

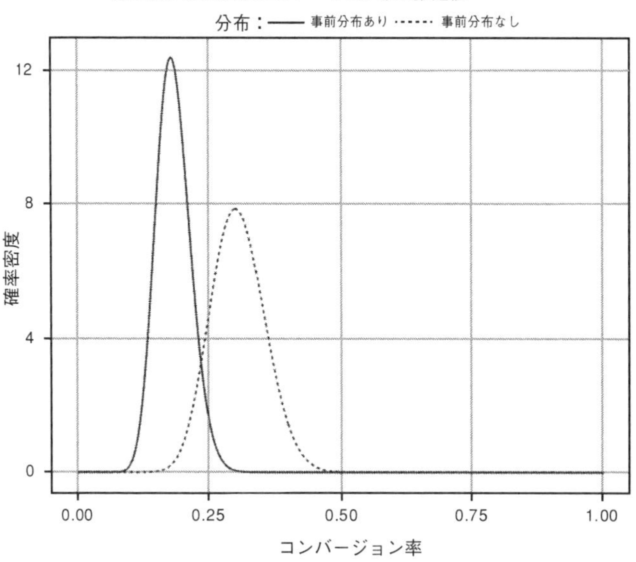

図14-5　さらなるデータで自分の考えを更新する

データが集まるにつれて、事前分布を含む事後分布が、含まない尤度分布に近づいていくことが分かる。いまだ事前分布によって思い上がりが抑えつけられているため、真のコンバージョン率に対する推定値は控えめになる。しかし尤度分布に証拠が付け加わっていくにつれて、事後の考えはより大きな影響を受けはじめる。つまり、観察される追加のデータは、その役割どおり、我々の考えをそのデータと合うように徐々に変えさせるのだ。そこで一晩待って、さらにデータが集まったところで再び調べてみよう！

朝になったら、300人の購読者がメールを開いて、うち86人がリンクをクリックしたことが分かった。それによって更新された考えの分布を図14-6に示した。

ここで目撃している現象が、ベイズ統計のもっとも重要なポイントである。すなわち、データが集まれば集まるほど、事前の考えの重みが証拠によって軽くなっていくのだ。証拠がほとんどなかったときには、直観的にも個人的経験からもばかげていることが明らかなコンバージョン率（たとえば80%）が、尤度分布には含まれていた。証拠がほとんどなければ、事前の考えがデータを圧倒してしまう。

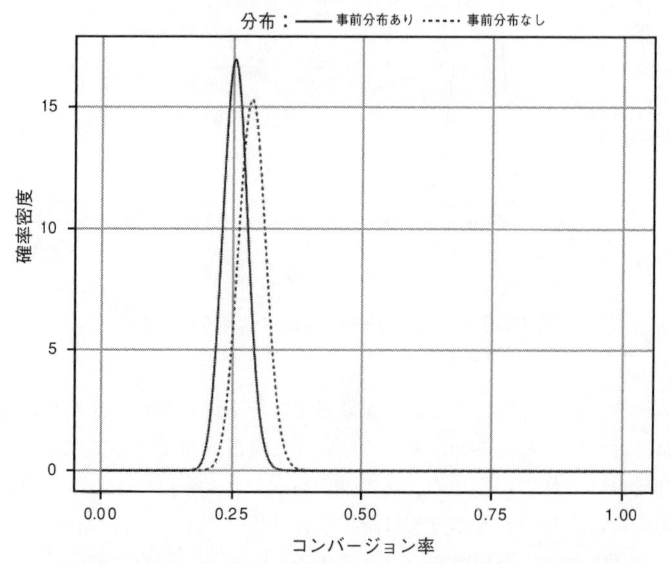

図14-6　さらなるデータが追加されたときの事後の考えの分布

しかし事前の考えと合わないデータが集まるにつれて、事後の考えは、自身が集めたデータが示すものへと近づいていって、当初の事前の考えからは離れていく。

もう一つの重要なポイントは、かなり弱い事前分布からスタートしたことである。そのために、一日経って比較的少ない情報が集まっただけで、もっとずっと理にかなっているように思える事後分布が得られたのだ。

この場合の事前確率分布は、データが限られている状態でも推定値をはるかに現実的な値に保つ上でとてつもなく役に立った。この事前確率分布は実際のデータに基づいていたため、それによって推定値が現実に近くなっていたとかなり自信を持って言える。しかし多くの場合には、事前の考えを裏付けるデータはいっさいない。その場合はどうすればいいのだろうか？

経験を定量化する手段としての事前分布

先ほどの場合、メールのコンバージョン率が80%であるという考えはばかげていると分かっていたため、メールプロバイダーからのデータを使って、事前分布としてもっと優れた推定値を設定した。しかし、事前分布を決めるのに役立つデータがたとえなかったとしても、マーケティングの知識のある誰かに聞けば、良い推定値を決められるだろう。マーケティング担当者なら、個人的経験から、コンバージョン率をたとえば20%と予想すべきだと教えてくれるかもしれない。

経験者から得たこの情報を踏まえて、予想されるコンバージョン率が約20%になるように、Beta(2,8)といった比較的弱い事前分布を選ぶとしよう。この分布は当てずっぽうにすぎないが、重要な点はこの仮定を定量化できることにある。ほぼどんな業界の専門家も、たとえ具体的に確率論の教育を受けていなくても、過去の経験や観察に基づいて強い事前情報を提供できるものだ。

その経験を定量化すれば、もっと精確な推定値を設定するとともに、専門家ごとにその推定値がどのように違ってくるかも分かる。たとえばあるマーケティング担当者が、真のコンバージョン率は20%のはずだと確信していれば、その考えをBeta(200,800)としてモデル化すればいいだろう。データが集まってくれば、各専門家の考えに対応する定量的なモデルの信頼区間を計算して、それぞれのモデルを比較できる。そしてさらにもっと多くの情報が集まれば、専門家ごとの事前の考えによる違いは小さくなっていくだろう。

何も分からない場合に使える公平な事前分布はあるか？

統計学のいくつかの学派では、事前の情報なしにパラメータを推定する際にはαとβの両方に必ず1を足すべきだと教えられている。これは、それぞれの結果が同じ確率で起こるとしたきわめて弱い事前分布、Beta(1,1)を使うことに相当する。その理由は、情報がない場合、この事前分布が、考えつける中でもっとも「公平」である（つまりもっと弱い）ことである。公平な事前分布のことを専門用語で**無情報事前分布**という。図14-7にBeta(1,1)を示した。

見て分かるとおり、このグラフは完全に水平な直線で、すべての結果が互いに等しい確率で起こり、尤度の期待値は0.5である。無情報事前分布を使うのは、事前分布を付け加えることで推定値を均（なら）したいが、その事前分布がどれか特定の結果に偏っていてほしくはないという考えによる。しかし、これは問題に対するもっとも公平な取り組み方のように思えるかもしれないが、このきわめて弱い事前分布であっても、試してみるといくつか奇妙な結果が導かれることがある。

たとえば、明日に太陽が昇る確率を考えてみよう。仮にあなたは30歳で、これまでの人生で約11,000回の日の出を経験したとする。ここで誰かから、明日に太陽が昇る確率を聞かれたとする。あなたは公平を期すために、無情報事前分布Beta(1,1)を使う。すると、明日に太陽が昇らないとあなたが信じる程度を表現する分布は、あなたの経験に基づい

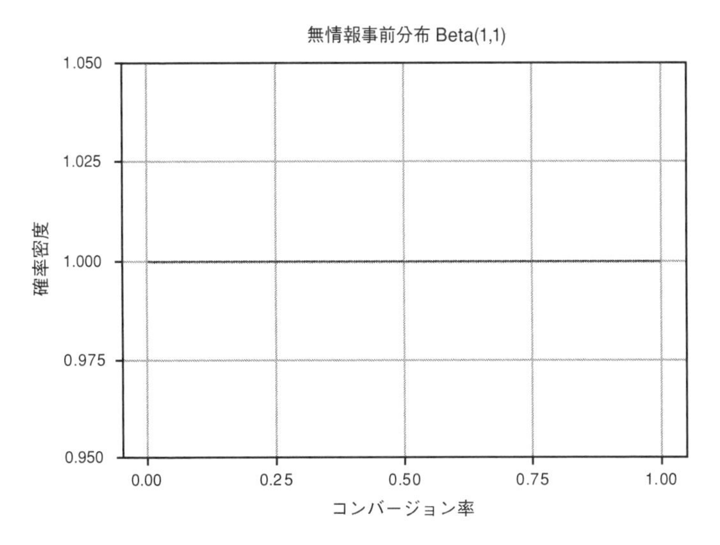

図14-7　無情報事前分布Beta(1,1)

てBeta(1,11001)となるだろう。この分布では、明日に太陽が昇らない確率は確かにきわめて低いものの、あなたが60歳になるまでに太陽が昇らないことが少なくとも1回はあると予想されてしまう。いわゆる無情報事前分布が、この世界のしくみに関するかなり強い見解を与えてしまうのだ！

我々は天体力学を理解していて、無視しようのない強い事前情報をすでに持っているのだから、これはたいした問題ではないと言うこともできるかもしれない。しかし本当の問題は、太陽が昇らないケースを我々がまだ一度も観察していないことである。もし無情報事前分布を含まない尤度関数に戻せば、そのとおりにBeta(0,11000)となる。

しかし、αとβのいずれかが0以下ではベータ分布を定義できないため、「明日に太陽が昇る確率は」という問題に対する正しい答えは、「反例が一度も見られていないのでこの問題は無意味だ」となってしまう。

別の例として、不思議な転送ゲートを見つけたあなたが、友人と一緒に異世界を訪れたとしよう。目の前に異世界の生き物が現れて、奇妙な形の銃をあなたに向けて発射したが、ぎりぎりかすめて外れた。すると友人から、「あの銃が的を外す確率は」と聞かれた。ここは完全な異世界で、その銃は生き物っぽい不思議な形をしているため、あなたにはそのしくみはまったく分からない。

あなたはこの世界に関する事前情報をいっさい持っていないので、理屈上、無情報事前分布を使うのに理想的なシナリオである。無情報事前分布を含めると、この銃が命中する確率の事後分布はBeta(1,2)となる（観察された中で命中したのが$\alpha=0$回、外したのが$\beta=1$回）。この分布によると、命中する事後確率の期待値は1/3となるが、あなたはその奇妙な銃が命中するかどうかすら分かっていないのだから、これは驚くほど高い値に思える。この場合もBeta(0,1)は定義できないが、この問題ではそれを使うのが理にかなっているように思える。十分なデータも事前の情報もない場合には、お手上げのジェスチャーをして、「その質問についてどうやって推論すればいいかすら分からない！」と答えるのが唯一誠実な選択肢なのだ。

事前分布としてもっともふさわしいのはデータに裏付けられたものであって、データがいっさいない場合、本当に「公平な」事前分布などというものはけっして存在しない。誰しも、自分の経験や世界観を問題に当てはめるものだ。ベイズ的推論の価値は、たとえ事前分布を主観的に設定するとしても、その主観的な考えを定量化できることにある。本書の後のほうで見るとおり、それによって、自分の事前の考えをほかの人と比較して、身の回りの世界をどれほど良く説明しているかを判断できる。Beta(1,1)という事前分布は実際にときどき利用されるが、それを使うのは、起こりうる2つの結果が、あなたが知る限り互いに同じ確率で起こると、心から信じている場合に限るべきだ。また、どんなに数学を使っても、いっさい情報がない状態を取り繕うことはできない。データがなく、問題に対する事前の理解もないのであれば、「さらに何かが分かるまでいっさい結論は出せない」というのが唯一誠実な答え方だ。

ついでに触れておくと、Beta(1,1)とBeta(0,0)のどちらを使うべきかという問題は昔から議論されていて、大勢の偉大な学者がさまざまな立場を主張してきた。トーマス・ベイズ（ベイズの定理の名前の由来となった）は、Beta(1,1)を使ったほうがいいとためらいがちに考え、偉大な数学者のシモン＝ピエール・ラプラスもBeta(1,1)が正しいと強く信じたが、有名な経済学者のジョン・メイナード・ケインズは、Beta(1,1)を使うのはあまりにばかげていて、ベイズ統計の信用をおとしめる行為だと考えた！

まとめ

この章では、問題に関する事前情報を取り入れることで、未知のパラメータに対するもっとずっと精確な推定値を導く方法を学んだ。問題に関する情報が少ししかない場合には、ありえないように思われる確率論的推定値が導かれかねない。しかし事前情報があれば、そのわずかなデータから、もっと優れた推定をおこなうことができる。その情報を推定値に追加することで、もっとずっと現実的な結論が得られる。

可能な場合には、実際のデータに基づく事前確率分布を使うのが最善である。しかし裏付けとなるデータがなくても、自分自身に経験があったり、経験のある専門家に頼ったりできる場合は多い。その場合は、自分の直観に対応した確率分布を仮定してもいっこうにかまわない。たとえそれが間違っていても、その間違い方を定量的に表現できる。もっとも重要な点として、たとえ自分の事前の考えが間違っていても、さらに多くの観察結果が集まるにつれて、いずれはデータによって覆される。

練習問題

事前分布についてどれだけ理解できたかを確かめるために、以下の問題を解いてみてほしい。解答は付録C（p.311）参照。

1. あなたは何人かの友人とエアホッケーをしている。最初にどちらがパックを打つかはコイン投げで決める。12回プレーした時点であなたは、そのコインを持ってきた友人がほぼ必ず先攻になっているようだと気づいた。12回中9回も先攻（コインの表が出る）になっていたのだ。ほかの友人の何人かも怪しいと思いはじめた。以下の考えに対応する事前確率分布を設定せよ。

   ・ある人は、問題の友人がずるをしていて、表が出る割合が70%に近いと弱く信じている。
   ・ある人は、問題のコインは公正で、表が出る割合は50%であるととても強く信じている。
   ・ある人は、問題のコインには偏りがあって、70%の割合で表が出ると強く信じている。

2. そのコインを確かめるために、さらに20回投げてみたところ、表が9回、裏が11回出た。前の問題で設定したそれぞれの事前分布を使って、表が出る真の割合に関する更新された事後の考えの分布を、95%信頼区間として答えよ。

PART Ⅳ

パートⅣ

仮説検定——統計学の真髄

Chapter 15

第15章
パラメータ推定から仮説検定へ
——ベイズ的A/Bテストを設定する

この章では、最初の仮説検定として**A/Bテスト**について考える。企業は、製品のウェブページやメールなどの販促資料のうちどれがもっとも有効かを確かめるために、A/Bテストをよく使う。この章では、メールから画像を外すと**コンバージョン率**が上がるという考えと、逆にコンバージョン率が下がるという考えとを比較する。

1つの未知のパラメータを推定する方法はすでに説明したとおりで、この章のテストに必要なのも、両方のパラメータ、つまりそれぞれのメールにおけるコンバージョン率を推定することだけである。そこで、Rを使ってモンテカルロ・シミュレーションをおこない、どちらの仮説のほうがより有効か、つまりAとBというタイプのどちらが優れているかを判断する。A/Bテストはt検定など従来の統計的手法でもおこなうことができるが、ベイズ的方法でA/Bテストを設定することで、その各過程を直観的に理解して、さらに有用な結果を得ることができる。

ここまでで、パラメータ推定の基本についてはかなり説明してきた。確率密度関数、累積分布関数、分位関数を使って、ある値を取る確率を知る方法も分かったし、推定値にベイズ的事前分布を反映させる方法も分かった。そこでここでは、推定値を使って2つの未知のパラメータを比較したい。

ベイズ的A/Bテストを設定する

前の章で取り上げたメールの例を引きつづき使い、画像を貼るとコンバージョン率が上がるか下がるかを知りたいとしよう。以前は、毎週送信するメールに何らかの画像を貼っていた。そこでテストのために、いつものような画像入りのメールと、画像なしのメールを送ってみることにした。このテストがA/Bテストと呼ばれているのは、タイプA（画像あり）とタイプB（画像なし）を比較して、どちらがより優れているかを見極めるからである。

現時点でのメールマガジンの購読者は600人だとしよう。この実験で得られる知見をのちに活用したいので、そのうち300人だけに対してテストをおこなうことにする。そうすれば、残り300人には、より有効なタイプのメールと考えられるほうを送ることができる。

テスト対象の300人を、AとBという2つのグループに分ける。グループAには、冒頭に大きな画像を貼ったいつものメールを、グループBには画像なしのメールを送る。予想としては、シンプルなメールのほうが「スパムっぽさ」が感じられずに、購読者がリンクをクリックする気になるかもしれない。

●事前確率を定める

次に、どのような事前確率を使うかを決める必要がある。メールを使ったキャンペーンは毎週おこなっていて、そのデータから、メール上のリンクをクリックする確率は約30%であると合理的に予想される。話を単純にするために、両方のタイプのメールに対して同じ事前分布を使うことにする。また、かなり弱い事前分布を選んで、コンバージョン率は幅広い範囲の値を取りうるとみなすことにする。弱い事前分布を使うのは、Bがどの程度有効であると予想されるかが分からないし、何しろ新しいメール・キャンペーンなので、ほかの要因でコンバージョン率が増減するかもしれないからだ。そこでここでは、事前確率分布をBeta(3,7)と設定する。この分布を使えば、0.3を平均とするベータ分布を表現すると同時に、それ以外の幅広い範囲のコンバージョン率も考慮に含められる。この分布は図15-1のようになる。

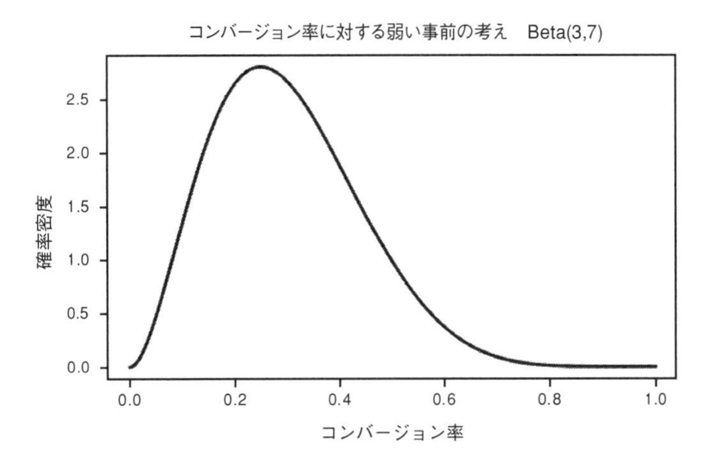

図15-1　事前確率分布のグラフ

あと必要なのは尤度分布だけだが、そのためにはデータを集める必要がある。

●データを集める

メールを送信したところ、表15-1のような結果が得られた。

表15-1　メールのコンバージョン率

	リンクをクリックした	クリックしなかった	観察されたコンバージョン率
タイプA	36	114	0.24
タイプB	50	100	0.33

この2つのタイプをそれぞれ別々のパラメータで扱って、推定をおこなえばいい。各タイプの事後分布を求めるには、尤度分布と事前分布を組み合わせる必要がある。すでに、事前分布はBeta(3,7)にすべきと判断した。それは、追加の情報がない場合の、コンバージョン率の予想値に対する比較的弱い考えを表現している。弱い考えとするのは、ある特定の範囲の値をあまり強く信じてはおらず、取りうるすべてのコンバージョン率に対して比較的高い確率を当てはめておきたいからである。各タイプの尤度分布については、同じくベータ分布を使い、リンクをクリックした回数をα、クリックしなかった回数をβとする。

改めて書いておくと、

$$\mathrm{Beta}(\alpha_{\text{事後}}, \beta_{\text{事後}}) = \mathrm{Beta}(\alpha_{\text{尤度}} + \alpha_{\text{事前}}, \beta_{\text{尤度}} + \beta_{\text{事前}})$$

タイプAの事後分布はBeta(36＋3, 114＋7)で、タイプBの事後分布はBeta(50＋3, 100＋7)で表される。図15-2は、それぞれのパラメータの推定値を重ねて表したものである。

このデータによると、タイプBのほうが明らかに優れていて、コンバージョン率が高くなっている。しかし、パラメータ推定に関するこれまでの説明から分かっているとおり、真のコンバージョン率はある範囲内のどこかにある。そしてこの図から分かるとおり、AとBの真のコンバージョン率の範囲には重なりがある。タイプAのメールの受けがたまたま悪くて、Aの真のコンバージョン率が実はもっとずっと高かったとしたら？　あるいは、タイプBのメールの受けがたまたま良くて、そのコンバージョン率が実はもっとずっと低かったとしたら？　Aはテストでは劣っていたが、実際には優れているという世界も容易に想像できる。

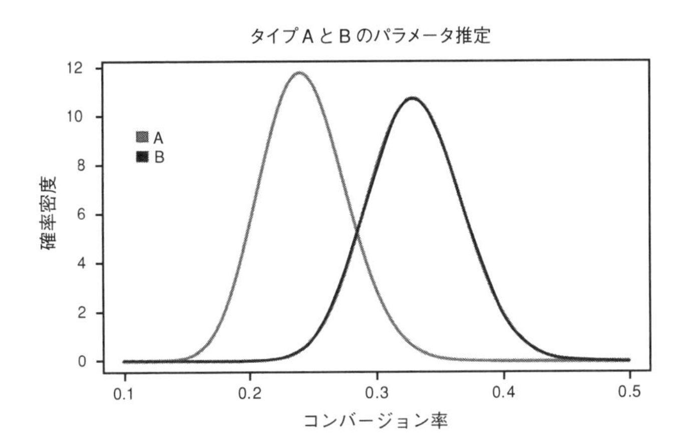

図15-2　両タイプのメールにおける推定値のベータ分布

そこで本当に考えるべきは、「Bのほうが優れているとどの程度確信できるか」という問題である。そこでモンテカルロ・シミュレーションの出番となる。

モンテカルロ・シミュレーション

どちらのタイプのメールのほうがコンバージョン率が高いかという問題に対する正確な答えは、AとBの分布が重なった部分に潜んでいる。幸いにもそれを知る方法がある。モンテカルロ・シミュレーションである。**モンテカルロ・シミュレーション**とは、何らかの問題を解くためにランダムにサンプルを取るという手法全般のことである。いまの場合は2つの分布の中からランダムにサンプルを取るが、各サンプルはそれぞれの分布の確率値に基づいて選び、確率の高い領域からサンプルがより頻繁に取られるようにする。たとえば図15-2を見ると分かるとおり、Aでは0.2より大きい値のほうが0.2より小さい値よりも選ばれる可能性が高い。しかし分布Bからランダムにサンプルを取ると、ほぼ確実に0.2

より大きい値になる。このランダムなサンプリングでは、たとえばタイプAから0.2という値が、タイプBから0.35という値が選ばれる。各サンプルはランダムで、AとBの分布におけるそれぞれの値の相対確率に基づいて選ばれる。観察された証拠に基づけば、Aで0.2、Bで0.35という値は、各タイプにおける真のコンバージョン率である可能性がある。2つの分布から取ったこの特定のサンプルでは、0.35が0.2よりも大きいことから、タイプBのほうが実際にタイプAよりも優れているという考えが裏付けられる。

しかし、タイプAでは0.3が、タイプBでは0.27というサンプルが選ばれることもあり、どちらの値も各分布から選ばれる可能性は比較的高い。これらの値も各タイプの真のコンバージョン率として現実にありえるが、この場合、タイプBは実際にタイプAよりも劣っているということになる。

事後分布は、各コンバージョン率に関する現在の考えに基づいて存在しうる、あらゆる世界を表現しているとイメージすることができる。各分布からサンプルを取るたびに、存在しうる世界のうちの一つがどのような姿であるかを見ていることになる。図15-2を見れば、タイプBのほうがコンバージョン率が高いような世界のほうが数が多いと予想すべきだと分かる。サンプルを頻繁に取れば取るほど、サンプリングしたすべての世界のうちいくつの世界でタイプBのほうが優れているかを、より精確に知ることができる。サンプルを取り終えたら、Bのほうが優れている世界の数と、調べた世界の総数との比に注目することで、Bのほうが実際にAよりも優れている精確な確率が得られる。

●いくつの世界でタイプBのほうが優れているか？

サンプリングをおこなうにはプログラムコードを書けばいい。Rの`rbeta()`関数を使うと、ベータ分布の中から自動的にサンプルを取ることができる。2つのサンプルを比較するたびに、試行（試しに調べてみること）を1回おこなったとみなせばいい。試行を増やせば増やすほど結果は精確になるので、手始めに試行の回数を100,000回として、この値を変数n.trialsに代入しておく。

```
n.trials <- 100000
```

次に事前分布のαとβを各変数に代入する。

```
prior.alpha <- 3
prior.beta <- 7
```

次に各タイプからサンプルを集める必要がある。それにはrbeta()関数を使う。

```
a.samples <- rbeta(n.trials,36+prior.alpha,114+prior.beta)
b.samples <- rbeta(n.trials,50+prior.alpha,100+prior.beta)
```

rbeta()で選ばれたサンプルを変数にセーブして、より簡単に利用できるようにしておこう。ここでは各タイプに関して、リンクをクリックした人数としなかった人数をrbeta()に入力している。

最後に、b.samplesがa.samplesよりも大きい場合が何回あったかを調べて、その値をn.trialsで割れば、タイプBがタイプAよりも優れていた場合がどれだけあったか、その割合が得られる。

```
p.b_superior <- sum(b.samples > a.samples)/n.trials
```

最終結果は次のようになる。

```
> p.b_superior
[1] 0.95984
```

これで、100,000回の試行のうちの96%でタイプBのほうが優れていたことが分かった。100,000通りの存在しうる世界を見ているとイメージすればいい。両タイプのメールが取りうるコンバージョン率の分布に基づけば、それらの世界のうちの96%でタイプBのほうが優れていた。この結果から分かるとおり、たとえ観察されたサンプルの数が比較的少なくても、タイプBのほうが優れているとかなり強く信じることができる。従来の統計学のt検定を使ったことがある人のために付け加えておくと、以上の操作は、事前分布にBeta(1,1)を使ったとして、片側t検定で0.04というp値が得られた（多くの場合「統計的に有意」とみなされる）ことに相当する。しかしいまの方法では、確率の知識と単純なシミュレーションだけを使って、一からテストを組み立てられる点が長所となっている。

●タイプBはタイプAよりどれだけ優れているか？

これで、タイプBのほうが優れているとどれだけ確信できるかを精確に示すことができた。しかしこのキャンペーンが実際の商売のためだとしたら、「Bのほうが優れている」という答えだけではさほど満足できないだろう。「どれだけ優れているか」を知りたくないだろうか？

そこでモンテカルロ・シミュレーションの本領発揮である。先ほどのシミュレーションから精確な結果が得られれば、AのサンプルよりもBのサンプルのほうが何倍優れていたかに注目することで、タイプBのほうがどれだけ優れていると考えられるかを知ることができる。つまり次の比に注目すればいい。

$$\frac{\text{Bのサンプルにおけるコンバージョン率}}{\text{Aのサンプルにおけるコンバージョン率}}$$

Rでは、先ほどの`a.samples`と`b.samples`を使って、`b.samples / a.samples`を計算する。そうすれば、タイプAからタイプBに替えることで相対的にどれだけ向上するか、その分布が得られる。その分布を図15-3のようにヒストグラムとしてプロットすると、タイプBのほうがコンバージョン率がどの程度向上すると予想されるかが分かる。

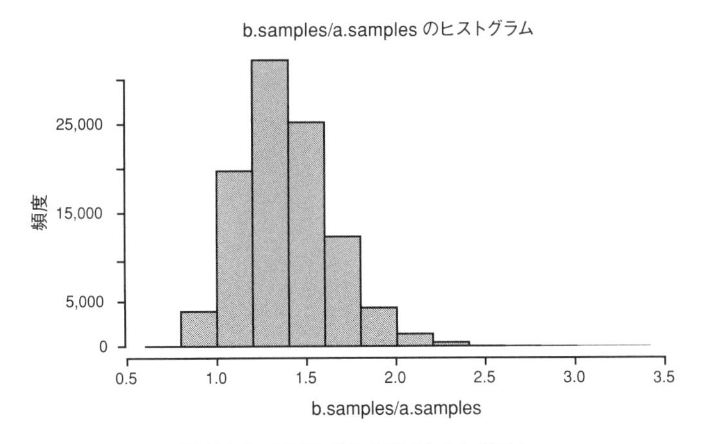

図15-3　取りうる向上率のヒストグラム

このヒストグラムを見れば、取りうる値は広い範囲におよんでいるものの、タイプAからタイプBに替えると約40%（比で1.4）向上する可能性がもっとも高いことが分かる！　第13章で説明したとおり、この結果について推論するには、ヒストグラムよりも累積分布関数のほうがはるかに役に立つ。ここでは数学関数でなくデータを扱っているので、Rの`ecdf()`関数を使って**経験的**累積分布関数を計算する。その経験的累積分布関数を図15-4に示した。

これで結果をもっとはっきりととらえることができる。Aのほうが優れている可能性はきわめて低く、たとえ優れていたとしても大幅に優れていることはなさそうだ。また、タイプBがタイプAに比べて50%以上向上する確率が約25%あり、さらにコンバージョン率が2倍以上になる可能性も比較的高いことが分かる！　AよりもBを選ぶとしたら、そのリスクを実際に推定して、「Bのほうが20%以上劣っている可能性は、Bのほうが100%以上優れている可能性とおおよそ等しい」と言うことができる。私には賭ける価値があるように聞こえるし、「BとAのあいだには統計的に有意な差がある」とだけ言うよりもはるかに好ましい表現だ。

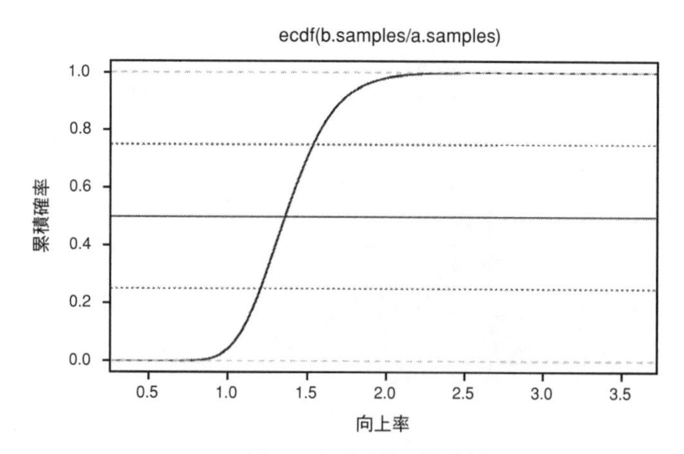

図 15-4　取りうる向上率の分布

まとめ

この章では、パラメータ推定を自然な形で拡張して仮説検定をおこなう方法を説明した。確かめたい仮説が「タイプBのコンバージョン率はタイプAよりも高い」であれば、まず両タイプのメールにおいて、取りうるコンバージョン率のパラメータ推定をする。それらの推定値が分かったら、モンテカルロ・シミュレーションを使ってそこからサンプルを取る。それらのサンプルを比較することで、仮説が真である確率を知ることができる。最後にさらに一歩進めて、存在しうるそれぞれの世界の中で新たなタイプのほうがどれだけ優れているかに注目することで、仮説が真であるかどうかだけでなく、コンバージョン率がどれだけ向上しそうかも推定できる。

練習問題

A/Bテストの方法をどれだけ理解したかを確かめるために、以下の問題を解いてみてほしい。解答は付録C（p.312）参照。

1. 長年の経験を持つマーケティング担当取締役が、「自分は、画像を貼らないタイプ（B）と従来のタイプ（A）とで効果に何ら違いはないと、とても強く信じている」と言ってきた。本章のモデルにそれを組み込むにはどうすればいいか？　この変更をコードに反映させて、最終的な結論がどのように変わるか確かめなさい。
2. デザインリーダーがあなたの推定結果を見て、「画像を貼らないタイプBのほうが優れているはずはない」と言い張った。リーダーは、タイプBのコンバージョン率を30%でなく20%に近い値になるよう仮定すべきだと感じている。それをコードに組み込んで、再び分析結果を示せ。
3. 95%確信できれば、仮説をある程度「納得できた」とみなすことにする。また、テストで送れるメールの数の上限を取り払ったとする。Aの真のコンバージョン率が0.25、Bの真のコンバージョン率が0.3であるとして、マーケティング担当取締役にBのほうが実際に優れていると納得させるには、サンプルをいくつ取る必要があるかを調べよ。デザインリーダーに関しても調べよ。Rでコンバージョンのサンプルを生成するには、たとえば次のようなコードを使えばいい。

```
true.rate <- 0.25
number.of.samples <- 100
results <- runif(number.of.samples) <= true.rate
```

Chapter 16

第16章
ベイズ因子と事後オッズの導入
——考えどうしを競わせる

前の章では、仮説検定をパラメータ推定を拡張したものとしてとらえられることが分かった。この章では仮説検定を、**ベイズ因子**（Bayes factor, BF）という重要な数学的道具を使って仮説どうしを比較する方法としてとらえる。ベイズ因子とは、ある仮説をほかの仮説と比較することで、その仮説のもっともらしさをテストするための式である。その値を見れば、ある仮説がほかの仮説に比べて何倍もっともらしいかを知ることができる。

続いて、ベイズ因子と事前の考えを組み合わせて事後オッズを導く方法を見ていく。事後オッズを見れば、データを説明する上で、ある考えがほかの考えと比べてどれだけ強く信じられるかを知ることができる。

再びベイズの定理

第6章で導入したベイズの定理は、次のような形をしていた。

$$P(H \mid D)=\frac{P(H)\times P(D \mid H)}{P(D)}$$

この公式は3つの部分からなり、そのそれぞれに以下のように特別な名前が付けられていた。

- ・$P(H \mid D)$：**事後確率**。データを踏まえた上で自分の仮説をどれだけ強く信じるべきか。
- ・$P(H)$：**事前確率**。データを見る前に自分の仮説に割り当てる確率。
- ・$P(D \mid H)$：**尤度**。自分の仮説が正しいとした場合に既存のデータが得られる確率。

最後に残った$P(D)$は、仮説に関係なくこのデータが観察される確率。事後確率が0と1の間に正しく収まるようにするには、$P(D)$が必要である。これらの情報がすべて分かっていれば、観察されたデータを踏まえた上で自分の仮説をどれだけ強く信じるべきかを精確に計算できる。しかし第8章で述べたように、$P(D)$を決めるのはとても難しいことが多い。多くの場合、データが得られる確率を知る方法は定かでない。しかも、2つの仮説の相対的な強さを比較したいだけであれば、$P(D)$はいっさい必要ない。

そのため、多くの場合には比例式タイプのベイズの定理が使われる。それを使えば、$P(D)$が分からなくても仮説の強さを分析できる。その式は次のとおり。

$$P(H \mid D) \propto P(H) \times P(D \mid H)$$

比例式タイプのベイズの定理を言葉で示せば、「自分の仮説が正しい事後確率は、事前確率と尤度との積に比例する」となる。2つの仮説を比較するには、次の**事後確率比**の式を使って、各仮説の事前確率と尤度との積どうしの比を調べればいい。

$$\frac{P(H_1) \times P(D \mid H_1)}{P(H_2) \times P(D \mid H_2)}$$

これで得られるのは、観察されたデータをそれぞれの仮説がどれだけ良く説明するか、その比である。つまりその比が2であれば、H_1は観察されたデータをH_2の2倍良く説明し、比が1/2であれば、H_2はデータをH_1の2倍良く説明するということになる。

事後確率比を使って仮説検定をおこなう

事後確率比の式から導かれる**事後オッズ**を使えば、データに関する仮説や考えを検証できる。$P(D)$が分かっている場合も、事後オッズは、考えどうしを比較できる有用な道具である。事後オッズをもっと良く理解するために、事後確率比の式を、尤度の比（ベイズ因子）と事前確率の比という2つの部分に分解してみよう。これはとても役に立つ標準的な手法で、尤度と事前確率を別々に推論することがはるかに容易になる。

●ベイズ因子

事後確率の式を使う上で、$P(H_1)=P(H_2)$、つまり、各仮説に対する事前の信念が同じだと仮定しよう。その場合、事前確率の比は1なので、残るのは次のとおり。

$$\frac{P(D \mid H_1)}{P(D \mid H_2)}$$

これが**ベイズ因子**、すなわち2つの仮説の尤度における比である。

この式が何を表しているか、じっくり考えてみてほしい。H_1（世界に関する自分の信念）をどのように主張するかを考える際には、その信念を支持する証拠を集めることを考えるものだ。そのため一般的な議論の場では、H_1を支持するデータD_1を積み重ねてから、仮説H_2を支持するデータD_2を集めた友人と論じ合うことになる。

しかしベイズ的推論では、自分の考えを支持する証拠を集めることはせずに、目の前にある証拠を自分の考えがどれだけ良く説明するかに注目する。尤度の比が物語っているのは、自分の考えが正しいとした場合に目の前のデータが得られる可能性と、ほかの誰かの考えが正しいとした場合に同じデータが得られる可能性との比較である。自分の仮説のほうが競合相手の仮説に比べてこの世界をより良く説明していれば、自分の仮説が勝ったことになる。

しかしもし、競合相手の仮説のほうが自分の仮説よりもデータをはるかに良く説明するのであれば、自分の考えを変えるべきかもしれない。ここでのポイントとして、ベイズ的推論では、自分の考えが支持されるかどうかは気にせずに、自分の考えが観察データをどれだけよく支持するかにのみ注目する。最終的には、データによって自分の考えが裏付けられるか、さもなければ自分の考えを変えざるを得ないかだ。

●事前オッズ

ここまでは、それぞれの仮説の事前確率が互いに等しいと仮定してきた。しかし明らかにそうでない場合もある。一方の仮説はきわめて可能性が低いが、データは良く説明するかもしれない。たとえば携帯電話が見当たらなかったら、トイレに置き忘れたという考えと、エイリアンが人間のテクノロジーを調べるために持ち去ったという考えのどちらも、データをきわめて良く説明する。しかし当然、トイレ仮説のほうがはるかに可能性が高い。そこで、事前確率の比を考える必要がある。

$$\frac{P(H_1)}{P(H_2)}$$

この比は、データを見る前の時点で2つの仮説が正しい確率を比較している。ベイズ因子と合わせて使う場合には、この比をH_1の**事前オッズ**と呼び、$O(H_1)$と表す。この式が有用なのは、検証しようとしている仮説をどれだけ強く（または弱く）信じているかを簡単に読み取れるからである。この値が1より大きければ、事前オッズは自分の仮説に有利で、比が1より小さければ、自分の仮説は不利である。たとえば$O(H_1)=100$というのは、ほかに何ら情報がない場合、自分はH_1が対立仮説の100倍可能性が高いと信じているという意味になる。逆に

$O(H_1)=1/100$であれば、対立仮説が自分の仮説の100倍可能性が高いということになる。

●事後オッズ

ベイズ因子と事前オッズを組み合わせると、事後オッズが得られる。

$$\text{事後オッズ} = O(H_1)\,\frac{P(D \mid H_1)}{P(D \mid H_2)}$$

事後オッズは、自分の仮説が競合相手の仮説と比べてデータを何倍良く説明するかを表す。

表16-1に、事後オッズのさまざまな値をどのように解釈すべきか、その指針をいくつか示した。

表16-1　事後オッズの値を解釈するための指針

事後オッズ	証拠の強さ
1～3	興味深いが確定的ではない
3～20	もっともなように思われる
20～150	H_1を強く支持する証拠
＞150	圧倒的な証拠

考えを変えるべきかどうかを見極める場合は、これらのオッズの逆数に注目すればいい。

これらの値は有用な指針にはなるが、ベイズ推定はあくまでも推定のための手段にすぎず、判断は自分で下さなければならない。友人とたまたま意見が食い違った場合は、事後オッズが2くらいでも自分に自信を持つには十分かもしれない。しかし毒を飲むかどうかを判断しようとしているのであれば、事後オッズが100であっても判断はつきかねるかもしれない。

次に、ベイズ因子を使って自分の信念の強さを見極める例を2つ見ていこう。

偏りのあるサイコロをテストする

　ベイズ因子と事後オッズを使えば、2つの考えを競合させる形の仮説検定をおこなうことができる。たとえば友人の袋に立方体のサイコロが3個入っていて、そのうちの1個には錘(おもり)が仕込んであり、2回に1回は6が出るとする。残り2個はふつうのサイコロで、6が出る確率は1/6である。友人が袋からサイコロを1個取り出して10回投げたところ、次のような結果になった。

6, 1, 3, 6, 4, 5, 6, 1, 2, 6

　これが偏りのあるサイコロか、またはふつうのサイコロかを突き止めたい。偏りのあるサイコロをH_1、ふつうのサイコロをH_2と呼ぶことにしよう。

　まずはベイズ因子を導く。

$$\frac{P(D \mid H_1)}{P(D \mid H_2)}$$

　第1段階は、$P(D \mid H)$、つまり、H_1またはH_2を仮定した場合にこのデータが観察される尤度を計算することである。この例では、6の目が4回、6以外の目が6回出た。分かっているとおり、もしこのサイコロに偏りがあれば、6が出る確率は1/2で、6以外が出る確率も1/2である。つまり、偏りのあるサイコロを使った場合にこのデータが得られる尤度は、次のようになる。

$$P(D \mid H_1) = \left(\frac{1}{2}\right)^4 \times \left(\frac{1}{2}\right)^6 \approx 0.00098$$

　公正なサイコロの場合、6が出る確率は1/6で、それ以外の目が出る確率は5/6である。したがって、このサイコロが公正であるという仮説H_2においてこのデータが得られる尤度は、次のようになる。

$$P(D \mid H_2) = \left(\frac{1}{6}\right)^4 \times \left(\frac{5}{6}\right)^6 \approx 0.00026$$

これでベイズ因子を計算できる。2つの仮説が正しい確率が互いに等しいと仮定した場合に、H_1がH_2と比べてこのデータをどれだけ良く説明するかが、ベイズ因子からは分かる。

$$\frac{P(D \mid H_1)}{P(D \mid H_2)} \approx \frac{0.00098}{0.00026} \approx 3.77$$

つまり、このサイコロに偏りがあるという考えH_1は、観察されたデータをH_2の4倍近く良く説明する。

だがそれが成り立つのは、そもそもH_1が真である可能性とH_2が真である可能性が等しい場合に限られる。しかし、袋の中には公正なサイコロが2個、偏りのあるサイコロが1個入っていると分かっているので、2つの仮説が正しい確率は互いに等しく**ない**。袋の中のサイコロの割合に基づけば、それぞれの仮説の事前確率は次のようになる。

$$P(H_1) = \frac{1}{3},\ P(H_2) = \frac{2}{3}$$

ここから、H_1の事前オッズが次のように計算できる。

$$\text{事前オッズ} = O(H_1) = \frac{P(H_1)}{P(H_2)} = \frac{1/3}{2/3} = \frac{1}{2}$$

袋の中には偏りのあるサイコロが1個、公正なサイコロが2個入っているので、公正なサイコロを取り出す可能性は偏りのあるサイコロを取り出す可能性の2倍である。このH_1の事前オッズを使えば、事後オッズを計算できる。

$$\text{事後オッズ} = O(H_1) \times \frac{P(D \mid H_1)}{P(D \mid H_2)} \approx \frac{1}{2} \times 3.77 \approx 1.89$$

最初の尤度比によれば、H_1はデータをH_2の4倍近く良く説明できたが、事後オッズを見ると分かるとおり、H_1が正しい確率がH_2の半分であるために、H_1は実際にはH_2の約2倍しか良くデータを説明しない。

したがって、このサイコロに偏りがあるかどうかどうしても結論を導かなければならないのであれば、確かに偏りがあると答えるのが最善だ。しかし事後オッズが2より小さいので、H_1を支持するとくに強い証拠にはならない。このサイコロに偏りがあるかどうかを本当に知りたいのであれば、さらに何回か振ることで、どちらか一方の仮説を支持する証拠が十分に強くなって、より強い判断を下せるようにする必要がある。

次に、ベイズ因子を使って自分の信念の強さを見極める2つめの例を見ていこう。

稀な病気をネットで自己診断する

自分の症状や体調不良について夜遅くにネットで検索して、自分はある奇妙で恐ろしい病気にかかっているのだと誤って信じ込んでしまい、恐怖で画面から目を逸らせられなくなる人が多い。残念ながら、そういう人の分析にはほぼ決まってベイズ的推論が欠けている。ベイズ的推論を使えば、余計な不安をある程度和らげられるかもしれない。次の例では、あなたが自分の症状を検索したところ、それに合致する2つの病気がヒットしたと仮定しよう。根拠もなしに慌てるのでなく、事後オッズを使ってそれぞれの病気にかかっている可能性を評価していこう。

ある朝、目覚めたら、音が聞こえづらくて、片方の耳で耳鳴りがしていた。一日中治らなかったので、仕事から帰ってから、この症状の原因として考えられるものをネットで検索した。すると不安が募っていって、最後に次の2つの仮説に行き着いた。

耳垢栓塞（じこうせんそく）　片耳に耳垢がたくさん溜まっている。ちょっと医者にかかればこの症状は解消する。

前庭神経鞘腫（ぜんていしんけいしょうしゅ）　前庭神経のミエリン鞘に脳腫瘍ができて、不可逆性の難聴を引き起こしており、脳外科手術が必要かもしれない。

この2つの仮説のうちでより心配なのは、前庭神経鞘腫の可能性のほうである。もちろんただの耳垢かもしれないが、もしそうでなかったとしたら？　実際に脳腫瘍ができていたら？　心配なのは脳腫瘍のほうなので、それをH_1と置くことにする。H_2は、片耳に耳垢が溜まりすぎているという仮説である。

事後オッズを見れば安心できるかどうか、確かめてみよう。

先ほどの例と同じく、まずは、それぞれの仮説が真である場合にこれらの症状が観察される尤度に注目し、ベイズ因子を計算する。そのためには$P(D \mid H)$を計算する必要がある。観察された症状は、難聴と耳鳴りである。

前庭神経鞘腫の場合に難聴になる確率は94%、耳鳴りがする確率は83%なので、前庭神経鞘腫にかかっていた場合に難聴と耳鳴りになる確率は、次のようになる*。

$$P(D \mid H_1) = 0.94 \times 0.83 \approx 0.78$$

次にH_2について同じ計算をする。耳垢栓塞の場合に難聴になる確率は63%、耳鳴りがする確率は55%である。耳垢栓塞にかかっていた場合にこれらの症状が出る尤度は、次のとおり。

$$P(D \mid H_2) = 0.63 \times 0.55 \approx 0.35$$

これで、ベイズ因子を計算するための十分な情報が得られた。

$$\frac{P(D \mid H_1)}{P(D \mid H_2)} = \frac{0.78}{0.35} \approx 2.23$$

何と！　ベイズ因子を見ただけでは、脳腫瘍ができているという不安はたいして和らげられなかった。尤度比だけを考慮すると、前庭神経鞘腫にかかっていた場合にこれらの症状が出る可能性は、耳垢栓塞になっていた場合にこれらの症状が出る可能性の2倍以上あるようだ！　しか

＊[訳注] ここでは、前庭神経鞘腫にかかっていた場合に難聴になることと、同じく耳鳴りになることが、互いに独立の事象であると仮定している。次のパラグラフも同様。

し幸いにも、まだ分析は終わっていない。

次のステップは、それぞれの仮説の事前オッズを定めることである。症状があるかどうかにかかわらず、誰かが一方の病気にかかっている可能性はもう一方の病気にかかっている可能性よりどれだけ高いか？　それぞれの病気に関する疫学データがある。実は前庭神経鞘腫は稀な病気で、年間に1,000,000人あたり11人しかかからない。そこで、この事前確率は次のようになる。

$$P(H_1)=\frac{11}{1{,}000{,}000}$$

もちろん耳垢栓塞のほうがはるかにありふれた病気で、年間に1,000,000人あたり37,000人がかかる。

$$P(H_2)=\frac{37{,}000}{1{,}000{,}000}$$

H_1の事前オッズを求めるには、この2つの事前確率の比に注目する。

$$O(H_1)=\frac{P(H_1)}{P(H_2)}=\frac{\frac{11}{1{,}000{,}000}}{\frac{37{,}000}{1{,}000{,}000}}=\frac{11}{37{,}000}$$

事前情報のみに基づけば、ある人が耳垢栓塞にかかる可能性は前庭神経鞘腫にかかる可能性の約3,700倍である。しかし安心する前に、目的の事後オッズを計算する必要がある。そのためには単にベイズ因子と事前オッズを掛け合わせればいい。

$$O(H_1)\times\frac{P(D\mid H_1)}{P(D\mid H_2)}\approx\frac{11}{37{,}000}\times 2.23=\frac{245.3}{370{,}000}\approx\frac{1}{1{,}508.36}$$

この結果によれば、H_2の可能性はH_1の約1,508倍高い。朝になって医者に耳を掃除してもらえさえすれば、すべて解消すると分かって、ようやく安心できた！

日々物事を考える際には、恐ろしい状況になっている確率を実際より高く見積もってしまいがちだが、ベイズ的推論を使えば、現実のリスクを分析して、実際の可能性がどのくらい高いかを知ることができるのだ。

まとめ

この章では、ベイズ因子と事後オッズを使って2つの仮説を比較する方法を学んだ。自分の信念を支持するデータを示すことだけを考えるのでなく、ベイズ因子を使って、観察されたデータを自分の信念がどれだけ良く支持するかを調べる。ベイズ因子は、一方の仮説がもう一方の仮説と比べてデータを何倍良く説明するかを表す。自分の仮説が対立仮説よりもデータを良く説明するのであれば、自分の事前の信念は強まる。逆にその比が1より小さかったら、考えを変えることを検討したくなるかもしれない。

練習問題

ベイズ因子と事後オッズについてどれだけ理解できたかを確かめるために、以下の問題を解いてみてほしい。解答は付録C（p.315）参照。

1. サイコロの例（p.205）に戻ろう。友人が勘違いをしていて、実は偏りのあるサイコロが2個、公正なサイコロが1個だったと突然思い出した。これによって、事前オッズと事後オッズはどのように変わるか？　振ったサイコロには偏りがあるという考えを信じる度合いは強まるか？
2. 稀な病気の例に戻ろう。医者にかかって耳掃除をしてもらったが、症状が消えていないことに気づいた。さらに悪いことに、めまいという新たな症状も出てきた。医者の話では内耳炎の可能性もあるという。内耳にウイルスが感染する病気で、98%のケースでめまいが生じる。しかし、この病気で難聴や耳鳴りになることはあまりなく、難聴になるのは30%、耳鳴りが起こるのはわずか28%だ。前庭神経鞘腫でもめまいは起こりうるが、それはわずか49%のケースである。一般の集団では、年間で1,000,000人あたり35人が内耳炎にかかる。内耳炎にかかっているという仮説と、前庭神経鞘腫にかかっているという仮説とを比較した場合の事後オッズを求めよ*。

*［訳注］ここでも本文の例と同じく、めまい、難聴、耳鳴りがそれぞれ互いに独立な事象であると仮定する。

Chapter 17

第17章 『トワイライトゾーン』でのベイズ的推論

第16章では、ベイズ因子と事後オッズを使って、ある仮説が対立仮説と比べて何倍優れているかを求めた。しかし、ベイズ的推論に使われるこれらの道具は、仮説どうしを比較すること以外にも利用できる。この章では、ベイズ因子と事後オッズを使って、誰かにある仮説を納得させるにはどれだけの証拠が必要であるかをはじき出す。また、誰かがある仮説を事前にどれだけ強く信じているか、それを見積もる方法も見ていく。ここで使うのは、名作テレビドラマ『トワイライトゾーン』のある有名なエピソードである。

『トワイライトゾーン』におけるベイズ的推定

『トワイライトゾーン』の中で私が好きなエピソードの一つが、「ニック・オブ・タイム」である。小さな町を訪れた若い新婚夫婦のドンとパットが、車を修理してもらっている間、ある食堂で待つことにした。食堂には、ミスティック・シーアという予言マシンがあった。1ペニー硬貨を入れて、イエスかノーかで答えるたぐいの質問をすると、答えが書かれたカードが出てくるというマシンだ。

超常現象マニアのドンが、ミスティック・シーアにいくつか質問をしてみた。すると正しい答えが返ってきて、ドンは超自然的パワーの存在を信じはじめた。しかしパットは、マシンが次々に正しい答えを返してきても、そのパワーには疑いを抱きつづけた。

ドンとパットは同じデータを目にしながらも、互いに異なる結論に達した。同じ証拠が与えられても2人が異なる推論をした理由は、どのように説明できるだろうか？　ベイズ因子を使えば、この2人の登場人物がデータについてどのように考えていたかをもっと深く掘り下げることができる。

ベイズ因子を使って ミスティック・シーアを理解する

このエピソードでは、競合しあう2つの仮説が登場する。一方の仮説がもう一方の仮説の否定になっているので、これらの仮説をHと$\overline{H}$("not H")と呼ぶことにしよう。

H　ミスティック・シーアは本当に未来を予言できる。
$\overline{H}$　ミスティック・シーアはまぐれで当てただけだ。

いまの場合、データDは、「ミスティック・シーアが連続でn回正しい答えを返した」となる。nが大きければ大きいほど、Hを支持する証拠は強くなる。このエピソードでは、ミスティック・シーアが実際に毎回正解するのが大前提となっている。そこで次のような問題を考える。「この結果は超自然的なものか、あるいは単なる偶然の一致か？」　データDはつねに、「連続でn回正解する」となる。これで、各仮説を踏まえた上でこのデータが得られる確率、すなわち尤度を見積もることができる。

$P(D \mid H)$は、ミスティック・シーアが未来を予言できるとした場合に、n回連続で正解する確率である。この尤度は、質問の回数にかかわらずつねに1である。なぜなら、もしミスティック・シーアが超自然的な存在であれば、1回質問しようが1,000回質問しようがつねに正解を返すからだ。サイキックマシンが間違った推測をすることはありえないので、もしミスティック・シーアが1回でも間違えれば、この仮説が正しい確率はもちろん0に下がってしまう。その場合は、もっと弱い仮説、たとえば「ミスティック・シーアは90%の割合で正解する」という仮説を設定したくなるかもしれない（第19章でこれに似た問題を取り上げる）。

$P(D \mid \overline{H})$は、ミスティック・シーアがランダムに答えているとした場合に、n回連続で正解する確率である。ここでは$P(D \mid \overline{H})$は0.5^nとなる。なぜなら、このマシンが当てずっぽうで答えているだけであれば、1回の答えが正しい確率は0.5だからだ。

この2つの仮説を比較するために、この2つの尤度の比に注目しよう。

$$\frac{P(D \mid H)}{P(D \mid \overline{H})}$$

改めて言っておくと、この比は、2つの仮説が正しい可能性が互いに等しいという仮定のもとで、Hである場合にこのデータが得られる可能性が、$\overline{H}$である場合にこのデータが得られる可能性の何倍であるかを表している。

●ベイズ因子を求める

前の章でやったのと同じように、とりあえず事前オッズ比は無視して、尤度比、つまりベイズ因子に話を絞る。さしあたり、ミスティック・シーアが超自然的存在である可能性と、単にまぐれ当たりだった可能性は、互いに等しいと仮定する。

いまの例では分子$P(D \mid H)$は必ず1なので、nがどんな値であってもベイズ因子（BF）は次のようになる。

$$\mathrm{BF} = \frac{P(D_n \mid H)}{P(D_n \mid \overline{H})} = \frac{1}{0.5^n}$$

ミスティック・シーアがここまでに3回正解したと想像してみよう。その時点では、$P(D_3 \mid H) = 1$, $P(D_3 \mid \overline{H}) = 0.5^3 = 0.125$である。明らかに$H$のほうがデータを良く説明するが、3回正解しただけでは、超常現象マニアのドンを含めもちろん誰も納得しないだろう。事前オッズが同じだという仮定のもとで、3回質問した場合のベイズ因子は次のようになる。

$$\mathrm{BF} = \frac{1}{0.125} = 8$$

表16-1（p.204）に示した、事後オッズの値を解釈するための指針と同じものを使えば、(2つの仮説の可能性が互いに等しいと仮定した上での）ベイズ因子の値は表17-1のように解釈できる。

表17-1　ベイズ因子の値を解釈するための指針

ベイズ因子	証拠の強さ
1 ~ 3	興味深いが確定的ではない
3 ~ 20	もっともなように思われる
20 ~ 150	H_1を強く支持する証拠
> 150	圧倒的な証拠

したがって、3回正解してBF＝8となった時点では、ミスティック・シーアのパワーはもっともなように思われるが、まだ納得すべきではない。

しかしエピソード中では、ドンはすでにこの時点で、ミスティック・シーアはサイキックマシンであるとかなり強く信じているように見える。そして4回正解しただけで確信する。一方、パットは14回質問してからようやくその可能性を真剣に考えはじめた。その時点でのベイズ因子は16,384で、本来必要なレベルよりもはるかにたくさんの証拠が集まっていた。

だがベイズ因子を計算しただけでは、なぜドンとパットが同じ証拠に関して互いに異なる考えに至ったかは説明できない。何が起こったのだろうか？

●事前の信念を考慮する

ここまでのモデルに欠けている要素は、それぞれの登場人物が各仮説を事前にどの程度信じていたかである。ドンはかなりの超常現象マニアだが、パットは疑り深いのだった。明らかにドンとパットは、自分の世界モデルに含まれるさらなる情報を使って、それぞれ別の時点で異なる強さの結論に達した。まったく同じ事実に対して2人の人が互いに違う反応を示すというのは、日々の推論ではかなりよくあることだ。

この現象をモデル化するには、追加の情報がない場合の最初の$P(H)$と$P(\overline{H})$のオッズを考えればいい。第16章で述べたように、これを**事前オッズ比**という。

$$\text{事前オッズ} = O(H) = \frac{P(H)}{P(\overline{H})}$$

ベイズ因子と違って事前の信念は、実際にはかなり直観的なものである。たとえば、あなたが『トワイライトゾーン』の食堂に入ったときに、連れの私から「ミスティック・シーアがサイキックマシンであるオッズは？」と質問されたとしよう。あなたはもしかしたら、「1,000,000分の1かな！　超自然的なマシンなんてあるはずがないよ」などと答えるかもしれない。これを数学的に表せば次のようになる。

$$O(H) = \frac{1}{1{,}000{,}000}$$

次にこの事前オッズをデータと組み合わせよう。そのためには、事前オッズと尤度比とを掛け合わせて、観察されたデータを踏まえた場合の各仮説の事後オッズを求める。

$$事後オッズ = O(H \mid D) = O(H) \times \frac{P(D \mid H)}{P(D \mid \overline{H})}$$

いっさいの証拠を目にする前に、ミスティック・シーアがサイキックマシンである可能性は1,000,000分の1しかないと考えるというのは、かなり強い懐疑論である。ベイズ的方法はこの懐疑論をかなり良く表現できる。当初、「ミスティック・シーアが超自然的であるという仮説が正しい可能性はきわめて低い」と考えていたのであれば、そうでないと納得するにはかなり大量のデータが必要となる。たとえばミスティック・シーアが5回正解したとしよう。するとベイズ因子は次のようになる。

$$\mathrm{BF} = \frac{1}{0.5^5} = 32$$

ベイズ因子が32というのは、ミスティック・シーアが本当に超自然的であると比較的強く信じられることに相当する。しかし、きわめて懐疑的な事前オッズを組み合わせて事後オッズを計算すると、次のような結果が得られる。

$$事後オッズ = O(H \mid D_5) \times \frac{P(D_5 \mid H)}{P(D_5 \mid \overline{H})} = \frac{1}{1{,}000{,}000} \times \frac{1}{0.5^5}$$
$$= 0.000032$$

この事後オッズは、これがサイキックマシンである可能性はきわめて低いことを物語っている。この結果は我々の直観とかなり良く対応している。当初、ある仮説をほとんど信じていないのであれば、その仮説が正しいと納得するには大量の証拠が必要だ。

さらに逆方向に考えていけば、事後オッズを使うことで、仮説を信じるにはどれだけの証拠が必要であるかを知ることができる。事後オッズが2になれば、いくらあなたでも超自然的仮説を考慮しはじめるだろう。そこで、どのような場合に事後オッズが2より大きくなるのかを計算すれば、あなたを納得させるにはどれだけのデータが必要かを見極めることができる。

$$\frac{1}{1,000,000} \times \frac{1}{0.5^n} > 2$$

この式をnについて解いてもっとも近い整数を求めると、

$$n > 21$$

となる。

連続で21回正解が出れば、たとえ強い懐疑論者であっても、ミスティック・シーアは本当にサイキックマシンかもしれないと考えはじめるはずだ。

このように事前オッズは、予備知識を踏まえて自分が何かをどれだけ強く信じるかを教えてくれるだけに留まらない。ある仮説に納得するにはどれだけの証拠が必要であるかを、正確に定量化する上でも役に立つのだ。その逆も成り立つ。連続で21回正解が出て仮説を強く信じるようになれば、自分の事前オッズをもっと弱めたくなるかもしれない。

自分のサイキックパワーを高める

ここまでで学んだのは、2つの仮説を比較する方法、そして、仮説に対する事前の信念の強さを踏まえた上で、仮説が正しいと納得するにはどれだけの証拠が必要かを計算する方法である。次に、事後オッズを使ってできるもう一つの芸当を見てみよう。ドンとパットの事前の信念の強さを、証拠に対するおのおのの反応に基づいて定量化できるのだ。

ミスティック・シーアがサイキックマシンであるという可能性を2人がどれだけ強く信じていたか、ドンとパットが最初に食堂に入った時点でそれを正確に知ることはできない。しかし、ドンがミスティック・シーアの超自然的能力をほぼ確信するようになったのが、7回正解が出た時点だったことは分かる。なぜなら、その時点でドンの事後オッズが128となって、表16-1で「とても強く信じる」境界線である150とほぼ同じになるからだ。これで$O(H)$を除くすべての情報を書き出すことができるので、$O(H)$を求めてみよう。

$$150 = O(H) \times \frac{P(D_7 \mid H)}{P(D_7 \mid \overline{H})} = O(H) \times \frac{1}{0.5^7}$$

これを$O(H)$について解くと、次のようになる。

$$O(H)_{\text{ドン}} \approx 1.17$$

こうして得られたのは、ドンが超常現象をどれだけ強く信じていたか、それを表す定量的モデルである。ドンの当初のオッズ比は1より大きかったのだから、ドンは食堂に入ったとき、何らかのデータが集まる前から、ミスティック・シーアが超自然的であるという考えを、超自然的ではないという考えよりも少し強く信じていたことになる。ドンが超常現象マニアであることを考えれば、これはもちろん理にかなっている。

次はパットについて。正解が14回ほど出たところでパットはいらだちはじめ、「こんなのくだらないがらくたよ！」と吐き捨てた。ミスティック・シーアはサイキックマシンかもしれないとすでに感じはじめていたが、ドンに比べたらずっと確信の程度は低かった。そのときのパットの事後オッズを5と見積もっておこう。つまり、その時点でパットは、「もしかしたらミスティック・シーアはサイキックパワーを持っているかもしれない」と考えはじめたことになる。これで、パットの信念の強さに関する事後オッズを先ほどと同様に式で表すことができる。

$$5 = O(H) \times \frac{P(D_{14} \mid H)}{P(D_{14} \mid \overline{H})} = O(H) \times \frac{1}{0.5^{14}}$$

これを$O(H)$について解くと、パットの当初の疑り深さは次のようにモデル化できる。

$$O(H)_{\text{パット}} \approx 0.0003$$

つまり、もし食堂に入ったときに尋ねていたら、パットは「ミスティック・シーアが超自然的存在である可能性は3,000分の1程度だ」と主張したはずだ。これも我々の直観に対応している。パットは当初、この予言マシンは、自分とドンが食事を待っている間に遊ぶ単なるおもちゃにすぎないと、きわめて強く信じていた。

ここまでやってきたことは注目に値する。確率定理を使って、他人の信念の強さを定量的に表現した。要するに読心術者になれたのだ！

まとめ

この章では、ベイズ因子と事後オッズを使って確率論的な推論をおこなうための、3通りの方法を探ってきた。まずは、前の章で学んだ、事後オッズを使って2つの考えを比較する方法をおさらいした。次に、ある仮説と別の仮説とのオッズとして表される、事前の信念の強さが分かっていれば、自分の考えを変えるべきだと納得するにはどれだけの証拠が必要であるかを正確に計算できることを知った。最後に、事後オッズを使って、どれだけの証拠があれば各人が納得するかに注目することで、各人の事前の信念の強さを数値で表現した。このように事後オッズは、考えを検証するための方法だけに留まらない。不確実な状況で推論をおこなうための骨組みとなるのだ。

ベイズ的推論の神秘（ミスティック）のパワーを使えば、次の練習問題にも答えられるはずだ。

練習問題

ある仮説を誰かに納得させるために必要な証拠の量を知る方法と、他人の事前の信念の強さを見積もる方法をどれだけ理解できたか確かめるために、以下の問題を解いてみてほしい。解答は付録C（p.316）参照。

1. あなたは友人と映画を見に行くたびに、どちらが映画を選ぶかをコイン投げで決めている。友人はいつも表に賭けていて、10週連続で毎金曜日、表が出た。そこであなたは、そのコインには裏面がなくて、両面が表であるという仮説を立てた。このコインがトリックのコインであるという仮説と、公正なコインであるという仮説とを比較したベイズ因子を求めよ。その比だけから、友人があなたをだましているかどうかに関してどんなことが言えるだろうか？

2. 次の3つのケースを考えてみよう。友人は少々いたずら好きであるというケース、友人はたいていは正直だが、ときどきずるをするというケース、そして、友人はかなり信用できるというケースである。この各ケースについて、あなたの仮説に対する事前オッズを定め、事後オッズを計算せよ。
3. あなたは友人を心から信用しているとする。友人がだましていることに対する事前オッズを1/10,000としよう。たとえば事後オッズが1になって、友人は正直であると確信できなくなるには、表が何回出る必要があるか？
4. この友人と遊んでいる別の友人は、4週連続で表が出ただけで、自分もあなたもだまされているのだと確信した。その確信の程度を事後オッズで表すと、約100となる。この別の友人が事前に、最初の友人はいかさま師であるとどれだけ強く信じていたか、その値を導きなさい。

Chapter 18

第18章 データに納得してくれないとき

前の章では、『トワイライトゾーン』のあるエピソードにおける以下の2つの仮説についてベイズ的に推論した。

- H　予言マシンのミスティック・シーアは超自然的である。
- $\overline{H}$　予言マシンのミスティック・シーアは超自然的でなく、まぐれ当たりにすぎない。

また、事前オッズ比を変えることで、懐疑的な態度を組み込む方法についても学んだ。たとえば、あなたが私と同じく、ミスティック・シーアは絶対にサイキックマシンではないと信じていれば、事前オッズは1/1,000,000といったきわめて小さい値に設定したいかもしれない。

しかし疑いの気持ちがとても強ければ、たとえ1/1,000,000というオッズを積まれたとしても、ミスティック・シーアには超自然的パワーがあるというほうに賭ける気にはならないかもしれない。

たとえあなたがきわめて懐疑的な事前オッズを設定していても、ミスティック・シーアが1,000回正解を出してくれれば、あなたはミスティック・シーアがサイキックマシンであると圧倒的に信じるようになりそうなものだ。しかしそれでもあなたは、超自然的パワーを認めたくないかもしれない。それを表現するには単に事前オッズをもっと極端な値にしてもいいが、私自身は、どんなに大量のデータが出てきてもミスティック・シーアが実際にサイキックマシンであるとは納得しないだろうから、この解決法にはあまり満足できない。

この章では、データを示しても思いどおりに他人を納得させられない場合の問題点を、さらに深く掘り下げていく。現実世界ではそのような状況はかなりよく見られる。休日の夕食の席で親戚と議論をしたことのある人なら気づいているだろうが、否定的な証拠が示されれば示されるほど、自分がもとから抱いていた信念をますます強めてくる人は多い！ベイズ的推論を完全にものにするには、なぜそのようなことが起こりやすいのかを数学的に理解できなければならない。そうすれば、統計分析でそのような状況に気づいて避けることができるだろう。

超能力者の友人がサイコロを振る

ある友人が、自分は超能力者で、立方体のサイコロの目を90%の正確さで予言できると言ってきた。信じがたいと思ったあなたは、ベイズ因子を使った仮説検定をすることにした。ミスティック・シーアの例と同じく、以下の2つの仮説を比較する。

$$H_1 : P(\text{正解}) = \frac{1}{6} \qquad H_2 : P(\text{正解}) = \frac{9}{10}$$

第1の仮説H_1は、「このサイコロは公正で、友人は超能力者ではない」というあなたの考えを表現している。サイコロが公正であれば、出る目を正しく予想できる確率は6分の1である。第2の仮説H_2は、「自分は実際にサイコロの目を90%の確率で予言でき、9/10の割合で正解する」という、友人の考えを表現している。次に、これらの主張の検証に取りかかるための何らかのデータが必要である。友人がサイコロを10回振ったところ、うち9回で目を言い当てた。

●尤度を比較する

前の章で何回かやったとおり、まずはとりあえず、それぞれの仮説の事前オッズは互いに等しいと仮定して、ベイズ因子に注目する。その尤度比は次のようになる。

$$\frac{P(D \mid H_2)}{P(D \mid H_1)}$$

この値は、自分は超能力者であるという友人の主張が、あなたの仮説と比べてこのデータを何倍良く（または悪く）説明するかを示している。この例では、ベイズ因子（Bayes factor）を変数BFで表すことにする。友人が10回中9回正解したという事実を考慮すると、次のような結果になる。

$$\mathrm{BF} = \frac{P(D_{10} \mid H_2)}{P(D_{10} \mid H_1)} = \frac{\left(\frac{9}{10}\right)^9 \times \left(1-\frac{9}{10}\right)^1}{\left(\frac{1}{6}\right)^9 \times \left(1-\frac{1}{6}\right)^1} \approx 468{,}517$$

この尤度比によれば、友人は超能力者であるという仮説は、友人は運が良かっただけだという仮説に比べて、このデータを468,517倍良く説明する。少々厄介な結果だ。前のほうの章で挙げたベイズ因子の判断指標（表17-1）によると、H_2が真で友人は超能力者であるとほぼ確信しなければならないことになってしまう。もともと超能力を心底信じているのでない限り、何かとんでもない間違いを犯しているようにしか思えない。

●事前オッズを組み込む

本書で取り上げてきた、尤度だけでは奇妙な結果が導かれてしまうケースのほとんどでは、事前確率を組み込むことで問題を解決できた。当然あなたは友人の仮説よりも自分の仮説のほうをはるかに信じているので、自分の仮説に有利な強い事前オッズを設定するのが筋が通っているだろう。まずは、ベイズ因子の極端な結果を打ち消せるような高い事前オッズ比を設定して、問題が解決するかどうか見てみよう。

$$O(H_2)=\frac{1}{468{,}517}$$

事後オッズを計算すると、やはり友人が超能力者であるとは納得できないことが分かる。

$$\text{事後オッズ}=O(H_2)\times\frac{P(D_{10}\mid H_2)}{P(D_{10}\mid H_1)}\approx 1$$

とりあえずは、ベイズ因子だけを見ていた場合に起こった問題から、事前オッズがまたもや救ってくれたようだ。

しかし友人がサイコロをさらに5回振ったところ、5回とも、出る目を正しく言い当てたとしよう。新たなデータD_{15}は、「サイコロを15回振って、友人が14回正しく言い当てた」となる。これで事後オッズを計算してみると、先ほどの極端な事前オッズでもほとんど救いにならないことが分かる。

$$\text{事後オッズ}=O(H_2)\times\frac{P(D_{15}\mid H_2)}{P(D_{15}\mid H_1)}$$

$$\approx\frac{1}{468{,}517}\times\frac{\left(\frac{9}{10}\right)^{14}\times\left(1-\frac{9}{10}\right)^{1}}{\left(\frac{1}{6}\right)^{14}\times\left(1-\frac{1}{6}\right)^{1}}\approx 4{,}592$$

事前オッズをそのままにしておくと、サイコロを5回振っただけで、事後オッズが4,592になる。友人は超能力者であるとほぼ確信する状態に戻ってしまったのだ！

ここまで取り上げてきたほとんどの問題では、筋の通った事前オッズを追加することで、直観に反する事後オッズの結果を修正してきた。しかしこの例では、友人は超能力者であるという仮説に対して極端に不利な事前オッズを追加したのに、事後オッズはその仮説に強く偏ったままなのだ。

ベイズ的推論は我々の日常の論理感覚と合致していなければならないので、これは大問題である。サイコロを15回振って14回言い当てたというのは明らかにきわめて異常だが、その人が本当に超能力を持っていると多くの人が納得するとは思えない！　しかし、いまの仮説検定のどこが問題だったかを説明できなければ、日々の統計問題を解く上で仮説検定には頼れないことになってしまう。

●対立仮説を考える

いま問題となっているのは、「友人が超能力者であるとは信じたくない」ことである。あなたが実生活でこのような状況に置かれたら、即座に何か別の仮説を思いつくだろう。友人はいかさまのサイコロを使っていて、たとえば約90%の割合である特定の目が出るのだと考えるようになるかもしれない。これが第3の仮説となる。先ほどのベイズ因子では、「サイコロは公正で友人は当てずっぽうで言い当てた」という仮説H_1と、「友人は超能力者である」という仮説H_2の、2つの仮説にしか注目していなかった。

先ほどのベイズ因子では、友人は超能力者であるという可能性のほうが、友人は公正なサイコロの目を当てずっぽうで言い当てたという可能性よりもはるかに高かったことになる。しかしここで、サイコロが公正であるという可能性はきわめて低いと考えれば、はるかに筋が通ってくる。我々の世界観では、H_2が現実的な説明であるという考えは支持できないので、H_2という仮説を受け入れることには違和感を覚える。

理解しておくべき点として、仮説検定では1つの出来事に対する2つの説明を比較するだけだが、たいていの場合、成り立ちうる説明は無数にある。選ばれた仮説に納得できなかったら、第3の仮説を検討すればいいのだ。

先ほどの検定で選ばれた仮説H_2と、新たな仮説H_3とを比べるとどうなるか、見てみよう。H_3は、「サイコロに細工がしてあって、90%の割合である特定の目が出るようになっている」というものである。

まずH_2に対する新たな事前オッズを決め、それを$O(H_2)'$と書くことにする（数学で「'」の印は、「似ているが同じではない」ことを示す）。これはH_2/H_3のオッズということになる。さしあたりあなたは、友人がいかさまのサイコロを使っている可能性が、友人が本当に超能力者である可能性の1,000倍高いと考えているとしておこう（実際の事前オッズはもっとずっと高いかもしれないが）。つまり、友人が超能力者である事前オッズは1/1,000となる。改めて新たな事後オッズを計算すると、次のような興味深い結果が得られる。

$$\text{事後オッズ} = O(H_2)' \times \frac{P(D_{15} \mid H_2)}{P(D_{15} \mid H_3)}$$

$$= \frac{1}{1{,}000} \times \frac{\left(\frac{9}{10}\right)^{14} \times \left(1 - \frac{9}{10}\right)^{1}}{\left(\frac{9}{10}\right)^{14} \times \left(1 - \frac{9}{10}\right)^{1}} = \frac{1}{1{,}000}$$

この計算では、事後オッズは事前オッズ$O(H_2)'$と同じになる。それは、2つの尤度が互いに等しい、つまり$P(D_{15} \mid H_2) = P(D_{15} \mid H_3)$だからだ。サイコロの目を正しく言い当てる確率が2つの仮説で等しく設定されているために、目を正しく言い当てる尤度もまったく同じになる。そのためベイズ因子はつねに1となるのだ。

この結果は我々の日々の直観とかなりうまく合致している。事前オッズを考慮しなければ、どちらの仮説も観察されたデータを同じように良く説明する。したがって、データを考慮する前に一方の説明をもう一方の説明よりもはるかに強く信じていたら、どんなに大量の新たな証拠が出てきても考えは変わらない。観察されたデータはもはや問題ではなく、そのデータをより良く説明する仮説を見つけたというだけだ。

このシナリオでは、どんなに大量のデータが示されても、H_3をH_2より強く信じるという気持ちは変わらない。なぜなら、この2つの仮説が観察されたデータを同じく良く説明する一方で、あなたは事前にH_3のほうがH_2よりもはるかに可能性が高い説明だと考えていたからだ。ここで興味深いのは、たとえ事前の考えが完全に不合理なものであったとしても、これと同じ状況に陥ることである。もしかしたら、あなたは超常現象を強く信じていて、友人は世界一正直だと考えているかもしれない。その場合、あなたは事前オッズを$O(H_2)'=1{,}000$と設定するかもしれない。そう信じているあなたは、どんなに大量のデータが示されても、友人がいかさまのサイコロを使っているという考えには納得しないだろう。

そのような場合、問題を解決するには自分の事前の信念を進んで変える必要があるのだということを、肝に銘じておかなければならない。道理に合わない事前の考えを捨てる気がないのであれば、最低限、自分はベイズ的な方法、つまり論理的な方法では推論していないのだと自覚すべきだ。誰しも不合理な信念を持っているもので、それはそれでかまわないが、いざその信念をベイズ的推論で正当化しようとしても無駄なのだ。

親戚や陰謀論者と議論する

休日の夕食の席で、政治や気候変動や好きな映画について親戚と議論をしたことがある人なら、比較している2つの仮説が（当人にとっては）どちらもデータを同じく良く説明していて、対立点として残るのは事前の信念だけであるという状況を、じかに経験したことがあるはずだ。データが増えても何も変わらない場合に、他人（または自分自身）の考えを変えさせるにはどうすればいいのだろうか？

先ほど述べたとおり、「友人はいかさまのサイコロを使っている」という仮説と、「友人は超能力者である」という仮説とを比較する場合、いくらデータが増えても、あなたが友人の主張を信じる程度はいっさい変わらない。それは、あなたの仮説も友人の仮説も、そのデータを同じく良く説明するからだ。友人が「自分は超能力者だ」とあなたに納得させるには、あなたの事前の信念を変えさせるしかない。たとえば、あなたが「サイコロがいかさまだ」と疑っているのであれば、友人は使うサイコロをあなたに選ばせればいい。あなたが新しいサイコロを買ってきて友人に渡してもなお、友人がサイコロの出る目を正確に予言しつづけるのであれば、あなたは納得しはじめるかもしれない。2つの仮説が互いにデータを等しく説明するような問題に直面したときには、必ずこのロジックが成り立つ。そのような場合には、自分の事前の信念に変えられる点がないかどうかを検討すべきなのだ。

あなたが新しいサイコロを買ってきて友人に渡しても、友人は出る目を言い当てつづけている。それでもあなたは信じずに、今度は「サイコロの振り方に秘密があるに違いない」と主張しはじめる。そこで友人はあなたにサイコロを振ってもらうが、やはり出る目を正しく予言しつづける。それでもあなたはまだ納得しない。このシナリオでは、単なる隠れた仮説以外の何かが働いている。あなたは、「友人が完璧にだましている」という仮説H_4を持ち出してきて、自分の考えを変えようとしない。つまり、nがいくつであっても$P(D_n \mid H_4)=1$ということだ。あなたは自分の考えをけっして変えないと事実上認めたことになるので、明らかにベイズ的推論の範疇を外れてしまっている。それでも友人があなたを納得させようとしつづけたらどうなるか、数学的に確かめてみよう。

サイコロの目を9回言い当てて1回外したというデータD_{10}を使って、H_2とH_4の2つの仮説を競わせたらどうなるか、調べてみよう。ベイズ因子は次のようになる。

$$\mathrm{BF}=\frac{P(D_{10} \mid H_2)}{P(D_{10} \mid H_4)}=\frac{\left(\frac{9}{10}\right)^9\times\left(1-\frac{9}{10}\right)^1}{1}\approx\frac{1}{26}$$

あなたは「友人がだましている」こと以外を信じようとしないので、観察された結果が起こる確率はつねに1である。データは、友人が超能力者である場合に予想されるものとまったく同じなのに、あなたの考えのほうがデータを26倍良く説明することが分かる。そこで友人は、あなたの頑固な考え方を絶対に変えると心に決めて、サイコロを100回投げ、90回言い当てて10回外した。そこでベイズ因子を見てみると、とても奇妙なことが起こっている。

$$\mathrm{BF}=\frac{P(D_{100}\mid H_2)}{P(D_{100}\mid H_4)}=\frac{\left(\frac{9}{10}\right)^{90}\times\left(1-\frac{9}{10}\right)^{10}}{1}\approx\frac{1}{131{,}272{,}619{,}177{,}803}$$

データは友人の仮説を強く支持しているように見えるのに、あなたは自分の信念を変えようとしなかったせいで、自分が正しいとますます強く確信するようになったのだ！　自分の考えを変えることをけっして認めない場合、データが増えるとかえって、自分は正しいという確信をますます深めるだけになってしまうのだ。

政治的に過激な親戚や頑固な陰謀論者と議論をしたことのある人にとっては、このような展開はお馴染みかもしれない。ベイズ的推論では、自分の考えを少なくとも反証可能にしておくことが重要である。従来の科学で**反証可能性**とは「間違いであることを証明できる」という意味だが、この場合は単に、仮説に対する信念を弱めるための方法が何かしら存在するという意味である。

ベイズ的推論で反証不可能な信念を持ち出すのが危険なのは、単にその間違いを証明できないからだけでなく、反するように思える証拠によってますます信念が強まってしまうからである。友人はいつまでもあなたを納得させようとしつづけるのでなく、最初に「どんなことが示されたら考えを変えられるか」と尋ねておくべきだった。もしあなたが「どんなことがあっても考えを変えない」と答えたのであれば、友人はさらなる証拠を示さないほうがまだましだろう。

だから、次に親戚と政治や陰謀論について議論するときは、「どんな証拠があれば考えを変えるのか」と聞いておくべきだ。親戚が答えられないのであれば、さらなる証拠を示してあなたの見方を擁護しようとするのはやめたほうがいい。親戚が自分の信念をますます深めることになるだけなのだから。

まとめ

この章では、仮説検定がうまくいかない何通りかのケースを学んだ。ベイズ因子は2つの考えを比較するものだが、そのほかに同じく有効で検証に値する仮説は十分に存在しうる。

ときには、2つの仮説がデータを互いに同じく良く説明することがある。友人がサイコロの目を正しく予言する可能性は、友人が超能力を持っている場合でも、あるいはサイコロに細工がしてある場合でも、互いに等しい。その場合に意味を持つのは、各仮説の事前オッズ比だけである。またそのような状況では、さらなるデータが得られても、どちらかの仮説に傾くことはけっしてないため、自分の信念はいっさい変わらない。そのような場合は、結果に影響をおよぼす事前の信念をどうしたら変えられるかを考えるのが一番である。

さらに極端なケースでは、自分が抱いている仮説を変えることを拒むかもしれない。それはデータに対して陰謀論を抱くようなものである。その場合、データを増やしても自分の信念を変えることにけっして納得しないだけでなく、実際には逆効果となる。仮説が反証可能でないと、データを増やしたところで、陰謀論にますます確信を深めるだけである。

練習問題

ベイズ推定での極端なケースの扱い方をどれだけ理解できたか確かめるために、以下の問題を解いてみてほしい。解答は付録C（p.318）参照。

1. 2つの仮説がデータを同じく良く説明する場合、考えを変えさせる一つの方法は、事前確率を変えられないか検討してみることである。友人が超能力を持っているというあなたの事前の信念を強めさせる要因としては、どんなものがあるだろうか？

2. ある実験によって、人は「フロリダ」という単語を聞くと、老人のことを思い浮かべて歩行速度が遅くなるという主張が示された。この主張を検証するために、それぞれ15人の学生からなる2つのグループに、部屋の端から端まで歩いてもらった。一方のグループには「フロリダ」という単語を聞かせ、もう一方のグループには聞かせなかった。H_1=「2つのグループで歩行速度に違いはない」、H_2=「フロリダという単語を聞いたグループは歩行速度が遅くなる」としよう。また次のように置く。

$$\mathrm{BF}=\frac{P(D\mid H_2)}{P(D\mid H_1)}$$

実験の結果、H_2のベイズ因子（BF）は19であった。ここで何人かの人が、H_2の事前オッズはそれ以上に低かったとして、この実験結果に納得していなかったとしよう。事前オッズがどのような値であれば、納得していない人がいることを説明できるか？　また、納得していないその人に合わせて、事後オッズを50にするには、ベイズ因子はどのような値でなければならないか？

さらに、それでもその人の考えは変わらなかったとしよう。フロリダという単語を聞いたグループのほうが歩行速度が遅かったという観察結果を説明する、代わりの仮説H_3を考えよ。H_2とH_3がこのデータを等しく良く説明する場合、事前オッズがH_3に有利な値となっているだけで、H_2よりもH_3のほうが正しいと主張する人が出てくる。したがって、実験内容を考えなおしてその事前オッズが小さくなるようにする必要がある。H_2に対するH_3の事前オッズを変えられるような実験を考え出せ。

Chapter 19

第19章
仮説検定からパラメータ推定へ

ここまでは、事後オッズを使って比較する仮説は2つだけであった。単純な問題ならそれで十分だ。仮説が3つか4つあっても、前の章でやったように複数の仮説検定をおこなえばすべて検証できる。しかしときには、データを説明しうるかなり幅広い仮説の中から最適なものを探し出したい場合もある。たとえば、瓶の中にジェリービーンズが何個入っているか、遠くの建物がどれだけの高さか、あるいは、飛行機が到着するまでにきっちり何分かかるかを推測したい場合もある。このいずれのケースでも、考えられる仮説はきわめて多く、そのすべてについて仮説検定をおこなうことは不可能だ。

幸いにも、そのようなシナリオを扱うための手法がある。第15章で、パラメータ推定の問題を仮説検定に転換する方法を学んだ。この章ではその逆をおこなう。ほぼ連続的な範囲におよぶ多数の仮説に注目して、ベイズ因子と事後オッズ（仮説検定）を使えば、一種のパラメータ推定をおこなえるのだ！　この方法を使って、2つだけでなく多数の仮説を評価することで、任意のパラメータを推定するための単純な枠組みを得ることができる。

この屋台ゲームは本当に公平か?

あなたはあるお祭りにやって来た。屋台の間を歩いていると、プラスチックの小さいアヒルを浮かべた水槽のそばで誰かが店員と口論している。近づいてみると、客がこう叫んでいる。「いかさまだ！　あんたは2回中1回景品が当たるって言ってたが、俺はアヒルを20個取っても景品は1個しか入っていなかった。景品が当たる確率はたったの20分の1じゃないか！」

確率論を深く理解しているあなたは、口論を収めてあげることにした。そこで店員と怒る客に、「さらに何回かゲームをやって結果を観察すれば、ベイズ因子を使ってどちらが正しいか判断できるだろう」と説明した。あなたは起こりうる結果を次の2つの仮説に分けたことになる。「景品が当たる確率は1/2である」という店員の主張H_1と、「景品が当たる確率はわずか1/20である」という客の主張H_2である。

$$H_1 : P(\text{景品が当たる}) = \frac{1}{2} = 0.5$$

$$H_2 : P(\text{景品が当たる}) = \frac{1}{20} = 0.05$$

すると店員は、この客がアヒルを選んでいるところを見ていなかったし、誰にも確かめられないのだから、客が言っているデータを使うべきではないと主張した。確かにそうだと思ったあなたは、代わりにいまから100回ゲームを観察して、そのデータだけを使うことにした。そして客がアヒルを100個選んだところ、うち24個に景品が入っていた。

これでベイズ因子を計算できる！　あなたは客と店員どちらの主張を支持するかについて強い見解は持っていないので、事前オッズや事後オッズについてはまだ気にする必要はない。

ベイズ因子を導くには、それぞれの仮説において$P(D \mid H)$を計算する必要がある。

$$P(D \mid H_1) = 0.5^{24} \times (1-0.5)^{76}$$
$$P(D \mid H_2) = 0.05^{24} \times (1-0.05)^{76}$$

どちらの確率もきわめて小さいが、注目すべきはそれらの比だけである。ここでは、客の仮説のほうが店員の仮説よりもデータを何倍良く説明するかが分かるよう、H_2/H_1という比に注目する。

$$\frac{P(D \mid H_2)}{P(D \mid H_1)} \approx \frac{1}{653}$$

このベイズ因子によれば、店員の仮説H_1はデータをH_2の653倍良く説明しており、店員の仮説（「アヒルを1個選んで景品が入っている確率は0.5である」）のほうが可能性が高いということになる。

当然、この結果は奇妙ではないだろうか。もし景品が当たる真の確率が0.5だとしたら、アヒルを合計100個選んで24個しか当たらないなんて、かなり可能性が低いように思える。Rのpbinom()関数（第4章、第13章で説明した）を使って二項分布を計算してみると、景品が当たる確率を0.5と仮定した場合に24回以下しか当たらない確率は次のようになる。

```
> pbinom(24,100,0.5)
[1] 9.050013e-08
```

このように、景品が当たる真の確率が0.5だとした場合に24回以下しか当たらない確率はきわめて小さく、小数で表すと0.00000009050013となってしまうのだ！　H_1には何か有利な点があったに違いない。店員の仮説を信じることはできないが、それでも客の仮説よりもはるかに良くデータを説明してしまうのだ。

では何を見落としているのだろうか？　ここまで何度も見てきたように、ベイズ因子だけでは理にかなった答えが得られない場合、たいていは事前確率がとても重要になってくる。しかし第18章で見たように、事前確率が根本原因ではないケースもある。いまの場合、あなたはどちらの意見も強く支持してはいないので、次の式を使うのが理にかなっているだろう。

$$O\left(\frac{H_2}{H_1}\right)=1$$

しかしそうすると、あなたは屋台のゲーム自体を信用していないことになる。ベイズ因子の結果はあのように店員の仮説のほうを強く支持していたので、事後オッズを客の仮説を支持するものにするには、事前オッズは653以上にしなければならない。

$$O\left(\frac{H_2}{H_1}\right)=653$$

だがこれでは、このゲームが公平であるとはほとんど信じていないことになってしまう！　事前オッズのほかに何か問題があるに違いない。

●多数の仮説を考慮する

一つの明らかな問題点が、店員の仮説が間違っていることは直観的に明らかなように思える一方で、客の対立仮説のほうもあまりに極端すぎるため、2つの間違った仮説を使ってしまったことだ。もし客が、景品が当たる確率を0.05でなく0.2と考えたとしたら？　この仮説をH_3と呼ぶことにしよう。H_3と店員の仮説とを比較すると、尤度比（BF）は次のように大幅に変わってくる。

$$\mathrm{BF}=\frac{P(D \mid H_3)}{P(D \mid H_1)}=\frac{0.2^{24}\times(1-0.2)^{76}}{0.5^{24}\times(1-0.5)^{76}}\approx 917{,}399$$

このように、H_3はH_1よりもはるかに良くデータを説明する。917,399というベイズ因子を考えると、H_1はH_3よりも大幅に不利で、観察されたデータを説明する最良の仮説からはほど遠いと確信できる。最初の仮説検定の問題点は、客の考えがこの出来事を店員の考えよりもはるかに悪くしか説明できなかったことだ。しかしこれで分かったとおり、だからといって店員が正しかったことにはならない。さらに別の対立仮説を設定したら、店員の仮説と客の仮説のどちらよりもはるかに良い仮説であることが分かったのだ。

もちろん、これではまだ本当には解決していない。もっと良い仮説がどこかにあったとしたら？

● Rを使ってさらなる仮説を探索する

さらに一般的な解決法として、考えられるすべての仮説を探索して最良の仮説を選び出したい。そのためには、Rのseq()関数を使って、H_1と比較したい一連の仮説を生成すればいい。

ここでは、0から1まで0.01ずつ増やしていったすべてのケースを、考えられる仮説（hypotheses）としてみなす。つまり、0.01, 0.02, 0.03,... というケースを考慮するということだ。仮説ごとの増分0.01をdx（微積分で「最小変化量」を表す一般的な記号）で表し、これを使って、考慮したいすべての仮説を表現した、仮説変数というものを定義する。そこでRのseq()関数を使って、0と1の間でdxずつ増やしていった各仮説の値を生成する。

```
dx <- 0.01
hypotheses <- seq(0,1,by=dx)
```

次に、任意の2つの仮説どうしの尤度比を計算するための関数が必要となる。ここで定義するbayes.factor()関数は、次の2つの引数を取る。分子に置いた仮説において景品が当たる確率h_topおよび、それと比較する仮説（店員の仮説）における同確率h_bottomである。この関数は次のように定義する。

```
bayes.factor <- function(h_top,h_bottom){
  ((h_top)^24*(1-h_top)^76)/((h_bottom)^24*
(1-h_bottom)^76)
}
```

最後に、考えられるすべての仮説において尤度比（ベイズ因子）を計算する。

```
bfs <- bayes.factor(hypotheses,0.5)
```

さらにRの基本のグラフ機能を使って、この尤度比がどのようになるかを図示する。

```
plot(hypotheses,bfs,type='l',las=1,xlab='仮説',
ylab='ベイズ因子')
```

得られたグラフは図19-1のとおり。

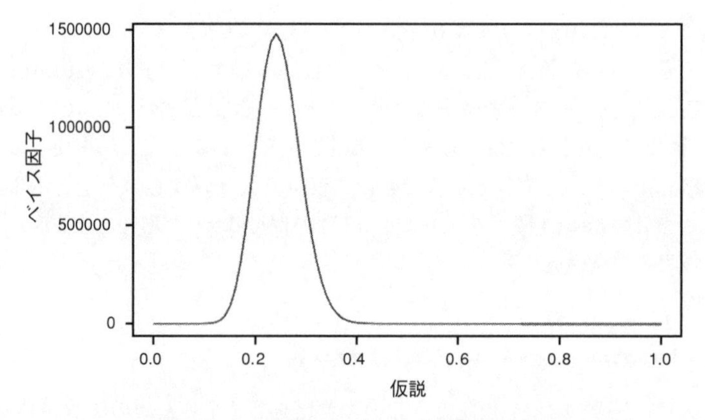

図19-1　各仮説におけるベイズ因子のグラフ

これで、観察されたデータにおけるそれぞれの仮説の分布がはっきりと読み取れる。Rを使えば、幅広い範囲の仮説に注目して、x軸上の各仮説に対応するベイズ因子を表したグラフが得られるのだ。

また、先ほどのベクトル`bfs`に`max()`関数を作用させれば、ベイズ因子の最大値も知ることができる。

```
> max(bfs)
[1] 1478776
```

さらに、この最大の尤度比に対応するのがどの仮説であるかを調べれば、どの仮説をもっとも強く信じるべきかも分かる。そのためには次のように入力する。

```
> hypotheses[which.max(bfs)]
[1] 0.24
```

このように、店員の仮説と比較したときの尤度比がもっとも高い、確率0.24という仮説が、最良の仮説であることが分かった。第10章では、多くの場合、データの平均、すなわち期待値を使うのが、パラメータ推定の方法として優れていると学んだ。しかしいまの場合は、各推定値をそれが起こる確率で重み付けする術がまだないため、単独でもっとも良くデータを説明する仮説を選び出したにすぎない。

●尤度比に事前オッズを追加する

ここまでで分かった事柄を客と店員に説明した。2人ともかなり納得してくれたが、そこに別の人がやって来てこう言った。「以前、この手のゲームを作っていたから教えてあげよう。業界内のちょっと変わったルールで、このアヒルゲームのデザイナーは、景品が当たる確率を絶対に0.2から0.3の間には設定しないんだ。景品が当たる真の確率がこの範囲に入っていないというほうに、1,000対1のオッズで賭けるよ。ヒントはそれだけだ」。

これで、使いたい事前オッズが分かった。この元ゲームデザイナーが、景品が当たる確率に関する事前の信念を表す具体的なオッズを示してくれたので、それを先ほどの一連のベイズ因子と掛け合わせて、事後オッズを計算してみよう。そのために、すべての仮説における事前オッズ比のリストを生成する。元ゲームデザイナーが教えてくれたとおり、0.2から0.3までのすべての確率値に対する事前オッズ比を1/1,000とする。元ゲームデザイナーはそれ以外の仮説については何も意見を示さなかったので、それらの仮説に対するオッズ比は単に1とする。単純なifelse文と先ほどのhypothesesベクトルを使えば、オッズ比のベクトルを次のようにして生成できる。

```
priors <- ifelse(hypotheses >= 0.2 & hypotheses <=
0.3,1/1000,1)
```

そして再びplot()を使えば、この事前オッズの分布をグラフで表すことができる。

```
plot(hypotheses,priors,type='l',las=1,xlab='仮説',
ylab='事前オッズ')
```

事前オッズの分布は図19-2のとおり。

Rはベクトルを基本とした言語なので（詳しくは付録Aを見よ）、このpriorsとベクトルbfsを掛け合わせるだけで、ベイズ因子を考慮した新たな事後オッズのベクトルposteriorsが求められる。

```
posteriors <- priors*bfs
```

最後に、この多数の仮説それぞれにおける事後オッズのグラフをプロットする。

```
plot(hypotheses,posteriors,type='l',las=1,
xlab='仮説',ylab='事後オッズ')
```

そのグラフは図19-3のとおり。

見て分かるとおり、考えられる仮説の分布はとても奇妙な形になっている。0.15と0.2の間、および0.3と0.35の間の値には比較的確信が持てるが、0.2と0.3の間の値はきわめて可能性が低い。それでもこの分布は、アヒルゲームの製造過程に関して教わった事柄を踏まえた上での、各仮説に対する信念の強さを忠実に表現している。

このグラフだけでも役には立つが、本当のところを言うと、このデータを真の確率分布として扱えるようにしたい。そうすれば、ある範囲の仮説をどれだけ強く信じられるかという問題を設定して、その分布の期待値を計算し、信じられる仮説に対応する1つの推定値を得ることができる。

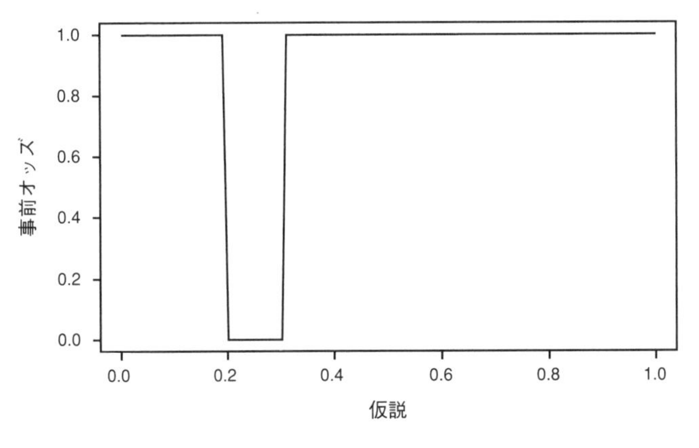

図19-2　事前オッズ比のグラフ

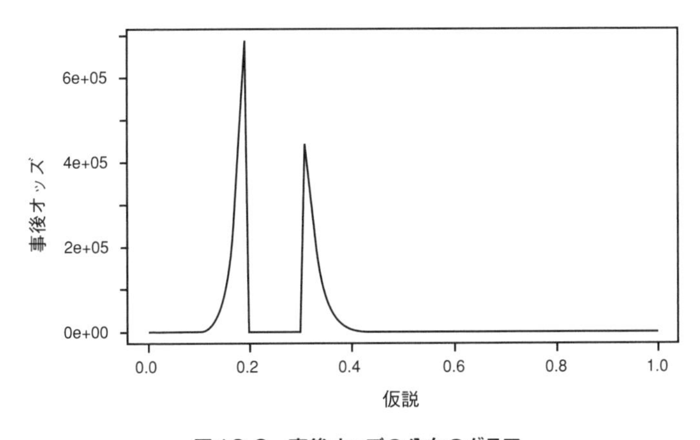

図19-3　事後オッズの分布のグラフ

確率分布を求める

真の確率分布では、すべての確率の和が1になる。確率分布が得られれば、データの期待値（平均）を計算して、景品が当たる真の確率についてより良い推定をおこなうことができる。また、さまざまな範囲の確率を合計することで、信頼区間などの推定値を導くこともできる。

いまの場合の問題点は、次の計算で分かるとおり、各仮説に対する事後オッズをすべて足し合わせても1にならないことである。

```
> sum(posteriors)
[1] 3140687
```

したがって、総和が1になるように事後オッズを正規化する必要がある。そのためには、ベクトルposteriorsのそれぞれの値を、すべての値の総和で割ればいい。

```
p.posteriors <- posteriors/sum(posteriors)
```

確かめてみると、p.posteriorsの値の総和は確かに1になっている。

```
> sum(p.posteriors)
[1] 1
```

最後にこの新たなp.posteriorsをプロットしてみよう。

```
plot(hypotheses,p.posteriors,type='l',las=1,
xlab='仮説')
```

そのグラフは図19-4のとおり。

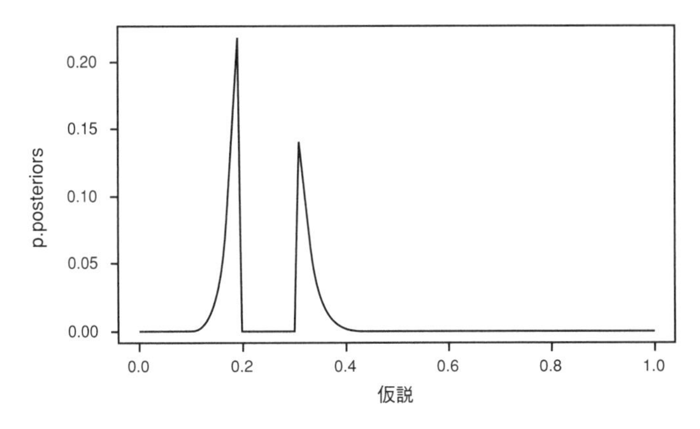

図19-4　正規化した事後オッズ（y軸のスケールに注目）

またこのp.posteriorsを使えば、このデータに関するいくつか一般的な質問に答えることができる。たとえば、景品が当たる真の割合が店員の主張よりも低い確率を計算できる。そのためには、0.5未満の値になる確率を足し合わせればいい。

```
> sum(p.posteriors[which(hypotheses < 0.5)])
[1] 0.9999995
```

このように、景品が当たる割合が店員の仮説よりも低い確率は1に近い。つまり、景品が当たる真の割合を店員が誇張していることはほぼ確信できる。

また、この分布の期待値を計算して、それを真の確率の推定値として使うこともできる。前に説明したとおり、期待値は、それぞれの値をその確率で重み付けして足し合わせたものだった。

```
> sum(p.posteriors*hypotheses)
[1] 0.2402704
```

もちろん、この分布は少し変わっていて中央に大きなへこみがあるので、代わりに次のように、単にもっとも可能性の高い値を選びたいかもしれない。

```
> hypotheses[which.max(p.posteriors)]
[1] 0.19
```

ここまで、ベイズ因子を使って、アヒルゲームで景品が当たる真の割合に関する確率論的な推定をいくつかおこなってきた。つまり、ベイズ因子を使って一種のパラメータ推定をおこなったことになる！

ベイズ因子からパラメータ推定へ

ここで少し時間を割いて、再び尤度比だけに注目してみよう。まだ各仮説に対する事前確率を考慮していなかったときには、わざわざベイズ因子を使わなくてもこの問題は完璧に解けると感じられていたかもしれない。観察されたデータは、景品が当たったアヒルが24個で、当たらなかったアヒルが76個だった。あのベータ分布を使えば解けてしまうのではないだろうか？　第5章以降何度も説明してきたとおり、何らかの出来事が起こる割合を推定したい場合には、必ずベータ分布が使える。図19-5は、αを24、βを76としたときのベータ分布のグラフである。

y軸のスケールを除けば、先ほど示したもともとの尤度比のグラフ（図19-1）とほぼ同じに見える！　それどころか、いくつか単純な操作をすれば、この2つのグラフを完全に重ね合わせることができる。ベータ分布のスケールを先ほどの`dx`で調整し、`bfs`で正規化すれば、この2つの分布はかなり良く一致することが分かる（図19-6）。

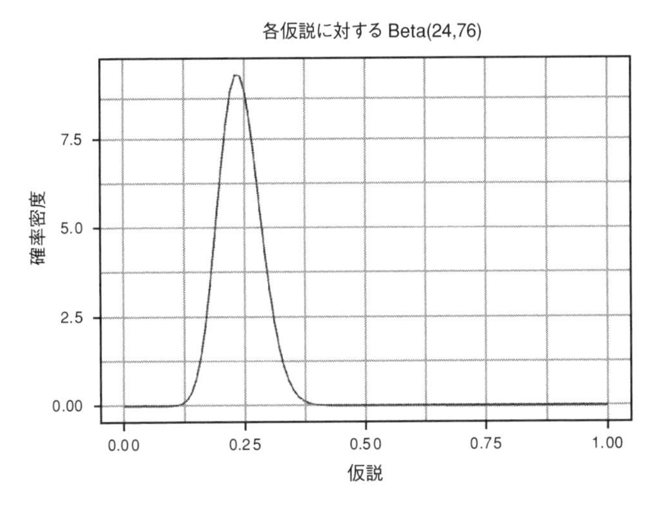

図19-5　$\alpha=24,\ \beta=76$ の場合のベータ分布

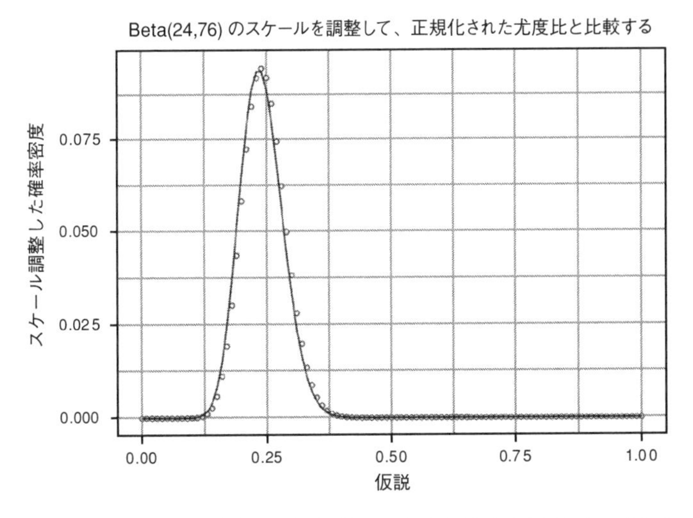

図19-6　もともとの尤度比の分布はBeta(24,76)とかなりよく一致する

しかしわずかに差があるように見える。それを修正するには、景品が当たる確率と当たらない確率を等しいとした、もっとも弱い事前分布を使えばいい。つまり図19-7のように、パラメータαとβの両方に1を足す。

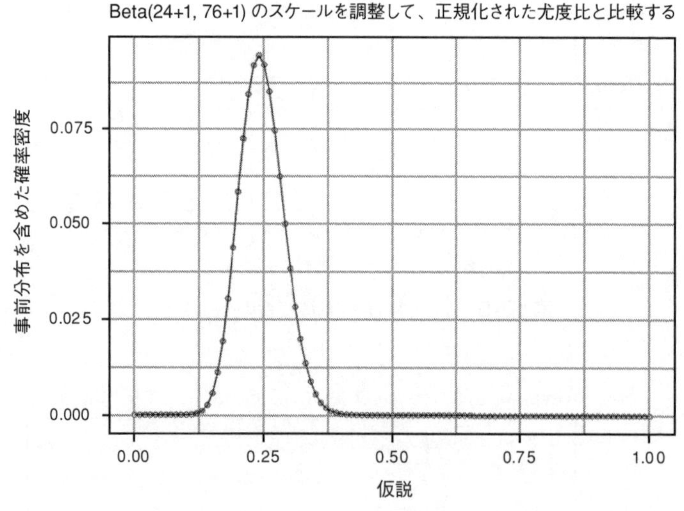

図19-7 尤度比はBeta(24+1,76+1)の分布と完璧に一致する

そうすると、この2つの分布が完璧に合致することが分かる。第5章で述べたように、確率の基本定理からベータ分布を導くのは難しい。しかしベイズ因子を使うことで、Beta(1,1)という事前分布を仮定した修正版のベータ分布を実験的に再現することができた。しかも難しい数学はいっさい使っていない！ 以下の3つをやっただけだ。

1. 仮説を踏まえた上で証拠が観察される確率を求める。
2. 考えられるすべての仮説を考慮する。
3. それらの値を正規化して確率分布を導く。

本書でベータ分布を使った際には、必ず事前分布にもベータ分布を使ってきた。そのほうが計算が簡単で、尤度分布のαおよびβと事前分布のαおよびβを組み合わせるだけで事後分布が得られるからだ。つまり、

$$\text{Beta}(\alpha_{\text{事後}}, \beta_{\text{事後}}) = \text{Beta}(\alpha_{\text{事前}} + \alpha_{\text{尤度}}, \beta_{\text{事前}} + \beta_{\text{尤度}})$$

である。

しかしベイズ因子から分布を導けば、独自の事前分布を簡単に利用できる。ベイズ因子は仮説検定をおこなうための道具として優れているだけでなく、実はそれさえあれば、仮説検定であれパラメータ推定であれ、問題を解く上で使いたいどんな確率分布でも作ることができる。2つの仮説を基本的に比較できるようにしさえすれば、問題は半ば解けたようなものだ。

第15章でA/Bテストを設定したときに、多数の仮説検定を1つのパラメータ推定の問題に単純化する方法を知った。そしてここでは、もっとも一般的な仮説検定の方法をパラメータ推定にも使えることが分かった。互いに関連したこの2つの知見を踏まえると、もっとも基本的な確率定理だけを使って解けるタイプの確率問題に、事実上限界はないといえる。

まとめ

ベイズ統計への旅を終えたあなたなら、ここまで学んできた事柄の真の美しさを味わうことができる。基本的な確率定理からベイズの定理を導き、それを使うことで、証拠から、自分の信念の強さを表現する値を求めることができる。ベイズの定理からは、観察されたデータを2つの仮説がどれだけ良く説明するかを比較する道具、ベイズ因子が導かれる。考えられる多数の仮説を反復的に当てはめて結果を正規化すれば、ベイズ因子を使って未知の値のパラメータ推定をおこなうことができる。さらにひるがえって、推定値を比較することで無数の仮説検定をおこなうことができる。そのパワーを解き放つのに必要なのは、基本的な確率定

理を使って尤度$P(D \mid H)$を定義することだけだ！

練習問題

ベイズ因子と事後オッズを使ってパラメータ推定をおこなう方法をどれだけ理解できたか確かめるために、以下の問題を解いてみてほしい。解答は付録C（p.319）参照。

1. 先ほどのベイズ因子では、H_1としてP(景品が当たる)$=0.5$を仮定した。それによって、$\alpha=1, \beta=1$のベータ分布が導かれた。もしH_1として異なる確率を選んだら、結果は違ってくるだろうか？　H_1をP(景品が当たる)$=0.24$と仮定して、そこから得られた分布を和が1になるように正規化すると、もともとの仮説の場合と違いが出てくるかどうか確かめよ。
2. それぞれの仮説の確率が1つ前の仮説の1.05倍となるような事前分布を書き下せ（dxは先ほどと同じとする）。
3. 別のアヒルゲームを観察したら、景品の当たったアヒルが34個、当たらなかったのが66個だった。「このゲームで景品が当たる可能性が本文の例のゲームよりも高い確率は？」という問題に答えるための検定法を設定しなさい。それをコードにするには本書で使ったよりも少し高度なRの使い方が必要だが、もっと進んだベイズ統計の冒険へ旅立つために、自力で学んでみてほしい！

Appendix A

付録A
R入門

本文中では、厄介な計算はプログラミング言語Rを使っておこなっている。Rは統計とデータサイエンスに特化したプログラミング言語である。Rやプログラミング全般の経験がなくても心配しないでほしい。この付録を手掛かりに学んでいけばいい。

RとRStudio

本文のコード例を実行するには、コンピュータにRをインストールする必要がある。Rをインストールするには、https://cran.rstudio.com/にアクセスして、使っているOSに合わせたインストール手順に従うこと。

Rをインストールしたら、Rのプロジェクトを簡単に実行できる統合開発環境RStudioもインストールしてほしい。RStudioはwww.rstudio.com/products/rstudio/download/からダウンロードしてインストールすること。

RStudioを起動させると、パネルがいくつか出てくるはずだ（図A-1)。

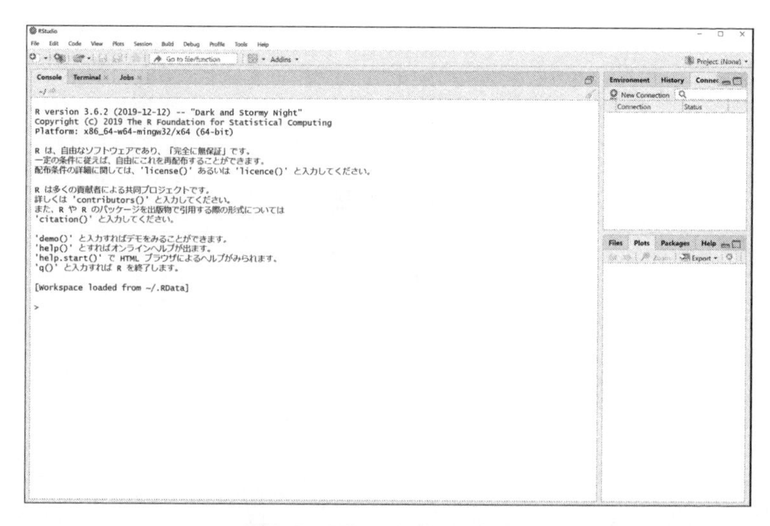

図A-1　RStudioのコンソール

もっとも重要なのは左側の大きいパネルで、これを**コンソール**という。コンソールに本文のコード例をどれか入力してEnterキーを押せば実行される。コンソールは入力したコードを逐次実行するため、いままでに書いたコードをさかのぼるのは難しい。

セーブして再実行できるプログラムを書くには、後からコンソールにロードできる**Rスクリプト**というテキストファイルにコードを書いておけばいい。Rは対話性の高いプログラミング言語なので、コンソール上でコードをテストするよりも、Rスクリプトをコンソールにロードして使ったほうがいい。

Rスクリプトの作成

Rスクリプトを作成するには、RStudioのメニューで**File→New File→R Script**と進む。そうすると左上に新しい空白のパネルが作られる（図A-2）。

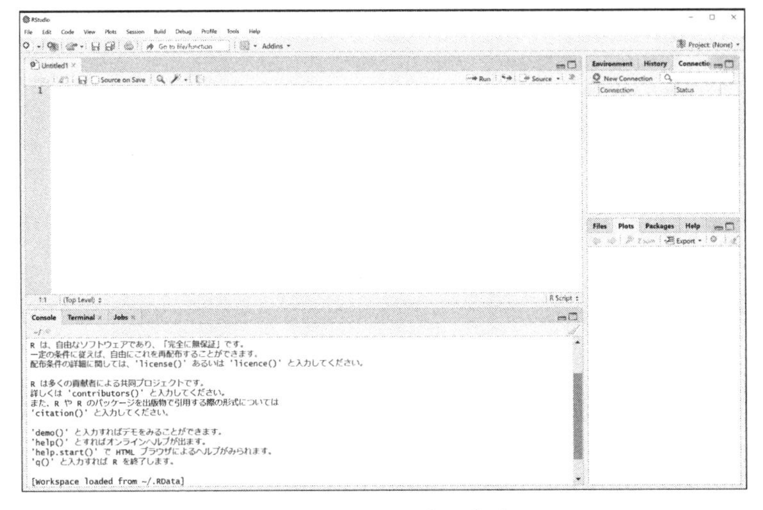

図A-2　Rスクリプトの作成

このパネルでは、コードを入力してそれをファイルとしてセーブできる。ファイルにセーブされているコードを実行するには、このパネルの右上にある**Source**ボタンをクリックする。入力したコードをその場で実行するには、**Run**ボタンをクリックする。**Source**ボタンをクリックすると、あたかも自分でタイプしたかのように、ファイルが自動的にコンソールにロードされる。

Rの基本概念

本書ではRを高度な電卓として使うだけなので、基本がある程度理解できてさえいれば、問題に取り組んで、さらに本文の例を自分で拡張できる。

●データ型

どのプログラミング言語にも何種類かのデータ型が用意されていて、それぞれ異なる用途で使い、異なる方法で操作できる。Rにはさまざまなデータ型とデータ構造が用意されているが、本書ではそのうちのごく一部しか使わない。

double型

本書で使う数はすべて**double**型である（"double-precision floating-point"（倍精度浮動小数点）の略で、コンピュータで小数を表現するためのもっとも一般的な方法）。double型は小数を表現するためのデフォルトのデータ型である。とくに指定しない限り、コンソールに入力した数はすべてdouble型となる。

double型の数は標準的な数学演算を使って操作できる。たとえば2つの数を足すには+演算子を使う。コンソールで試してみてほしい。

```
> 5 + 2
[1] 7
```

/ 演算子を使えば、数を割り算して結果を小数で得られる。

```
> 5 / 2
[1] 2.5
```

掛け算には * 演算子を使う。

```
> 5 * 2
[1] 10
```

冪（べき）乗には ^ 演算子を使う。たとえば5^2は次のようになる。

```
> 5^2
[1] 25
```

数の前に-を付ければ負の数になる。

```
> 5- -2
[1] 7
```

e+を使えば科学的記数法も使える。5×10^2は次のようになる。

```
> 5e+2
[1] 500
```

e-を使えば、たとえば5×10^{-2}の値が得られる。

```
> 5e-2
[1] 0.05
```

出力が長すぎて画面に収まりきらないとき、Rは出力を次のように科学的記数法で返してくることがあるので、これを知っておくと役に立つ。

```
> 5*10^20
[1] 5e+20
```

string型

Rでもう一つ重要なデータ型が**string**型で、これは文字列を表現するための文字の集まりである。Rでは次のように文字列を引用符で囲む。

```
> "hello"
[1] "hello"
```

文字列と数は違うデータ型なので、文字列の中に数を入れても、その数を一般的な数値演算に使うことはできない。たとえば次のようになってしまう。

```
> "2" + 2
  "2"+2 でエラー：　二項演算子の引数が数値ではありません
```

本書では文字列はあまり多用しない。おもに、関数に引数を渡すためと、グラフにラベルを付けるために使う。しかしテキストを扱うつもりがあるのなら、string型について覚えておくべきだ。

logical型

logical型と**binary**型は、真と偽という論理値をTRUEとFALSEというコードで表現する。TRUEとFALSEは文字列ではない。引用符で囲まれていないし、すべて大文字で書かれている（RではかわりにTとFと書くこともできる）。

logical型を記号&（"and"）と|（"or"）で組み合わせることで、基本的な論理演算ができる。たとえば、何かが真でかつ偽であることがありえるかどうかを知りたいなら、次のように入力すればいい。

```
> TRUE & FALSE
```

するとRは次のような結果を返してくる。

```
[1] FALSE
```

これで、ある論理値が真かつ偽であることはありえないと分かる。

では真かまたは偽では？

```
> TRUE | FALSE
[1] TRUE
```

本書では論理値はおもに、関数に与える引数か、または2つの値を比較した結果として使う。

●欠損値

実際の統計やデータサイエンスでは、データのいくつかの値が欠損していることが多い。たとえば、1か月にわたって毎日、朝と夕方に気温を測ったが、1日だけ不具合で朝の気温が測れなかったとしよう。値が欠損することはよくあるので、Rでは欠損値を表現するための特別な方法として、NAという値を使うことができる。欠損値は場面ごとにまったく異なる意味を持つことがあるため、欠損値をどのように扱うかを把握しておくことは重要である。たとえば降水量を測定している場合、欠損値は、雨量計に雨が溜まらなかったという意味かもしれないし、あるいは、大雨が降ったのに、その夜の気温が氷点下に下がって雨量計がひび割れたせいで、水がすべて漏れ出してしまったという意味かもしれない。前者のケースでは欠損値は0という意味だとみなされるだろうが、後者のケースではどんな値にすべきか定かでない。欠損値をほかの値から切り離したままだと、この違いを考慮せざるをえない。

欠損値を使おうとした際に、その欠損値が何を意味するのかをはっきりさせるよう促すために、Rは、欠損値を含む演算に対しては必ず`NA`という値を返す。

```
> NA + 2
[1] NA
```

このあと説明するとおり、Rの各関数は欠損値を何通りかの方法で扱うことができるが、本書でRを使う上では欠損値について気にする必要はない。

●ベクトル

たいていのプログラミング言語は、特定の分野の問題を解くのに合わせた独特の特徴をいくつか備えている。Rの特別な特徴は、**ベクトル言語**であることだ。ベクトルとはいくつかの値のリストのことで、Rの演算はすべてベクトルに対しておこなわれる。ベクトルを定義するには`c(...)`というコードを使う（値を1つだけ書いても、Rはそれをベクトルとして定義してくれる！）。

ベクトルの働きを理解するために、一つ例を見ていこう。以下のコード例を、コンソールでなくスクリプトに入力していってほしい。初めに、代入演算子 `<-` を使って変数`x`にベクトル`c(1,2,3)`を代入し、新しいベクトルを作る。

```
x <- c(1,2,3)
```

これでベクトルができたので、それを計算に使うことができる。単純な演算、たとえばxに3を足してみよう。そのコードをコンソールに入力すると、(とくに別のプログラミング言語に慣れている人にとっては)かなり意外な出力が得られる。

```
> x + 3
[1] 4 5 6
```

x+3の出力は、ベクトルxのそれぞれの値に3を足すとどうなるかを表すのだ(ほかの多くのプログラミング言語でこの演算をおこなうには、forループなどの反復子を使う必要がある)。

ベクトルどうしを足し合わせることもできる。ここでは新たに、要素が3つで、それぞれの値が2であるベクトルを作る。そのベクトルをyと名付け、xとyを足してみよう。

```
> y <- c(2,2,2)
> x + y
[1] 3 4 5
```

このようにこの演算では、xの各要素と、それに対応するyの各要素とが足し合わされる。

2つのベクトルを掛け合わせたらどうなるか?

```
> x * y
[1] 2 4 6
```

xのそれぞれの値が、それに対応するyのそれぞれの値と掛け合わされた。一方のリストのサイズがもう一方のリストのサイズと同じか、またはその倍数でない場合には、エラーになる。一方のベクトルのサイズがもう一方のベクトルのサイズの倍数の場合、Rは小さいほうのベクトルを大きいほうのベクトルに繰り返し作用させる。ただし本書ではこの機能は使わない。

Rでは、すでにあるベクトルを使って別のベクトルを定義することで、複数のベクトルを簡単につなぎ合わせることができる。ここでは、xとyをつなぎ合わせてベクトルzを作ってみよう。

```
> z <- c(x,y)
> z
[1] 1 2 3 2 2 2
```

この演算では、ベクトルのベクトルが出力されるのではないことに注意。zの定義中でxとyを書いた順番に従って両方のベクトルの値を並べた、1つのベクトルが得られるのだ。

Rでのベクトルの効率的な使い方を学ぶのは、初心者には少々難しいかもしれない。皮肉なことに、もっとも苦労するのは、ベクトルベースでない言語を経験したプログラマだ。しかし心配しないでほしい。本書ではベクトルは、コードを読みやすくするために使うだけである。

関数

関数とは、ある値に対してある特定の演算をおこなうコードのまとまりのことで、本書ではRで問題を解くのに使う。

RとRStudioでは、すべての関数にドキュメントが用意されている。Rコンソールで ? に続いて関数名を入力すると、その関数のドキュメント全文が表示される。たとえばRStudioのコンソールに**?sum**と入力すると、右下のパネルに図A-3のようなドキュメントが表示される。

このドキュメントには、sum()関数の定義といくつかの使用例が示されている。sum()関数は、ベクトルを引数として取り、そのベクトルを構成する値をすべて足し合わせる。ドキュメントでは"..."を引数として取ると書いてあるが、これは、ベクトルの個数がいくつであってもかまわないという意味である。たいていの場合、引数はベクトル1個だが、2個以上であってもかまわない。

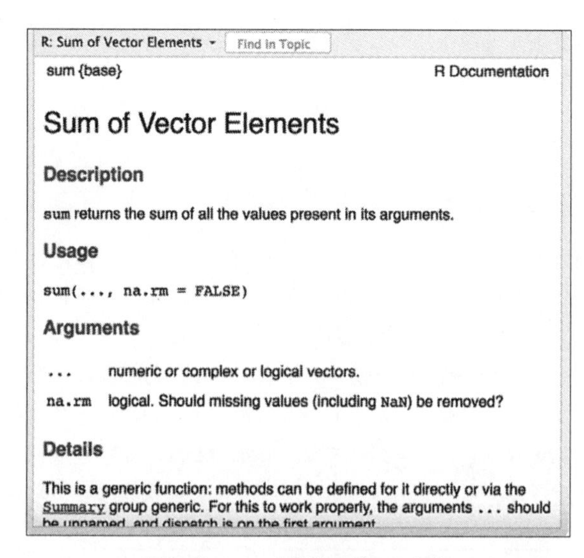

図A-3　sum()関数のドキュメント

このドキュメントにはさらに、**オプション引数**のリストが、`na.rm = FALSE`と記されている。オプション引数とは、その関数に渡さなくても関数が実行されるような引数のことである。Rでは、オプション引数を渡さなかった場合、その引数のデフォルト値が使われる。`na.rm`は欠損値を自動的に除去するという意味で、そのデフォルト値は=の後に書かれているとおり`FALSE`である。つまりデフォルトでは、`sum()`は欠損値を除去しない。

●基本的な関数

Rの重要な関数をいくつか紹介しよう。

length()関数とnchar()関数

`length()`関数は、ベクトルの長さを返す。

```
> length(c(1,2,3))
[1] 3
```

このベクトルには要素が3つあるので、length()関数は3を返す。

Rではすべての変数がベクトルなので、length()関数を使えばあらゆる変数の長さを求められる。たとえば"doggies"という文字列の場合は次のようになる。

```
> length("doggies")
[1] 1
```

Rは、"doggies"は1つの文字列を含むベクトルだと教えてくれている。

文字列が"doggies"と"cats"の2つであれば、次のようになる。

```
> length(c("doggies","cats"))
[1] 2
```

文字列に含まれている文字数を知るには、nchar()関数を使う。

```
> nchar("doggies")
[1] 7
```

c("doggies","cats")というベクトルにnchar()を適用すると、Rは各文字列の文字数からなる新たなベクトルを返す。

```
> nchar(c("doggies","cats"))
[1] 7 4
```

sum()関数、cumsum()関数、diff()関数

sum()関数は、数のベクトルを引数として取って、それらの数をすべて足し合わせる。

```
> sum(c(1,1,1,1,1))
[1] 5
```

前の節のドキュメントにあったとおり、sum()は...を引数として取る。これは、任意の個数のベクトルを引数として取ることができるという意味である。

```
> sum(2,3,1)
[1] 6
> sum(c(2,3),1)
[1] 6
> sum(c(2,3,1))
[1] 6
```

このように何個のベクトルを与えても、sum()はそれらを、あたかも1個のベクトルであるかのように足し合わせる。複数のベクトルをそれぞれ足し合わせたいのであれば、sum()をそれぞれ別々に呼び出すしかない。

また、sum()関数はオプション引数na.rmを取り、デフォルトではこれはFALSEに設定されている。na.rm引数は、sum()がNAを除去するかしないかを決定する。

na.rmをFALSEに設定したままで、欠損値を含むベクトルにsum()を適用しようとすると、次のようになる。

```
> sum(c(1,NA,3))
[1] NA
```

欠損値を説明したときに述べたように、ある値とNAを足すと結果はNAとなる。代わりに数を出力させたければ、na.rm = TRUEと設定してsum()にNAを除去するよう指示する。

```
> sum(c(1,NA,3),na.rm = TRUE)
[1] 4
```

cumsum()関数は、ベクトルを引数として取って、その**累積和**を計算する。累積和とは、入力と同じ長さのベクトルで、そのそれぞれの数を、それより手前にある数（自身を含む）の総和に置き換えたものである。

次のコード例を見ればもっとよく分かる。

```
> cumsum(c(1,1,1,1,1))
[1] 1 2 3 4 5
> cumsum(c(2,10,20))
[1] 2 12 32
```

diff()関数は、ベクトルを引数として取って、そのそれぞれの数を、ベクトルの中でその1つ手前にある数から引く。

```
> diff(c(1,2,3,4,5))
[1] 1 1 1 1
> diff(c(2,10,3))
[1]  8 -7
```

diff()関数の出力に含まれる要素の個数は、もとのベクトルより1つ少ないことに注意。これは、ベクトルの中の最初の値からは引くものがないためである。

:演算子とseq()関数

ベクトルの各要素を手で並べるのでなく、自動的にベクトルを生成したい場合も多い。ある範囲の整数からなるベクトルを自動的に生成するには、:演算子の左右にその範囲の初めの値と終わりの値を書く。Rは、1ずつ増やしていきたいのか、あるいは減らしていきたいのかを自動的に判断してくれる（実際にはこの演算子をc()で囲む必要はない)。

```
> c(1:5)
[1] 1 2 3 4 5

> c(5:1)
[1] 5 4 3 2 1
```

:を使うと、Rは初めの値から終わりの値まで1ずつカウントしていく。

ときには、1以外の増分でカウントしていきたいこともある。seq()関数を使えば、指定した数を増分とする数列からなるベクトルを生成できる。seq()の引数は次のとおり（この順）。

1. 数列の初めの値
2. 数列の終わりの値
3. 数列の増分

以下はseq()の使用例。

```
> seq(1,1.1,0.05)
[1] 1.00 1.05 1.10

> seq(0,15,5)
[1]  0  5 10 15

> seq(1,2,0.3)
[1] 1.0 1.3 1.6 1.9
```

seq()関数を使ってある値まで減少していく数列を作りたければ、次のように負の数を増分として使えばいい。

```
> seq(10,5,-1)
[1] 10  9  8  7  6  5
```

ifelse()関数

ifelse()関数は、何らかの条件に基づいて2つの処理のうちの一方をおこなうようRに指示する。ほかの言語で通常のif ... else制御構造を使っている人は、この関数に少し戸惑うかもしれない。Rではこの関数は以下の3つの引数を取る（この順）。

1. ベクトルに関する条件文で、真または偽の値を取る
2. その文が真であった場合の処理
3. その文が偽であった場合の処理

ifelse()関数は、ベクトル全体にいっぺんに作用する。値を1個だけ含むベクトルの場合は、かなり直観的に使える。

```
> ifelse(2 < 3,"small","too big")
[1] "small"
```

この場合、条件文は「2は3より小さい」で、もしそうであれば"small"と出力し、もしそうでなければ"too big"と出力するようRに指示している。

次のように複数の値を含むベクトルxがあったとしよう。

```
> x <- c(1,2,3)
```

ifelse()関数は、このベクトルの各要素に対してそれぞれ値を返す。

```
> ifelse(x < 3,"small","too big")
[1] "small"   "small"   "too big"
```

結果を与える引数にもベクトルを使うことができる。たとえば、先ほどのベクトルxのほかに、次のようなベクトルyがあったとしよう。

```
y <- c(2,1,6)
```

各要素においてxとyのうち大きいほうの値からなる、新たなベクトルを生成したいとする。ifelse()を使えば、次のようにきわめて簡単に生成できる。

```
> ifelse(x > y,x,y)
[1] 2 2 6
```

Rは、xに含まれるそれぞれの値と、それに対応するyの値とを比較して、各要素ごとに大きいほうを出力する。

ランダムサンプリング

ランダムに値を選び出すためにRを使うことも多い。それによって、コンピュータにランダムな数や値を選ばせることができる。そのサンプルを使って、コイン投げ、じゃんけん、あるいは1から100までの中から数を1つ選ぶといった行動をシミュレートする。

● runif()関数

ランダムに値を選ぶための一つの方法が、`runif()`関数を使うというものである（runifは"random uniform"（ランダムで一様）の略）。`runif()`関数は、必須の引数nを取り、0から1までの範囲のサンプルをn個出力する。

```
> runif(5)
[1] 0.8688236 0.1078877 0.6814762 0.9152730 0.8702736
```

この関数と`ifelse()`関数を使えば、20%の割合で`A`という値を生成するといったことができる。まず、`runif(5)`で0と1の間のランダムな値を5個生成する。そしてその値が0.2未満であれば`"A"`を、そうでなければ`"B"`を返すようにする。

```
> ifelse(runif(5) < 0.2,"A","B")
[1] "B" "B" "B" "B" "A"
```

生成される数はランダムなので、この`ifelse()`関数を実行するたびに出力は違ってくる。以下に出力例をいくつか挙げた。

```
> ifelse(runif(5) < 0.2,"A","B")
[1] "B" "B" "B" "B" "B"
> ifelse(runif(5) < 0.2,"A","B")
[1] "A" "A" "B" "B" "B"
```

runif()関数は、一様に値を選び出す範囲の下限値と上限値を、2つめと3つめのオプション引数として取ることができる。デフォルトではこの関数は0から1までの範囲（0と1を含む）を使うが、次のように好きな範囲を設定できる。

```
> runif(5,0,2)
[1] 1.4875132 0.9368703 0.4759267 1.8924910 1.6925406
```

● rnorm()関数

rnorm()関数を使えば、正規分布の中からランダムに値を選び出すことができる。

```
> rnorm(3)
[1]  0.28352476  0.03482336  -0.20195303
```

この例のように、デフォルトではrnorm()は、平均0、標準偏差1の正規分布の中から値を選び出す。正規分布を知らない読者のために言っておくと、選び出された値は0を中心とした「釣り鐘型」の分布を示す。ほとんどの値が0の近くに集まって、−3未満または3以上の範囲にはごくわずかな値しか来ない。

rnorm()関数にはmeanとsdという2つのオプション引数があり、それぞれ平均と標準偏差を設定できる。

```
> rnorm(4,mean=2,sd=10)
[1]-12.801407  -9.648737  1.707625  -8.232063
```

統計では一様分布よりも正規分布からサンプルを選び出すほうが多いため、rnorm()関数はかなり使い勝手が良い。

● sample()関数

一般的な分布とは違う分布からサンプルを選び出したい場合もある。たとえば、引き出しにいろいろな色の靴下が入っているとしよう。

```
socks <- c("red","grey","white","red","black")
```

靴下を2枚ランダムに取り出すという行動をシミュレートしたいなら、Rのsample()関数を使えばいい。この関数は、値のベクトルと、選び出したい要素の個数を引数として取る。

```
> sample(socks,2)
[1] "grey" "red"
```

sample()関数は、あたかも引き出しからランダムに靴下を2枚取り出したかのように振る舞う。このとき、靴下をいちいち戻すことはしない。靴下を5枚取り出せば、もともと引き出しに入っていたすべての靴下が出力される。

```
> sample(socks,5)
[1] "grey"  "red"   "red"   "black" "white"
```

そのため、靴下が5枚しか入っていない引き出しから靴下を6枚取り出そうとすると、エラーになる。

```
> sample(socks,6)
sample.int(length(x), size, replace, prob) でエラー：
  'replace=FALSE' なので、母集団以上の大きさの標本は取ることができません
```

靴下を取り出すたびに元に戻したいのであれば、オプション引数replaceをTRUEに設定する。そうすると、靴下を1枚取り出すたびに引き出しに戻される。この場合、引き出しに入っているよりも多い枚数の靴下を取り出すことができる。また、引き出しの中の靴下の分布はけっして変化しない。

```
> sample(socks,6,replace=TRUE)
[1] "black" "red"   "black" "red"   "black" "black"
```

これらのサンプリングの道具を使えば、Rで驚くほど高度なシミュレーションをおこなって、膨大な計算の手間を省くことができる。

● set.seed()関数を使って予測可能な乱数を生成する

Rが生成する「乱数」は、真の乱数ではない。どのプログラミング言語でもそうだが、乱数は**擬似乱数生成器**によって生成される。擬似乱数生成器は、**シード値**を使って、ほとんどの目的にとっては十分にランダムであるような数列を生成する。シード値は擬似乱数生成器の初期状態を設定し、数列の中で次にどのような数が来るかを決定する。Rでは、set.seed()関数を使ってこのシード値を手動で設定できる。再度同じ乱数列を使いたい場合には、シード値を設定すると便利だ。

```
> set.seed(1337)
> ifelse(runif(5) < 0.2,"A","B")
[1] "B" "B" "A" "B" "B"
> set.seed(1337)
> ifelse(runif(5) < 0.2,"A","B")
[1] "B" "B" "A" "B" "B"
```

このように、同じシード値を使ってrunif()関数を実行すると、ランダムとみなせるが互いに同じである一連の値が生成される。set.seed()を使う最大の利点は、結果が再現可能になることである。実行のたびに結果が変化することがないため、サンプリングを使ったプログラムのバグをはるかに容易に見つけられる。

独自の関数を定義する

決まった操作を繰り返し実行する必要がある場合には、独自の関数を書くと便利だ。Rで関数を定義するには、functionというキーワードを使う（プログラミング言語で言う**キーワード**とは、特別な用途のために取っておく特別な単語のことである）。

ここでは、valという1つの引数を取り、valを2倍してからそれを3乗する関数を定義する（valは、ユーザーがこの関数に入力する値（value）という意味）。

```
double_then_cube <- function(val){
  (val*2)^3
}
```

一度定義した関数は、Rの組み込み関数と同じように使うことができる。このdouble_then_cube()関数を8という数に適用してみよう。

```
> double_then_cube(8)
[1] 4096
```

関数の定義はすべてベクトル化されている（すべての値がベクトルとして作用する）ため、この関数はベクトルに対しても1個の値に対してと同じように作用する。

```
> double_then_cube(c(1,2,3))
[1]   8  64 216
```

引数を2個以上取る関数も定義できる。次に定義するsum_then_square()関数は、2つの引数を足し合わせてから2乗する。

```
sum_then_square <- function(x,y){
  (x+y)^2
}
```

関数の定義に2個の引数（x,y）を書くことで、このsum_then_square()関数が引数を2個取ることをRに指示する。この新たな関数は以下のように使うことができる。

```
> sum_then_square(2,3)
[1] 25
> sum_then_square(c(1,2),c(5,3))
[1] 36 25
```

複数の行で書く必要のある関数も定義できる。Rでは、関数を呼び出すと必ず、その関数の定義の最終行で実行された計算の結果が返される。そのため、sum_then_square()関数は次のように書き換えることもできる。

```
sum_then_square <- function(x,y){
    sum_of_args <- x+y
    square_of_result <- sum_of_args^2
    square_of_result
}
```

関数を書く際には、セーブして後から再利用できるよう、Rスクリプトファイルに書くことが多いだろう。

基本的なグラフを描く

Rでは、データのグラフをとても簡単に素早く描くことができる。Rにはggplot2という素晴らしいグラフ描画ライブラリが用意されていて、そのライブラリには美しいグラフを描くための有用な関数が多数含まれているが、ここではRの基本のグラフ描画関数だけに絞る。それだけでもかなり役に立つ。

グラフ描画のしくみを説明するために、xsとysという2つのベクトルを生成する。

```
> xs <- c(1,2,3,4,5)
> ys <- c(2,3,2,4,6)
```

次にこれらのベクトルをplot()関数の引数として使うと、このデータをグラフにしてくれる。plot()関数は、各点のx軸上での値と、同じくy軸上の値という2つの引数を、この順で取る。

```
> plot(xs,ys,las=1)
```

この関数を実行すると、RStudioの左下のパネルに図A-4のようなグラフが出力されるはずだ〔las=1でy軸の目盛りの数字を水平に表記〕。

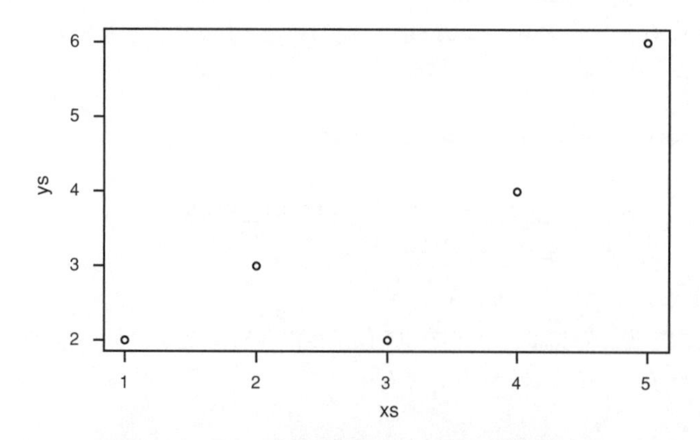

図A-4 Rのplot()関数を使って描いた単純なグラフ

このグラフは、xsのそれぞれの値と、それに対応するysの値との関係を表している。plot()関数に戻って、mainというオプション引数を使えば、このグラフにタイトルを付けることができる。また次のように、xlabとylabという引数を使ってx軸とy軸のラベルを変えることもできる。

```
plot(xs,ys,las=1,
    main="グラフの例",
    xlab="xの値",
    ylab="yの値"
    )
```

新しいラベルは図A-5のように表示される。

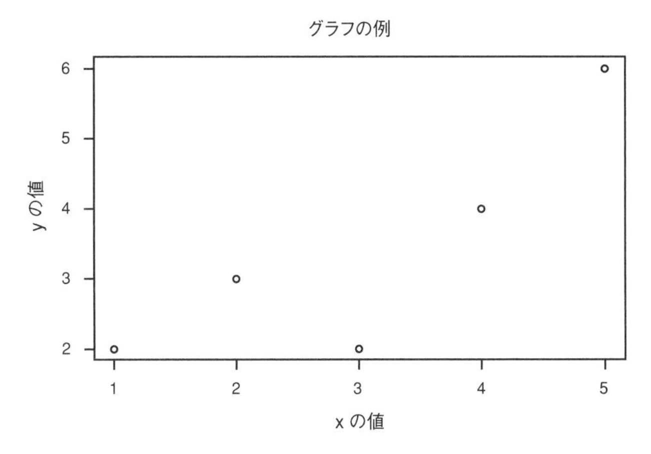

図A-5　plot()関数を使ってグラフのタイトルとラベルを変更する

また、typeという引数を使えばグラフの種類も変えられる。先ほど描いた1種類目のグラフを**点グラフ**と言う。それぞれの値を線で結んだ**線グラフ**を描きたければ、type="l"と設定する。

```
plot(xs,ys,las=1,
    type="l",
    main="グラフの例",
    xlab="xの値",
    ylab="yの値"
    )
```

すると図A-6のようなグラフが描かれる。

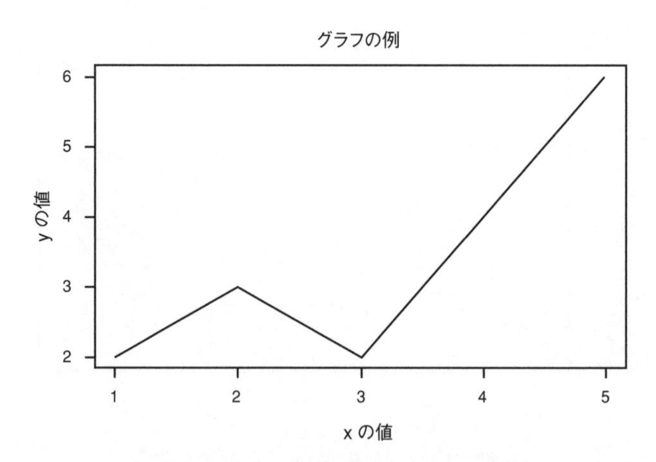

図A-6 Rのplot()関数を使って線グラフを描く

両方描くこともできる！ `lines()`という関数を使えば、すでに描かれている図A-5のグラフに線を書き足すことができる。引数は`plot()`関数とほぼ同じ。

```
plot(xs,ys,las=1,
      main="グラフの例",
      xlab="xの値",
      ylab="yの値"
     )
lines(xs,ys)
```

この関数で描かれるグラフは図A-7のようになる。

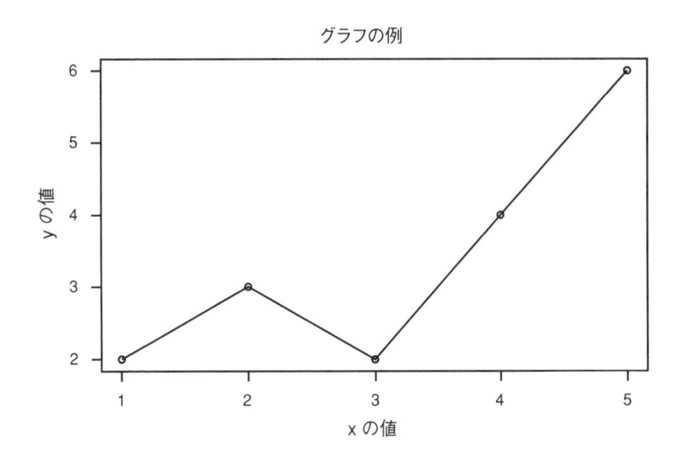

図A-7　すでに描かれているグラフにlines()関数を使って線を書き足す

Rの基本的なグラフの使い方はさらに何通りもあり、**?plot**と入力すればさらなる情報が得られる。しかしRで本当に美しいグラフを描きたければ、ggplot2ライブラリを当たるべきだ（https://ggplot2.tidyverse.org/）。

練習：株価のシミュレーション

では、ここまで学んだ事柄を組み合わせて、シミュレーションの株価のグラフを描いてみよう！　株価のモデルとしてはよく、正規分布乱数の累積和が使われる。ある期間での株価の変動をシミュレートするために、まずはseq()関数を使って、1から20まで1ずつ増やしていった値からなる数列を生成する。その期間を表現したこのベクトルを、t.valsと呼ぶことにする。

```
t.vals <- seq(1,20,by=1)
```

t.valsは、増分を1とした1から20までの数列からなるベクトルである。次に、このt.vals内の各時刻において、正規分布乱数の累積和を取ることで、シミュレーションの株価を生成する。そのためには、rnorm()関数を使って、t.valsの長さに等しい個数の乱数を選び出す。そしてcumsum()関数を使って、そのベクトルの累積和を計算する。これで、ランダムな変動に基づいて株価が上下し、小さい変動は極端な変動よりも頻繁に起こるという考え方が表現される。

```
price.vals <- cumsum(rnorm(length(t.vals),mean=5,
sd=10))
```

最後にこれらの値をグラフで表せば、その様子を目で見ることができる！ plot()関数とlines()関数の両方を使い、表現している事柄に応じてそれぞれの軸にラベルを付ける。

```
plot(t.vals,price.vals,las=1,
     main="シミュレーションの株価のグラフ",
     xlab="時刻",
     ylab="株価")
lines(t.vals,price.vals)
```

plot()関数とlines()関数を使えば、図A-8のようなグラフが描かれるはずだ。

まとめ

この付録では、Rについて、本文に挙げた例を理解できる程度まで説明できたはずだ。各章を読んでからコード例をいじってみることで、さらに学習することをお勧めする。もっといろいろと試したければ、Rには優れたオンラインドキュメントが用意されている。

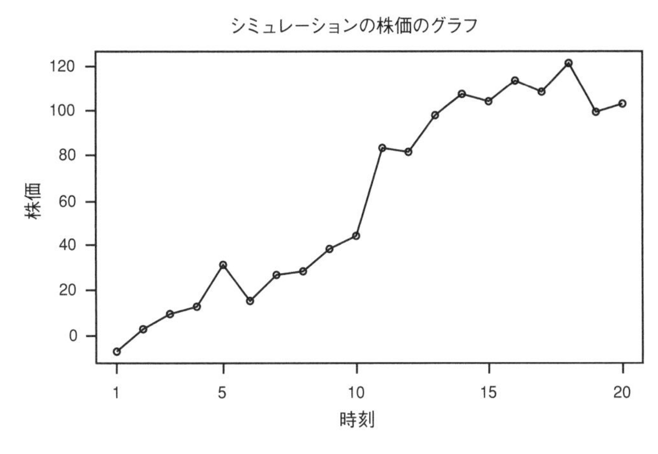

図A-8　シミュレーションの株価のグラフ

Appendix B

付録B
読みこなすのに必要な微積分

本文中ではところどころで微積分の考え方を使っているが、実際に微積分の問題を手で解く必要はない！　必要となるのは、微積分の基本、たとえば微分や（とくに）積分などを理解することだ。この付録は、これらの概念を深く教えたり、解き方を示したりするためのものではない。これらの概念をおおざっぱに見ていって、どのような数学的記法で表されるかを説明するだけに留める。

関数

関数とは、ある値を入力として取り、それに何か操作を施して、別の値を出力として返す、単なる数学的な「機械」である。Rの関数の機能にとても似ている（付録Aを見よ）。Rの関数も、ある値を入力として取り、出力を返す。たとえば、次のように定義したfという関数があったとする。

$$f(x)=x^2$$

この例では、f は x という1つの値を取り、それを2乗する。f にたとえば3という値を入力すれば、次のようになる。

$$f(3)=9$$

この記法は高校の代数で目にしたものとは少し違う。高校の授業ではふつう、y という記号と、x を含む何らかの数式を使っていたはずだ。

$$y=x^2$$

関数が重要なのは、実際におこなう計算を抽象化できるからだ。つまり、$y=f(x)$ といったものがあったとして、その定義のしかたには必ずしも目を向けずに、その関数自体の抽象的な振る舞いにだけ注目することができる。この付録でもそのような見方を取っていく。

例として、5kmマラソンに向けて練習をしているあなたは、走った距離、速度、時間などをスマートウォッチで記録しているとしよう。今日も30分走った。ところがスマートウォッチが故障していて、30分間にわたる速度（単位はマイル毎時）しか記録されなかった。図B-1が、あなたが回収できたデータである。

ここでは、あなたの走行速度を、時刻 t（単位は時）を変数とする関数 s で与えられるものとして考える。一般的に関数は、それが取る変数を使って定義される。そこでここでも、現在の時刻 t における速度を返す関数として、$s(t)$ と書くことにする。関数 s は、現在の時刻を入力として取って、その時刻でのあなたの速度を返す、機械として考えることができる。ふつうは $s(t)$ を $s(t)=t^2+3t+2$ のように具体的に定義するが、ここでは一般的な概念を説明するだけなので、s の正確な定義は気にしないでほしい。

注　本文中では必要な微積分の計算には必ずRを使うので、本当に重要なのは、微積分の問題を解く方法ではなく、その根本的な概念を理解することである。

この関数だけからでもいくつか知ることができる。見て明らかなとおり、あなたの走るペースはあまり一定でなく上下している。終わり近くに時速8マイル弱ともっとも速く、最初のほうで時速4.5マイルと遅くなっている。

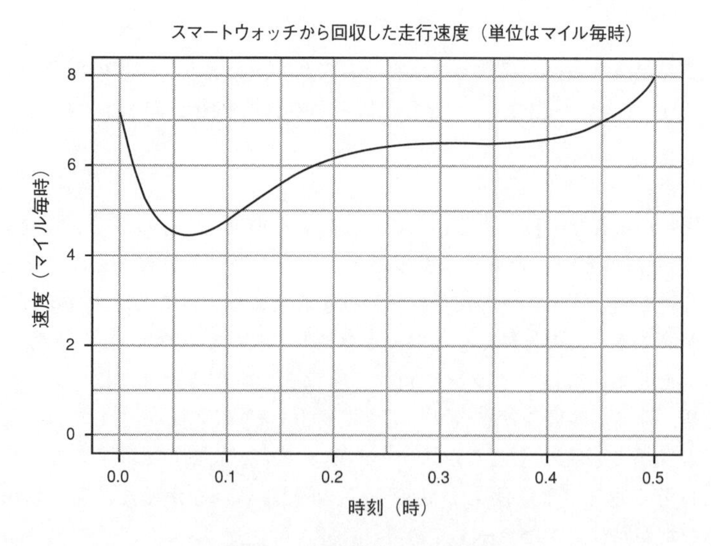

図B-1　ある時刻における速度

しかしほかにも、答えを知りたい興味深い疑問がたくさんある。たとえば、

・どれだけの距離を走ったか？
・もっとも急にペースが下がったのはいつか？
・もっとも急にペースが上がったのはいつか？
・速度が比較的一定だったのはいつか？

最後の疑問はこのグラフからかなり精確に言い当てられるが、それ以外の疑問にはこのグラフだけでは答えられないだろう。しかし実は、微積分のパワーを借りればこれらの疑問にすべて答えられるのだ！　その方法を見ていこう。

●走行距離を求める

先ほどのグラフは、ある時刻での速度を示しているにすぎない。では、どれだけの距離を走ったかを知るにはどうすればいいのだろうか？

理屈の上ではさほど難しくないように思える。たとえば、最初から最後まで時速5マイルという一定の速度で走ったとしよう。その場合、時速5マイルで0.5時間走ったのだから、走った距離は2.5マイルとなる。直観的に理にかなっている。あなたは1時間で5マイル走ったはずだが、実際には0.5時間しか走らなかったので、1時間で走ったはずの半分の距離を走ったことになる。

しかしもともとの問題では、走行中のほぼどの瞬間でも速度が違っていた。そこでこの問題を別の角度から見てみよう。図B-2は、一定の速度で走った場合のグラフである。

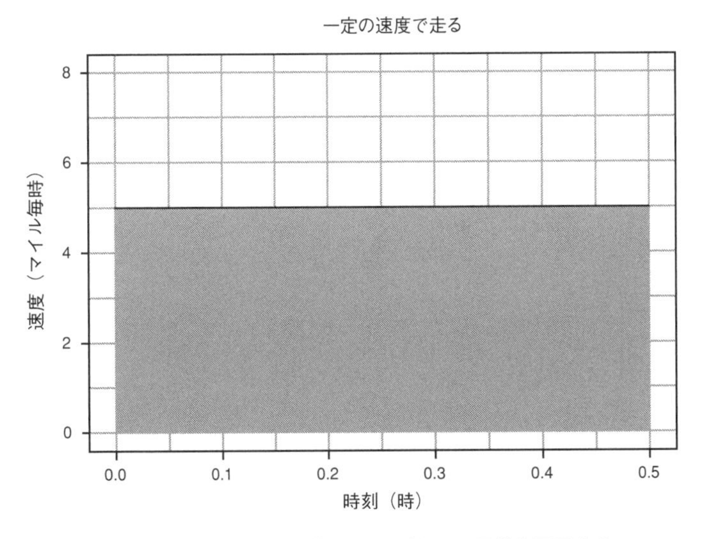

図B-2　速度／時刻のグラフの面積として距離を図示する

見て分かるとおり、このデータは直線になる。その直線より下側の部分について考えると、その大きなブロックは実はあなたが走った距離を表していることが分かるのだ！　このブロックは高さが5で幅が0.5なので、その面積は5×0.5=2.5で、ここから2.5マイルという答えが出てくる！

次に、単純なパターンで速度が変化する場合について見てみよう。時刻0.0から0.3までは時速4.5マイルで走り、時刻0.3から0.4までは時速6マイルで、そこから時刻0.5までは時速3マイルで走った。この結果を図B-3のように複数のブロック、つまり「タワー」として図示すれば、先ほどと同じ方法で問題を解くことができる。

最初のタワーは4.5×0.3、2番目のタワーは6×0.1、3番目のタワーは3×0.1なので、次のようになる。

$$4.5 \times 0.3 + 6 \times 0.1 + 3 \times 0.1 = 2.25$$

したがって、タワーの下側の面積に注目すると、あなたが走った距離の合計が2.25マイルと求まる。

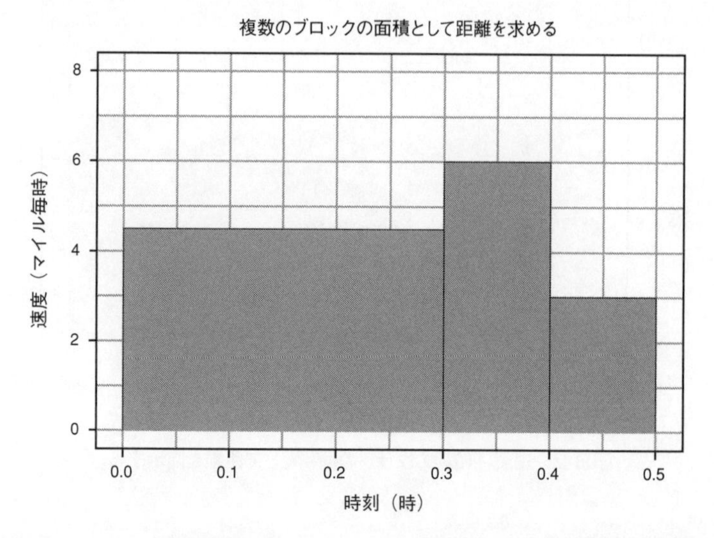

図B-3　タワーの面積を足し合わせることで、走行距離の合計を簡単に計算できる

●曲線より下側の面積を求める——積分

このように、グラフの線より下側の面積を求めることができれば、あなたがどれだけの距離を走ったかが分かる。しかし残念ながら、もともとのデータのグラフは曲線であるため、問題が少し難しくなる。曲線より下側のタワーの面積は、どうすれば計算できるのだろうか？

手始めとして、その曲線のパターンにかなり近い形に並んだ何本かの太いタワーをイメージしてみよう。図B-4のようにタワーが3本からスタートすれば、近似として悪くはない。

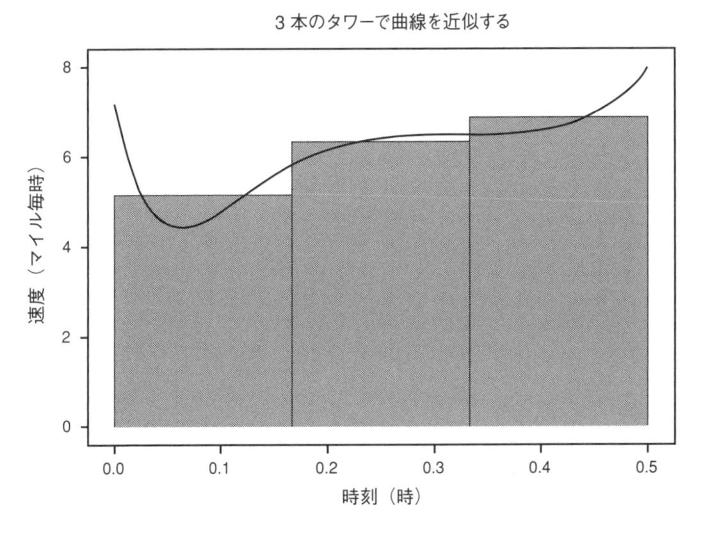

図B-4　3本のタワーで曲線を近似する

それぞれのタワーの面積を計算すると、概算の走行距離は3.055マイルと求まる。しかしもちろん、図B-5のようにもっと細いタワーをたくさん作れば、精度はもっと良くなるはずだ。

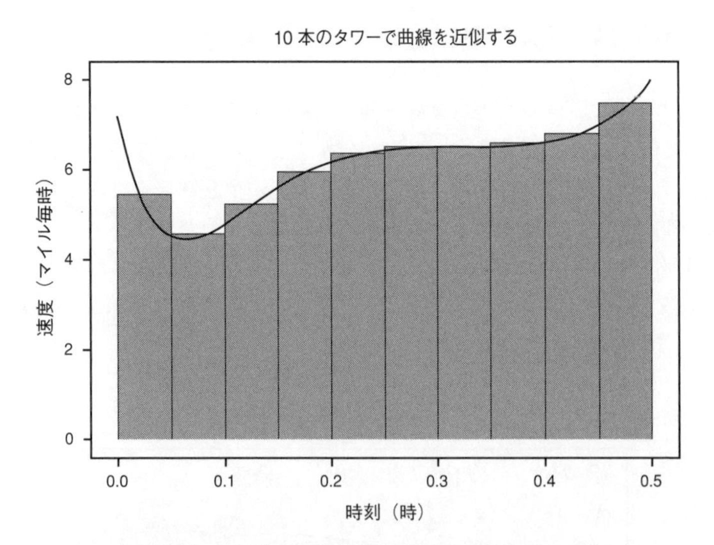

図B-5　3本でなく10本のタワーで曲線を近似する

それらのタワーの面積を足し合わせると3.054マイルとなり、これは近似値として先ほどよりも精確である。

タワーをどんどんと細くして本数を増やしながら、このプロセスを永遠に続けていくとイメージすれば、やがては図B-6のように曲線より下側の面積と完全に一致するだろう。

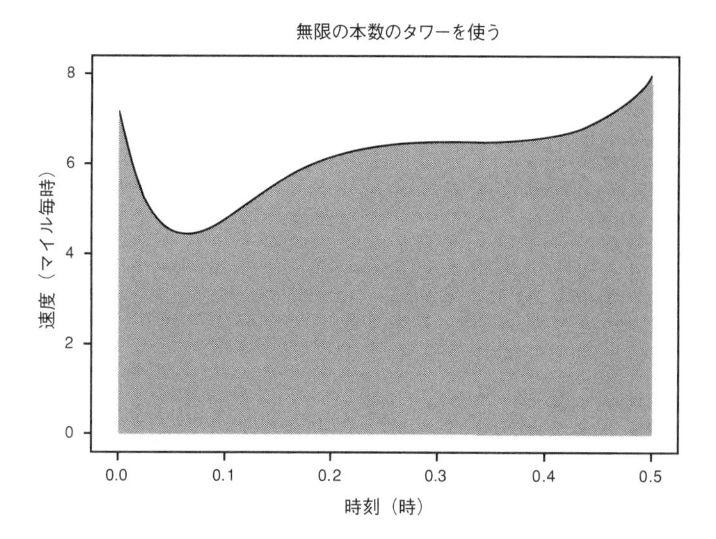

図B-6　曲線より下側の面積を完全にカバーする

これが、あなたが30分走ったときの正確な走行距離となる。無限の本数のタワーを足し合わせることができれば、その合計の面積は3.053マイルとなる。先ほどの概算値もかなり近かったが、タワーを細くして本数を増やしていくと、概算値はさらに近づいていく。微積分のパワーは、曲線より下側のこの正確な面積、つまり**積分**を計算できることにある。微積分では、$s(t)$の0から0.5までの積分を、次のような数学表記で表す。

$$\int_0^{0.5} s(t)dt$$

記号$\int$はSを引き伸ばしたもので、$s(t)$の細いタワーの面積の総和（sum、合計）という意味である。dtという記号は、変数tを細かく分割したことを忘れないために書かれるもので、dはそれらの細いタワーを指す数学的記法である。もちろんこの式では変数はtの1つだけなので、間違えそうにはない。本文中でも、明らかな場合にはたいていdt（またはそこで使っている変数でそれに相当するもの）を省略した*。

この式では積分の範囲の最初と最後を指定している。そこで代わりに、走った全距離でなく一部分の距離も求めることができる。たとえば時刻0.1から0.2までに走った距離を知りたいとしよう。それは次のように表される。

$$\int_{0.1}^{0.2} s(t)dt$$

この積分を図示すると図B-7のようになる。

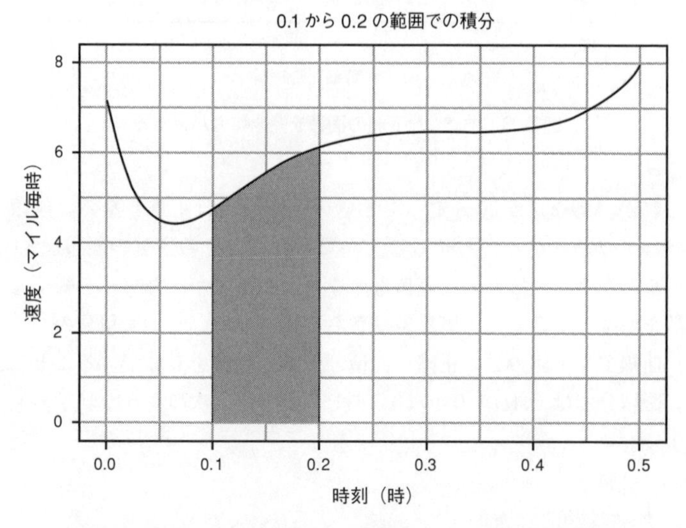

図B-7　0.1から0.2の範囲における曲線より下側の面積を図示した

影を付けた領域の面積は0.556マイルである。

---

*［訳注］数学的には、dtは「タワー」の横幅を表しているので省略できない。本書（日本語版）では適宜追加した。

関数の積分は別の関数として考えることもできる。新たな関数として dist(T) というものを定義しよう。T は走った時間である。

$$\mathrm{dist}(T) = \int_0^T s(t)\,dt$$

この関数は、時刻 T までに走った距離を表している。またこの式を見ると、なぜ dt という記号を使うのかも分かる。それは、積分をおこないたい変数が大文字の T でなく小文字の t だからだ。図B-8は、ある時刻 T までに走った距離のグラフである。

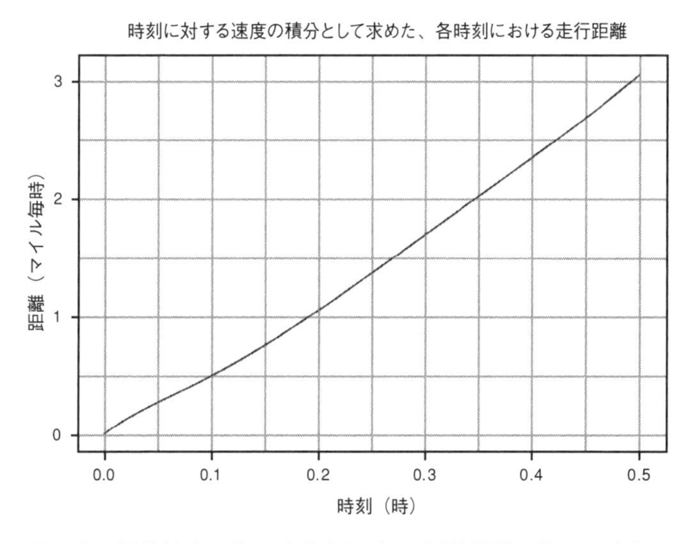

図B-8　時刻と速度のグラフを積分すると、時刻と距離のグラフに変わる

このように積分は、関数 s（ある時刻における速度）を、関数dist（ある時刻における走行距離）へ変換する。先ほど述べたように、2点間での関数の積分は、その2つの時刻の間に走った距離を表す。そのためここでは、スタートの時刻0から任意の時刻 t までに走った距離に注目していることになる。

積分が重要なのは、直線の場合よりもずっと計算しにくい、曲線より下側の面積を計算できるからだ。本文中では積分の概念を使って、ある出来事が2つの値の間に入る確率を求める。

●変化の割合を求める――微分

ここまでは、各時刻での速度が記録されている場合に、どうやって積分を使えば走行距離を求められるのかを見てきた。しかし速度の測定値が変化している場合には、各時刻での速度の変化率も知りたいかもしれない。速度の変化率というのは、**加速度**のことである。先ほどのグラフでは、変化率について興味深いことが起こった時点が何度かあった。それは、速度がもっとも急速に下がった時点、速度がもっとも急速に上がった時点、そして速度がもっとも一定だった（つまり変化の割合が0に近かった）時点だ。

積分の場合と同じく、加速度を知る上で最大の問題は、加速度がつねに変化しているように見えることである。もし図B-9のように変化率が一定であれば、加速度の計算は難しくない。

代数の初歩で学んだ、直線を描くための次の数式を覚えている人もいるだろう。

$$y=mx+b$$

ここでbは、直線がy軸と交わる点、mは直線の傾きである。この**傾き**が、直線における変化率を表す。図B-9の場合、その直線の数式は次のようになる。

$$y=5x+4.8$$

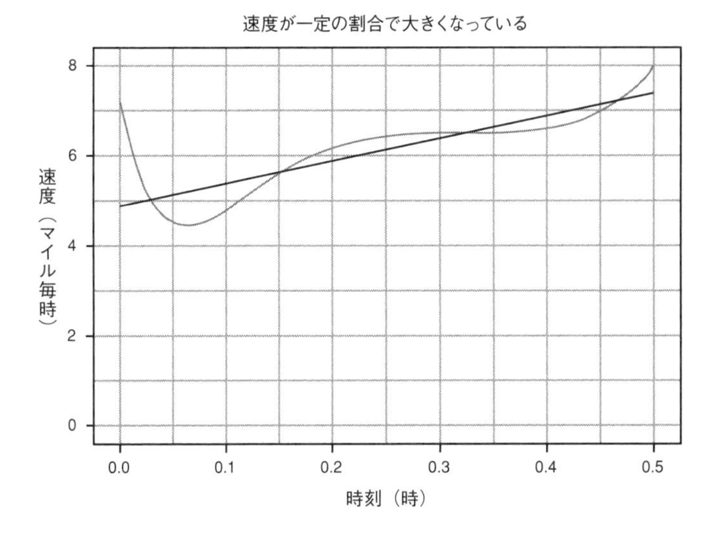

図B-9　変化率が一定の場合を図示した（実際には変化率は変化していた）

傾きが5というのは、xが1大きくなるごとにyが5大きくなるという意味だ。一方、4.8という値は、この直線がy軸と交わる点である。この例では、この式を$s(t)=5t+4.8$とみなして、1時間経つごとに時速5マイル分加速し、スタート時は時速4.8マイルだったと解釈する。走ったのは0.5時間だったので、この単純な式を使うと、

$$s(0.5)=5\times 0.5+4.8=7.3$$

となり、走り終わったときには時速7.3マイルで走っていたことが分かる。加速度が一定である限り、これと同じ方法で任意の時点での正確な速度を求めることができる！

しかし実際のデータは曲線であるため、ある時点での傾きを求めるのは容易ではない。そこで代わりに、この曲線の一部分の傾きを描いてみることにする。図B-10のようにこのデータを3つの部分に分割すると、その各部分に直線を引くことができる。

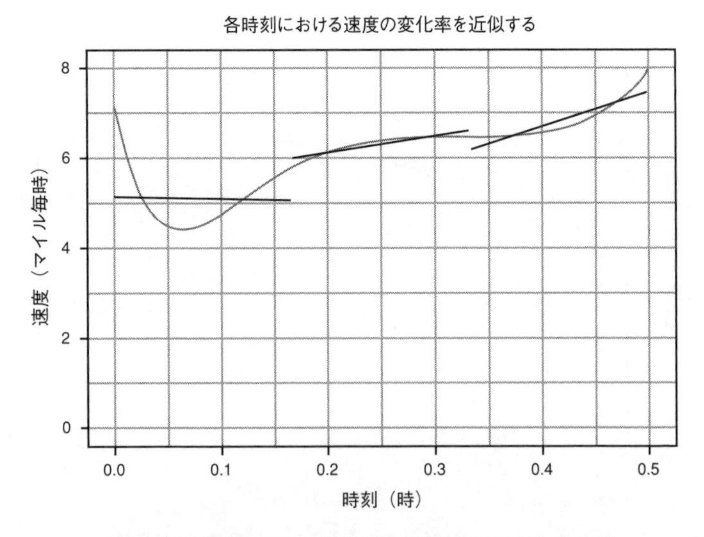

図B-10 複数の傾きを使って変化率をより良く近似する

当然、それぞれの直線はもとの曲線と完璧には一致していない。それでも、どの部分でもっとも急に加速したか、どの部分でもっとも急に減速したか、どの部分で比較的一定だったかは分かる。

図B-11のように、この関数をさらにたくさんの部分に分割すれば、近似はさらに良くなる。

ここで、積分のときと似たようなパターンに気づく。積分では、曲線より下側の面積を次々に細いタワーに分割していって、最終的には無限個の細いタワーの面積を足し合わせた。一方ここでは、曲線を無限本の短い直線に分割したい。そして最終的には、傾きを表すmという1つの値でなく、もとの関数の各点における変化率を表した新たな関数が得られる。それを**導関数**（微分）といい、次のような数学表記で表す。

$$\frac{d}{dx}f(x)$$

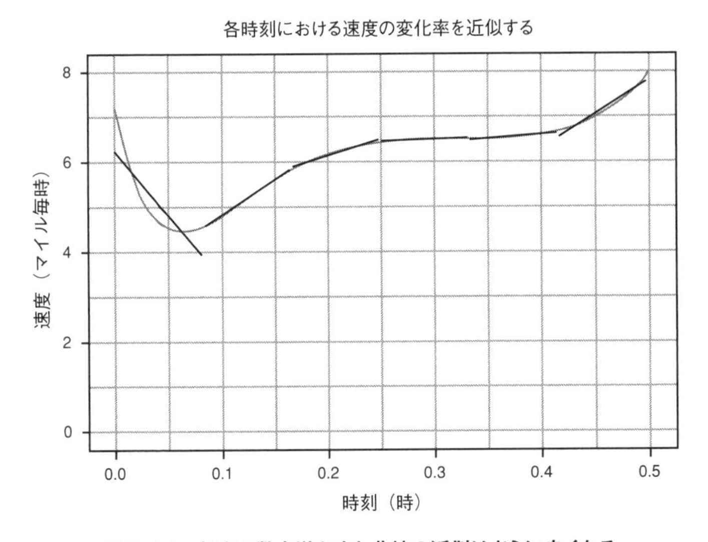

図B-11　傾きの数を増やすと曲線の近似はさらに良くなる

この場合もdxは、変数xをきわめて細かく分割するのだということを忘れないためにすぎない。図B-12が先ほどの関数$s(t)$の導関数のグラフで、これを見れば各瞬間での速度の変化率が精確に分かる。つまりこのグラフは、走っている最中の加速度を表している。y軸の値を見ると、最初に速度が急速に下がったあと、時刻0.3の頃に加速度が0になって、ペースが変わらなくなった（マラソンの練習ではそれが好ましい！）ことが分かる。また、速度がもっとも急速に上がったのがいつかも精確に分かる。もともとのグラフを見ただけでも、時刻0.1の頃（最初にスピードアップした直後）と最後とで、どちらのほうが急速に速度が上がったかは、容易には分からない。しかし導関数のグラフを見れば、ラストスパートのほうが最初のほうよりも確かに急にスピードアップしたことは明らかだ。

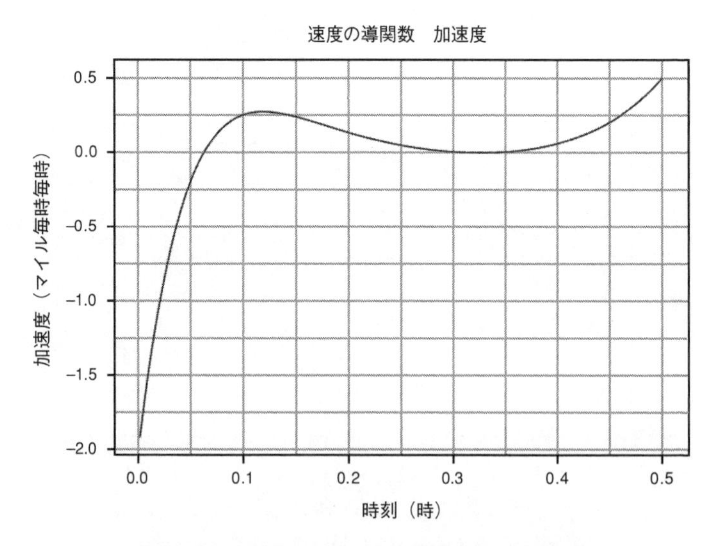

図B-12　各点における$s(x)$の傾きを表した導関数

導関数は直線の傾きと同じ働きをして、ある点で曲線がどれだけ傾いているかを教えてくれる。

微積分の基本定理

最後に一つ、微積分でもっとも注目すべき概念を説明しよう。それは、積分と微分とのとても興味深い関係性である（その関係性を証明するのは本書の範囲をはるかに超えているので、その関係性自体にのみ話を絞る）。ある関数$F(x)$があったとする（Fは大文字）。この関数の特別なところは、その導関数が$f(x)$であることだ。たとえば、先ほどの関数distの導関数は関数sである。つまり、各時刻における距離の変化率は、速度になる。また、速度の導関数は加速度である。これを数学的に表すと次のようになる。

$$\frac{d}{dx}F(x)=f(x)$$

fがFの導関数（微分）であることから、微積分ではFのことをfの**逆微分**（不定積分）という。先ほどの例では、加速度の逆微分は速度、速度の逆微分は距離となる。ここで、任意のfについて、その10から50までの積分を取りたいとしよう。つまり、

$$\int_{10}^{50} f(x)\,dx$$

を求めたい。

そのためには単純に、$F(50)$から$F(10)$を引けばいい。

$$\int_{10}^{50} f(x)\,dx=F(50)-F(10)$$

この積分と微分の関係を、**微積分の基本定理**という。この素晴らしい道具を使えば、導関数を求めるよりもはるかに難しいことが多い積分を数学的に求めることができる。積分したい関数の逆微分を見つけることができれば、微積分の基本定理を使うことで、その積分を簡単におこなえるのだ。手計算で積分をおこなう際には、逆微分を見つけることが肝心だ。

微積分の本格的な授業では、積分と微分のさまざまなテーマをもっとずっと深く掘り下げていく。しかし先ほど述べたように、本書では微積分はところどころでしか使わないし、計算にはすべてRを使う。それでも、微積分とはどんなもので、見慣れない∫という記号が何なのかをおおざっぱに理解しておけば、いろいろと役に立つ！

Appendix C

付録C
練習問題の解答

●パートⅠ

第1章

1.

P(雨が降る)＝低い
P(雨が降る｜曇っている)＝高い
P(傘を持っている｜雨が降っている)$\gg P$(傘を持っている)

2.

まず、データを次のように変数で表したい。

D＝玄関が開いている、窓が割れている，ノートパソコンがない

このデータは、帰宅したあなたが観察した3つの事実を表している。このデータに対して真っ先に思いつく説明は、泥棒が入った！というも

のである。それを数式で表せば次のようになる。

H_1＝泥棒が入った！

こうすれば、「泥棒が入ったとした場合にこれらの出来事が観察される確率」を次のように表現できる。

$$P(D \mid H_1)$$

3.

観察された事柄に対する、次のようなもう一つの仮説が得られた。

H_2＝子供がうっかり窓を割って，ノートパソコンを保管するために持ち去った

すると次のように表現できる。

$$P(D \mid H_2) \gg P(D \mid H_1)$$

そして次のように予想されるだろう。

$$\frac{P(D \mid H_2)}{P(D \mid H_1)} = \text{大きな値}$$

もちろんあなたは、この子供が嘘つきで不良だと考えるかもしれない。そうすると、子供の説明が正しいかどうかに関してあなたは考えを変え、子供が泥棒に入ったという仮説を導くかもしれない！　本書を読み進めれば、それを数学的に反映させる方法をさらに学ぶことができる。

第2章

1.

2個のサイコロを振ったときの目の出方は36通りある（1-6の組み合わせと6-1の組み合わせを違うとみなした場合）。それらをすべて紙に書き出せばいい（あるいはプログラムコードを書けばもっと速い）。そ

の36通りのペアのうち、和が7よりも大きいのは15通り。したがって、和が7よりも大きくなる確率は $\frac{15}{36}$。

2.

3個振ったときの目の出方は216通り。紙に書き出してもいいが、かなり時間がかかる。基本的なプログラミングを学んだほうがいい理由がお分かりだろう。この問題を解くプログラムはいろいろと考えられる(きれいにまとまっていないものもありうる)。たとえば、Rで次のような単純なforループを使えば、答えが得られる。

```
count <- 0
for(roll1 in c(1:6)){
  for(roll2 in c(1:6)){
    for(roll3 in c(1:6)){
      count <- count + ifelse(roll1+roll2+roll3 >
7,1,0)
    }
  }
}
> print(count)
[1] 181
```

このプログラムを走らせるとcountは181となるので、目の和が7より大きくなる確率は181/216となる。しかしいま言ったように、これを計算する方法は何通りもある。別のやり方として、次に示したRのたった1行のプログラムでも、上のforループと同じことをやってくれる(読み解きにくいが!)。

```
> sum(apply(expand.grid(c(1:6),c(1:6),c(1:6)),1,
sum) > 7)
[1] 181
```

プログラミングを学ぶ際には、ある決まった方法を使うことよりも、正しい答えを出すことに集中すべきだ。

3.

レッドソックスが勝つことに対してあなたが与えたオッズは、次のとおり。

$$O(\text{レッドソックスが勝つ})=\frac{30}{5}=6$$

オッズを確率に変換する公式を思い出せば、このオッズを、レッドソックスが勝つ確率に書き換えることができる。

$$P(\text{レッドソックスが勝つ})=\frac{O(\text{レッドソックスが勝つ})}{1+O(\text{レッドソックスが勝つ})}=\frac{6}{7}$$

したがって、あなたが賭けたお金に基づけば、レッドソックスが勝つ確率は約86%であると言える！

第3章

1.

20の目が出る確率は1/20で、これが3回連続で出る確率を求めるには乗法定理を使わなければならない。

$$P(\text{20が3回連続で出る})=\frac{1}{20}\times\frac{1}{20}\times\frac{1}{20}=\frac{1}{8{,}000}$$

2.

この問題を解くのにも乗法定理が使える。$P(\text{雨が降る})=0.1$で$P(\text{傘を忘れる})=0.5$だと分かっているので、

$$P(\text{雨が降る, 傘を忘れる})=P(\text{雨が降る})\times P(\text{傘を忘れる})=0.05$$

このように、あなたが傘を持たずに雨に降られる確率はわずか5%である。

3.

この問題では、どちらか一方の卵にサルモネラ菌がいると病気にかかってしまうので、加法定理を使う必要がある。

$$P(\text{卵}_1)+P(\text{卵}_2)-P(\text{卵}_1)\times P(\text{卵}_2)=$$

$$\frac{1}{20{,}000}+\frac{1}{20{,}000}-\frac{1}{20{,}000}\times\frac{1}{20{,}000}=\frac{39{,}999}{400{,}000{,}000}$$

この値は1/10,000よりもわずかに小さい。

4.

この問題では乗法定理と加法定理を組み合わせる必要がある。まずは、P(表が2回出る)とP(6が3回出る)を別々に計算してみよう。どちらにも乗法定理を使う。

$$P(\text{表が2回出る})=\frac{1}{2}\times\frac{1}{2}=\frac{1}{4}$$

$$P(\text{6が3回出る})=\frac{1}{6}\times\frac{1}{6}\times\frac{1}{6}=\frac{1}{216}$$

次に加法定理を使って、どちらか一方が起こる確率P(表が2回出るOR 6が3回出る)を計算する必要がある。

$$P(\text{表が2回出る})+P(\text{6が3回出る})-P(\text{表が2回出る})\times P(\text{6が3回出る})$$

$$=\frac{1}{4}+\frac{1}{216}-\frac{1}{4}\times\frac{1}{216}=\frac{73}{288}$$

この値は25%よりも少し大きい。

第4章

1.

12回挑戦して1回起こる出来事に注目するので、$n=12, k=1$となる。また、サイコロの面が20枚あってそのうち関心のあるのが2枚なので、

$p=\frac{2}{20}=\frac{1}{10}$となる。

2.

この問題の場合は組み合わせ論すら必要ない。エースをA、それ以外のカードをxと表すとすると、起こりうるケースは次の5通り。

Axxxx
xAxxx
xxAxx
xxxAx
xxxxA

これは単に$\binom{5}{1}$と表すことができる。Rなら`choose(5,1)`となる。いずれにしても答えは5*。

3.

これは$B(5; 10, \frac{1}{13})$となる。
予想どおりこの確率はきわめて小さく、約$\frac{1}{2,200}$となる。

4.

次のRのコードを使えば答えが出てくる。

```
> pbinom(1,7,1/5,lower.tail=FALSE)
[1] 0.4232832
```

このように、7社の面接を受けて2社以上から内定をもらえる確率は、約42%である。

5.

これを解くためにもう少しRのコードを書いてみよう。

*［訳注］ここでは、エース以外のカードをすべて同じものとみなしている。

```
p.two.or.more.7 <- pbinom(1,7,1/5,lower.tail = FALSE)
p.two.or.more.25 <- pbinom(1,25,1/10,lower.tail =
FALSE)
```

たとえある社から内定をもらえる確率が下がったとしても、25社の面接を受けて2社以上から内定をもらえる確率は73%。しかし、その確率が2倍以上でなければその方法は選びたくない。Rを使うと次のようになる。

```
> p.two.or.more.25/p.two.or.more.7
[1] 1.721765
```

2社以上から内定をもらえる確率は1.72倍にしかならないので、頑張って何度も面接を受ける価値はない。

第5章

1.

これはBeta(4, 6)としてモデル化できる。その0.6から1までの積分を計算したい。Rでは次のようにする。

```
integrate(function(x) dbeta(x,4,6),0.6,1)
```

その出力によると、表が出る真の確率が60%以上である可能性は約10%である。

2.

この場合のベータ分布はBeta(9, 11)となる。知りたいのは、このコインが公正である確率、つまり、表が出る確率が±0.05の範囲内で0.5である確率だ。したがって、この新たな分布を0.45から0.55まで積分する必要がある。Rでは次のようにする。

```
integrate(function(x) dbeta(x,9,11),0.45,0.55)
```

その出力によると、新たなデータを踏まえた場合にこのコインが公正である確率は31%である。

3.

前の問題を踏まえれば、この問題には簡単に答えられる。

```
integrate(function(x) dbeta(x,109,111),0.45,0.55)
```

その出力によれば、このコインは比較的公正であると86%確信できる。確信を深める鍵は、データを増やすことにあるのだ。

●パートII

第6章

1.

知りたいのはP(ワクチンを打った | GBSにかかった)である。ベイズの定理を使えばこれを求めることができるが、そのためには次の3つの情報がすべて必要である。

$$P(\text{ワクチンを打った} \mid \text{GBSにかかった}) = \frac{P(\text{ワクチンを打った}) \times P(\text{GBSにかかった} \mid \text{ワクチンを打った})}{P(\text{GBSにかかった})}$$

これらの情報のうちまだ分かっていないのは、そもそもインフルエンザワクチンを打つ確率だけである。その情報は、疾病管理予防センターなどのデータベースから得られるだろう。

2.

P(女性)=0.5でP(色覚異常 | 女性)=0.005であることは分かっている。必要なのは、女性が色覚異常でない確率で、これは1−P(色覚異常 | 女性)=0.995となる。したがって、

$$P(\text{女性, 色覚異常でない}) = P(\text{女性}) \times P(\text{色覚異常でない} \mid \text{女性})$$

$=0.5\times0.995=0.4975$

3.

一見したところ複雑な問題に思えるかもしれないが、少しだけ単純化できる。まずは、男性が色覚異常である確率と、インフルエンザワクチンを打った人がGBSにかかる確率を導こう。（ここで考える限り）男性であることはGBSにかかることと独立であり、またインフルエンザワクチンを打つことは色覚異常であることにいっさい影響を与えないので、少々近道を取って、これらの確率を別々に求める。

$$P(A)=P(\text{色覚異常}\mid\text{男性})$$
$$P(B)=P(\text{GBSにかかる}\mid\text{ワクチンを打った})$$

幸いにも計算はすべてこの章の前のほうで済んでいて、$P(A)=0.08$, $P(B)=\frac{3}{100{,}000}$である。

そこで加法定理を使えば答えが出る。

$$P(A\ \text{OR}\ B)=P(A)+P(B)-P(A)\times P(B\mid A)$$

知られている限り、色覚異常である確率はGBSにかかる確率と無関係なので、$P(B\mid A)=P(B)$である。数値を代入すると答えは約0.08003となる。GBSにかかる確率がかなり低いために、この値は、男性が色覚異常である確率よりもわずかしか大きくならない。

第7章

1.

簡単だったはずだ。カンザスシティー都市圏に15の郡があって、そのうち6つがカンザス州に含まれているので、カンザスシティー都市圏に住んでいることが分かっている場合にカンザス州に住んでいる確率は、6/15、つまり2/5となるはずだ。しかしこの問題の目的は、単に答えを出すことだけでなく、ベイズの定理が答えを出す道具になるのを示すことにある。もっと難しい問題に取り組む場合には、ベイズの定理を信頼できているとかなり役に立つだろう。

そこで、P(カンザス州に住んでいる｜カンザスシティー都市圏に住んでいる)を求めるために、ベイズの定理を次のように使う。

$$P(\text{カンザス州に住んでいる} \mid \text{カンザスシティー都市圏に住んでいる}) = P(\text{カンザスシティー都市圏に住んでいる} \mid \text{カンザス州に住んでいる}) \times \frac{P(\text{カンザス州に住んでいる})}{P(\text{カンザスシティー都市圏に住んでいる})}$$

データより、カンザス州の105の郡のうちの6つがカンザスシティー都市圏に含まれることが分かっている。

$$P(\text{カンザスシティー都市圏に住んでいる} \mid \text{カンザス州に住んでいる}) = \frac{6}{105}$$

また、ミズーリ州とカンザス州合わせて219の郡のうち、カンザス州に含まれるのは105である。

$$P(\text{カンザス州に住んでいる}) = \frac{105}{219}$$

そして、この合計219の郡のうちの15がカンザスシティー都市圏に含まれる。

$$P(\text{カンザスシティー都市圏に住んでいる}) = \frac{15}{219}$$

これらをすべてベイズの定理に代入すると、

$$P(\text{カンザス州に住んでいる} \mid \text{カンザスシティー都市圏に住んでいる}) = \frac{\frac{6}{105} \times \frac{105}{219}}{\frac{15}{219}} = \frac{2}{5}$$

2.

前の問題と同様、簡単に答えられる。黒のカードが26枚あってそのうちの2枚がエースなので、黒いカードを引いた場合にそれがエースである確率は、2/26、つまり1/13である。しかしこの問題でも、数学的な近道を取らずに、ベイズの定理への信頼を固めたい。ベイズの定理を使うと次のようになる。

$$P(\text{エース} \mid \text{黒}) = \frac{P(\text{黒} \mid \text{エース}) \times P(\text{エース})}{P(\text{黒})}$$

黒のカードは26枚。カードの総数は、赤のエースを1枚抜いたので51枚になっている。エースを引いた場合にそれが黒のカードである確率は、

$$P(\text{黒} \mid \text{エース}) = \frac{2}{3}$$

1組51枚のうちエースは3枚なので、

$$P(\text{エース}) = \frac{3}{51}$$

最後に、51枚のうち黒は26枚なので、

$$P(\text{黒}) = \frac{26}{51}$$

これで、問題を解くのに十分な情報が得られた。

$$P(\text{エース} \mid \text{黒}) = \frac{\frac{2}{3} \times \frac{3}{51}}{\frac{26}{51}} = \frac{1}{13}$$

第8章

1.

まずは次の式を思い出してほしい。

$$P\left(\begin{array}{c}\text{窓が割れている，玄関が開いている，ノー}\\\text{トパソコンがなくなっている}\mid\text{泥棒が入った}\end{array}\right)=P(D\mid H_1)$$

尤度が変わったことで仮説を信じる程度がどのように変わるかを知るには、次の比においてこの部分を新しいものに置き換えればいい。

$$\frac{P(H_1)\times P(D\mid H_1)}{P(H_2)\times P(D\mid H_2)}$$

分母が $\frac{1}{21{,}900{,}000}$ で、$P(H_1)=\frac{1}{1{,}000}$ であることはすでに分かっているので、$P(D\mid H_1)$ の新たな値を代入すれば答えが得られる。

$$\frac{\frac{1}{1{,}000}\cdot\frac{3}{100}}{\frac{1}{21{,}900{,}000}}=657$$

したがって、H_1 を踏まえて D を信じる程度が1/10倍になると、この比も1/10倍になる（それでも H_1 に大きく偏っているが）。

2.

前の問題で、$P(D\mid H_1)$ が1/10倍になると H_1 と H_2 の比も1/10倍になることが分かった。そこでこの問題では、$P(H_1)$ を変えていってその比を1にしたい。したがって、$P(H_1)$ を1/657倍に小さくする必要がある。

$$\frac{\frac{1}{1{,}000\times 657}\times\frac{3}{100}}{\frac{1}{21{,}900{,}000}}=1$$

このように、新たな $P(D\mid H_1)$ は $\frac{1}{657{,}000}$ でなければならず、泥棒が入った可能性は低いとかなり強く信じる必要がある！

第9章

1.

表が6回で裏が1回なので、$\alpha=6, \beta=1$のベータ分布として表現できる。Rでこれを積分すると次のようになる。

```
> integrate(function(x) dbeta(x,6,1),0.4,0.6)
0.04256 with absolute error < 4.7e-16
```

このコインが公正である確率は約4%なので、尤度のみに基づけば、このコインは公正でないとみなされる。

2.

「公正な」事前分布にするには$\alpha_{事前}=\beta_{事前}$とすればよく、この値が大きいほど事前分布は強くなる。たとえば10とすると、事後確率は次のようになる。

```
> prior.val <- 10
> integrate(function(x) dbeta(x,6+prior.val,1+prior
.val),0.4,0.6)
0.4996537 with absolute error < 5.5e-15
```

これでは、このコインが公正である事後確率は50%にしかならない。そこで少々試行錯誤をすれば、目的の数が見つかる。$\alpha_{事前}=\beta_{事前}=55$とすれば、目的の事前分布となる。

```
> prior.val <- 55
> integrate(function(x) dbeta(x,6+prior.val,1+prior
.val),0.4,0.6)
0.9527469 with absolute error < 1.5e-11
```

3.

この問題も、試行錯誤で目的の数を見つければ解くことができる。現段階では、事前分布としてBeta(55,55)を使っている。この問題では、このコインが公正である事後確率を約50%に下げるには、αをどれだけ増やせばいいかを知りたい。たとえば次のように、表がさらに5回出れば事後確率は90%に下がることが分かる。

```
> more.heads <- 5
> integrate(function(x) dbeta(x,6+prior.val+more.
heads,1+prior.val),0.4,0.6)
0.9046876 with absolute error < 3.2e-11
```

さらに表が23回出れば、このコインが公正である確率は約50%に下がる。このように、事前の強い信念もデータが増えれば覆されることがある。

●パートⅢ

第10章

1.

もしかしたらこの体温計には、値が0.5℃低く出る偏りがあるのかもしれない。あなたの体温の測定値に0.5を足すと、36.9℃から37.2℃となって、平熱が37℃の人にとっては正しい値に思える。

2.

偏りのある測定値は系統的に間違っているので、どんなに測定してもそれだけでは補正できない。これらの測定値を補正するには、それぞれの値に単に0.5を足せばいいだろう。

第11章

1.

ペナルティーに大きな差を付けるのは、日々の多くの場面でとても役に立つ。真っ先に思いつくのが、物理的な距離である。誰かがテレポーテーションマシンを発明して、あなたがその装置でどこかに転送されるとしよう。目的地から1mずれても問題はない。5 kmずれてもまあいいだろう。しかし50kmずれたらかなり危険だ。この場合、目的地からのずれが大きくなるにつれて、ずれたことに対するペナルティーはどんどんと厳しくしたいところだ。

2.

平均＝5.5、分散＝8.25、標準偏差≈2.87

第12章

標準偏差に関する補足

Rに組み込まれている関数sdは、本文で説明した標準偏差でなく、**標本**標準偏差を計算する。標本標準偏差では、nの代わりに$n-1$で割る。従来の統計学では、得られたデータに基づいて母集団の平均を推定する際に標本標準偏差を使う。ここでは、本文で使っている標準偏差を計算するmy.sdという関数を用意した。

```
my.sd <- function(val){
  val.mean <- mean(val)
  sqrt(mean((val.mean-val)^2))
}
```

データの数が増えれば、標本標準偏差と真の標準偏差との差は無視できるようになる。しかし以下の例ではデータが少ないので、少し違いが生じてしまう。第12章の例ではすべてmy.sdを使ったが、便宜上デフォルトのsdを使うこともある。

1.

期待値が0で標準偏差が1の正規分布を、integrate()を使って積分すればいい。積分範囲は、5から比較的大きな数、たとえば100とする。

```
> integrate(function(x) dnorm(x,mean=0,sd=1),5,100)
2.88167e-07 with absolute error < 5.6e-07
```

2.

まず、データの期待値と標準偏差を計算する。

```
temp.data <- c(37.8, 37.7, 38.3, 38.1, 37.6)
temp.mean <- mean(temp.data)
temp.sd <- my.sd(temp.data)
```

次にintegrate()を使って、体温が38.0℃以上である確率を計算する。

```
> integrate(function(x) dnorm(x,mean=temp.mean,sd=
temp.sd),38.0,200)
0.350681 with absolute error < 8.8e-05
```

これらの測定値の場合、発熱している確率は約35%である。

3.

まず、落下時間のデータをRに入力する。

```
time.data <- c(2.5,3,3.5,4,2)
time.data.mean <- mean(time.data)
time.data.sd <- my.sd(time.data)
```

次に、500m落下するのにかかる時間を知る必要がある。そのためには次の方程式を解く。

$$\frac{1}{2}\times G\times t^2=500$$

Gが9.8であれば、時間tは約10.10秒とはじき出される（Wolfram Alphaなどで解けばいい）。これを踏まえて、正規分布を10.1より上の範囲で積分すればいい。

```
> integrate(function(x) dnorm(x,mean=time.data.mean,
sd=time.data.sd),10.1,200)
2.056582e-24 with absolute error < 4.1e-24
```

この確率はほぼ0なので、この井戸の深さは500 m以上ではないとかなり強く確信できる。

4.

上の問題と同じ積分を－1から0までの区間でおこなうと、次のようになる。

```
> integrate(function(x) dnorm(x,mean=time.data.mean,
sd=time.data.sd),-1,0)
1.103754e-05 with absolute error < 1.2e-19
```

井戸なんてない確率は確かに小さいが、100,000分の1よりは大きい。でも井戸は見えている！　目の前にあるじゃないか！　だから、確かにこの値は小さいけれど、本当はもっと0に近いはずだ。疑問を抱くべきはモデルか、それともデータか？　ベイズ統計を使う者としては、ふつうはデータでなくモデルに疑問を抱くべきだ。たとえば金融危機のさなかには、株価の変動は一般的にとても高いσの出来事となる。したがって、正規分布は株価の変動のモデルとしてはふさわしくない。しかしいまの例では、正規分布を仮定することに疑問を抱く理由はないし、そもそも私が前の章で最初に選んだ値でさえ、編集者から散らばりが大きすぎると指摘を受けたくらいだ。

統計解析の最大の利点の一つは、懐疑的になれることである。実際に私は何度か、質の悪いデータを扱ったことがある。モデルが完璧であることはありえないが、信頼できるデータを手に入れることもとても重要だ。置いた仮定が成り立っているかどうかを確認して、もし成り立っていないのであれば、それでもモデルとデータを信頼できるかどうか考えなおしてほしい。

第13章

1.

そのコード（p.160）を拝借して、累積分布関数のグラフを描くためにdbeta()をpbeta()に置き換えればいい。

```
xs <- seq(0.005,0.01,by=0.00001)
xs.all <- seq(0,1,by=0.0001)
plot(xs,pbeta(xs,300,40000-300),type='l',lwd=3,
    ylab="累積確率",
    xlab="コンバージョン率",
    main="Beta(300,39700)の累積分布関数")
```

分位関数については、xsを分位のそれぞれの値に置き換える必要がある。

```
xs <- seq(0.001,0.99,by=0.001)
plot(xs,qbeta(xs,300,40000-300),type='l',lwd=3,
    ylab="コンバージョン率",
    xlab="分位",
    main="Beta(300,39700)の分位関数")
```

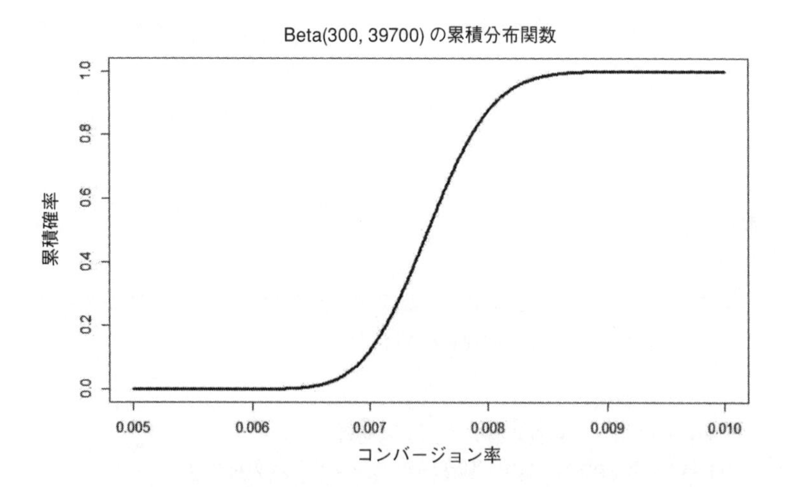

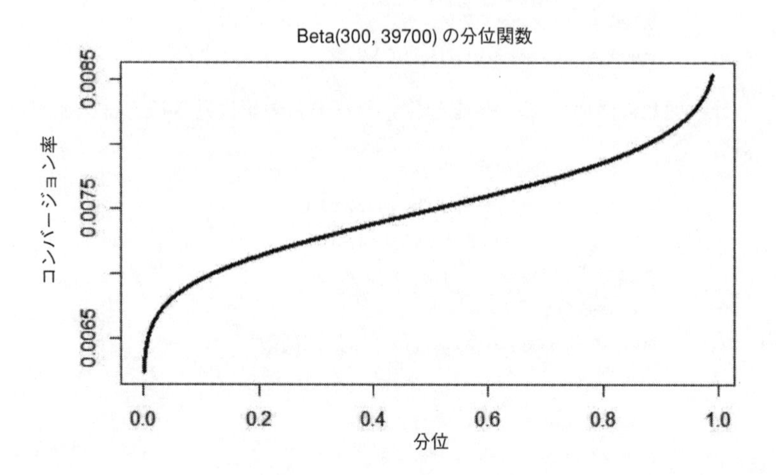

2.

まず、このデータの期待値と標準偏差を計算する。

```
snow.data <- c(7.8, 9.4, 10.0, 7.9, 9.4, 7.0, 7.0,
```

```
7.1, 8.9, 7.4)
snow.mean <- mean(snow.data)
snow.sd <- sd(snow.data)
```

次に`qnorm()`を使って、99.9%信頼区間の上限値と下限値を計算する。

下限値：`qnorm(0.0005,mean=snow.mean,sd=snow.sd)`≈4.46
上限値：`qnorm(0.9995,mean=snow.mean,sd=snow.sd)`≈11.92

したがって、積雪量は4.46cm以上、11.92cm以下であると強く確信できる。

3.

まず、キャンディーバーが売れる確率の95%信頼区間を計算しなければならない。いままでのデータをBeta(10, 20)としてモデル化し、`qbeta()`を使って下限値と上限値を計算する。

下限値：`qbeta(0.025,10,20)`≈0.18
上限値：`qbeta(0.975,10,20)`≈0.51

残っている家は40軒なので、この子供が売ると予想されるキャンディーバーの本数は、40×0.18＝7.2本と、40×0.51＝20.4本のあいだである。もちろんキャンディーバーの本数は整数なので、売れる本数は7本から20本のあいだであると強く確信できる。

厳密に進めたいのであれば、売れる割合を上限値と下限値に設定して、二項分布の分位を実際に計算すればいい（`qbinom()`を使う）。それは練習としてみなさんにお任せしよう。

第14章

1.

これらの事前分布の選び方には少々主観が関わってくるが、以下にそれぞれの考えに対応する例を示そう。

・表が出る割合が70%に近いという考えを表現する比較的弱い事前分布：Beta(7,3)
・このコインが公正であるというきわめて強い考え：Beta(1000,1000)
・このコインには偏りがあって、70%の割合で表が出るという強い考え：Beta(70,30)

2.

データが更新され、計32回の観察で表が18回、裏が14回となった。Rの`qbeta()`と前の問題の事前分布を使えば、それぞれの事前の考えにおける95%信頼区間を計算できる。

ここではBeta(7,3)におけるコードだけを示そう。ほかの例も同様である。

95%信頼区間の下限値：`qbeta(0.025,18+7,14+3)`≈`0.445`
上限値：`qbeta(0.975,18+7,14+3)`≈`0.737`
Beta(1000,1000)の場合の信頼区間：`0.479`～`0.523`
Beta(70,30)の場合の信頼区間：`0.5843`～`0.744`

このように、弱い事前分布の場合に、取りうる値の範囲がもっとも広くなる。きわめて強い公正な事前分布では、このコインは公正であるといまだ確信されている。70%の偏りがあるとする強い事前分布では、表が出る真の割合がいまだ高い値に偏っている。

●パートⅣ

第15章

1.

それを組み込むには、事前分布を強いものにすればいい。たとえば次のようにする。

```
prior.alpha <- 300
prior.beta <- 700
```

こうすると、もっとずっと多くの証拠がなければ信念は変わらなくなる。この変更によって結論がどのように変わるかを調べるために、先ほどのコードを再び走らせてみよう。

```
a.samples <- rbeta(n.trials,36+prior.alpha,114+prior.beta)
b.samples <- rbeta(n.trials,50+prior.alpha,100+prior.beta)
p.b_superior <- sum(b.samples > a.samples)/n.trials
```

新しいp.b_superiorは0.74で、もとの値0.96よりかなり低くなる。

2.

1つでなく2つの事前分布を使う。一つは、Aに対する我々の当初の事前の考えを反映させたもので、もう一つは、Bに対するデザインリーダーの考えを反映させたもの。弱い事前分布でなく、少し強い事前分布を使う。

```
a.prior.alpha <- 30
a.prior.beta <- 70

b.prior.alpha <- 20
b.prior.beta <- 80
```

シミュレーションをおこなうには、2つ別々の事前分布が必要となる。

```
a.samples <- rbeta(n.trials,36+a.prior.alpha,114+a
.prior.beta)
b.samples <- rbeta(n.trials,50+b.prior.alpha,100+b
.prior.beta)
p.b_superior <- sum(b.samples > a.samples)/n.trials
```

今度のp.b_superiorは0.66となり、前の値よりは低いが、それでもBのほうが優れているかもしれないことをわずかに示唆している。

3.

マーケティング担当取締役の場合に、この問題を解くための基本的なコードを、以下に示す（デザインリーダーの場合には、2つ別々の事前分布を追加する必要がある）。Rのwhileループを使って、一連の例について反復計算をする（あるいは手で新たな値を試していってもいい）。

```
a.true.rate <- 0.25
b.true.rate <- 0.3

prior.alpha <- 300
prior.beta <- 700

number.of.samples <- 0     #ループの初期値として使う
p.b_superior <- -1
while(p.b_superior < 0.95){
  number.of.samples <- number.of.samples + 100
  a.results <- runif(number.of.samples/2) <= a.true
.rate
  b.results <- runif(number.of.samples/2) <= b.true
.rate
  a.samples <- rbeta(n.trials,
                     sum(a.results==TRUE)+prior.alpha,
                     sum(a.results==FALSE)+prior.beta)
  b.samples <- rbeta(n.trials,
                     sum(b.results==TRUE)+prior.alpha,
                     sum(b.results==FALSE)+prior.beta)
  p.b_superior <- sum(b.samples > a.samples)/n.trials
}
```

このコード自体がシミュレーションとなっていて、走らせるたびに異なる結果が得られるので、何回か走らせること（あるいはさらに複雑なコードを組んで、このコード自体を何回かループさせる！）。

マーケティング担当取締役の場合、納得させるには約1,200個のサンプルが必要となる。デザインリーダーの場合は約1,000個。デザインリーダーはBのほうが劣っていると信じているが、いまの例では事前の信念がより弱いため、より少ない証拠で考えが変わる。

第16章

1.

もともとの事前オッズは$\frac{1/3}{2/3}=\frac{1}{2}$、ベイズ因子は3.77で、事後オッズは1.89だった。新しい事前オッズは$\frac{2/3}{1/3}=2$なので、新しい事後オッズは$2\times 3.77=7.54$となる。今度のほうが、振ったサイコロには偏りがあるとより強く信じられるが、それでも事後オッズはさほど大きくない。決めつけてしまう前にもっと証拠を集めたいところだ。

2.

少々複雑になるが、前庭神経鞘腫がどの程度稀であるかはすでに分かっているので、H_1を「内耳炎にかかっている」、H_2を「前庭神経鞘腫にかかっている」とする。「めまいがする」という新たなデータが得られたし、仮説も完全に新しくなったので、事後オッズのすべての部分を計算しなおす必要がある。

まずベイズ因子から。H_1については次のようになる。

$$P(D \mid H_1)=0.98\times 0.30\times 0.28\approx 0.082$$

H_2における新しい尤度は次のとおり。

$$P(D \mid H_2)=0.49\times 0.94\times 0.83\approx 0.382$$

したがって、新しい仮説におけるベイズ因子は

$$\frac{P(D \mid H_1)}{P(D \mid H_2)}\approx\frac{0.082}{0.382}\approx 0.21$$

となる。

つまり、ベイズ因子だけを考えると、前庭神経鞘腫のほうが内耳炎よりもおよそ4.7倍よくデータを説明している。次に事前オッズ比を見極

める必要がある。

$$O(H_1)=\frac{P(H_1)}{P(H_2)}=\frac{\frac{35}{1{,}000{,}000}}{\frac{11}{1{,}000{,}000}}\approx 3.18$$

内耳炎は耳垢栓塞よりもはるかに稀で、前庭神経鞘腫の約3倍しか多くない。これらを組み合わせて事後オッズを求めると、次のようになる。

$$O(H_1)\times\frac{P(D \mid H_1)}{P(D \mid H_2)}\approx 3.18\times 0.21=0.67$$

最終結果として、内耳炎は前庭神経鞘腫に比べてデータを良く説明しているとは言いきれない。

第17章

1.

「このコインは実際にトリックのコインである」という仮説をH_1、「このコインは公正である」という仮説をH_2とする。このコインが実際にトリックのコインであれば、表が連続で10回出る確率は1なので、次のようになる。

$$P(D \mid H_1)=1$$

もしこのコインが公正であれば、表が10回観察される確率は$0.5^{10}=\frac{1}{1{,}024}$。したがって次のようになる。

$$P(D \mid H_2)=\frac{1}{1{,}024}$$

ベイズ因子を計算すると次のようになる。

$$\frac{P(D \mid H_1)}{P(D \mid H_2)}=\frac{1}{\frac{1}{1{,}024}}=1{,}024$$

したがってベイズ因子だけを踏まえると、このコインがトリックのコインである可能性のほうが1,024倍高いことになる。

2.

少々主観的な面があるが、試しに設定してみよう。必要なのは3通りのケースにおける事前オッズ比。その各ケースについて、その事前オッズと、前の問題で求めたベイズ因子とを掛け合わせれば、事後オッズが得られる。

いたずら好きの友人は、ずるをしない可能性よりもずるをする可能性のほうが高いので、たとえば$O(H_1)=10$と設定する。すると事後オッズは$10\times1{,}024=10{,}240$となる。

友人がたいていは正直だがときどきずるをするのであれば、あなたはだまされてもさほど驚かないが、必ずだまされるとは思っていないので、事前オッズをたとえば$O(H_1)=1/4$とする。すると事後オッズは256となる。

友人を本当に信用しているのであれば、だまされることに対する事前オッズはかなり低くしたいだろう。事前オッズを$O(H_1)=\frac{1}{10{,}000}$とすると、事後オッズはおよそ$\frac{1}{10}$となる。したがってあなたは、このコインは公正であるという可能性のほうが、友人がだましているという可能性の10倍高いと考えていることになる。

3.

コインを14回投げると、ベイズ因子は$\frac{1}{0.5^{14}}=16{,}384$。そのときの事後オッズは$\frac{16{,}384}{10{,}000}\approx1.64$となる。この時点であなたは、友人が正直であることに疑いを感じはじめる。しかしコインを投げたのが14回未満だと、あなたはまだ、このコインは公正であるという考えのほうを好んでいる。

4.

方程式を解けばいい。$P(D\mid H_2)=0.5^4=\frac{1}{16}$であることは分かっているので、ベイズ因子は16となる。そこで、16倍すると100になる値を見つければいい。

$$100 = O(H_1) \times 16$$

$$O(H_1) = \frac{100}{16} = \frac{25}{4}$$

これで、疑り深い友人の心の中にあった事前オッズに正確な値を割り当てることができた！

第18章

1.

ここでは事前の信念について論じているので、人によって答えは少しずつ違うだろう。私が思うに、サイコロの目を予言するだけならいとも簡単にだませるだろう。この友人が自分の超能力を証明したいのなら、だますのがもっとずっと難しい実験を私に選ばせてほしい。たとえば、私の財布に入っているお札の通し番号の最後の数字を言い当てるといった実験だ。

2.

この問題は実在の論文『社会的行動の自動性』から拝借した[†1]。この実験結果を疑わしいと思う人は、あなただけではない。この結果を再現するのはきわめて難しいことで有名だ。納得できない人にとっては、事前オッズを約 $\frac{1}{19}$ にしないとこの結果は否定できない。さらに、事後オッズを50にするには、次の式のようになる必要がある。

$$50 = \frac{1}{19} \times 950$$

したがって、当初の疑念を踏まえた上で、事後オッズを「強く信じられる」範囲にするには、ベイズ因子が950でなければならない。

---

†1 John A. Bargh, Mark Chen, and Lara Burrows, "Automaticity of Social Behavior: Direct Effects of Trait Construct and Stereotype Activation on Action," *Journal of Personality and Social Psychology* 71, no. 2 (1996).

第2のグループのほうがもともと平均的に歩行速度が遅かったということも、十分にありうる。被験者が15人しかいないので、「フロリダ」という単語を聞いたグループのほうに、背が低くて歩幅が狭く、歩くのに時間がかかる人がたまたま多かったという想像も容易に働く。私を納得させるには、少なくとも同じ実験をさまざまなグループで何度も再現して、「フロリダ」という単語を聞いたグループのほうが偶然遅かったのではないということを示してもらわなければならない。

第19章

1.

先ほどのコード（p.237）を再び実行するが、今度は仮説0.5において一連のbfsを、仮説0.24において別の一連のbfsを生成する。

```
dx <- 0.01
hypotheses <- seq(0,1,by=0.01)
bayes.factor <- function(h_top,h_bottom){
  ((h_top)^24*(1-h_top)^76)/((h_bottom)^24*(1-h_bottom)
^76)
}
bfs.v1 <- bayes.factor(hypotheses,0.5)
bfs.v2 <- bayes.factor(hypotheses,0.24)
```

そしてこれらを別々にプロットする。

```
plot(hypotheses,bfs.v1,type='l',xlab='仮説')
```

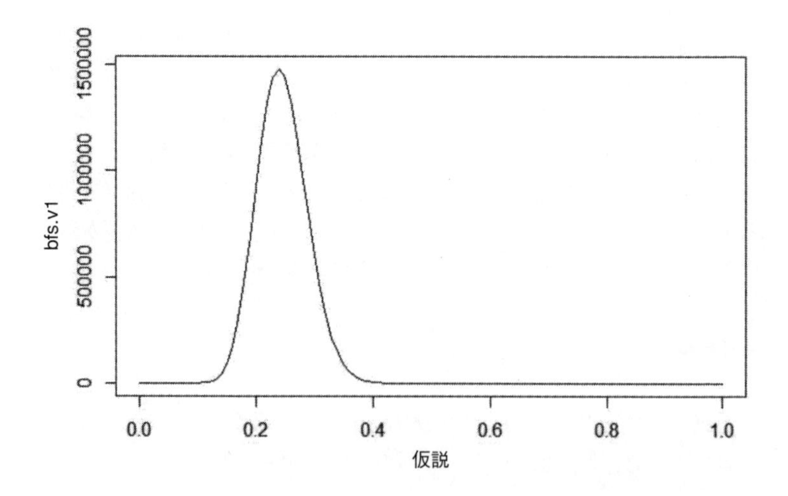


```
plot(hypotheses,bfs.v2,type='l',xlab='仮説')
```

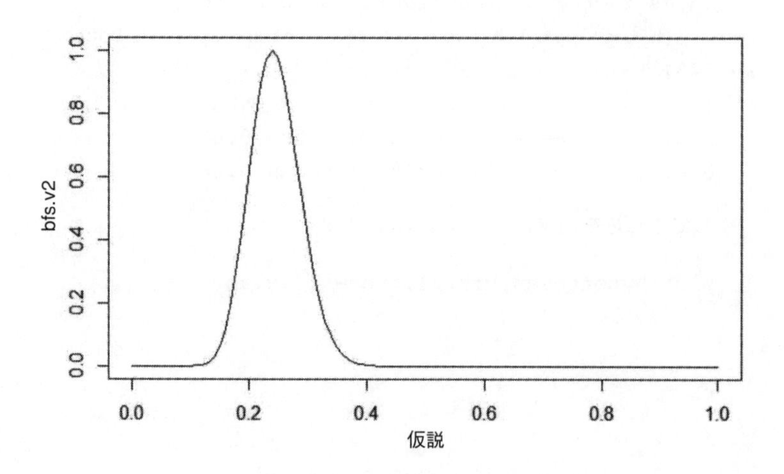

互いに違っているのはy軸だけである。弱い仮説と強い仮説のどちらを選んでも、分布のスケールが変わるだけで、分布の形は変わらない。

これらを正規化して一緒にプロットすれば、完全に重なってしまう。

```
plot(hypotheses,bfs.v1/sum(bfs.v1),type='l',
xlab='仮説')
points(hypotheses,bfs.v2/sum(bfs.v2))
```

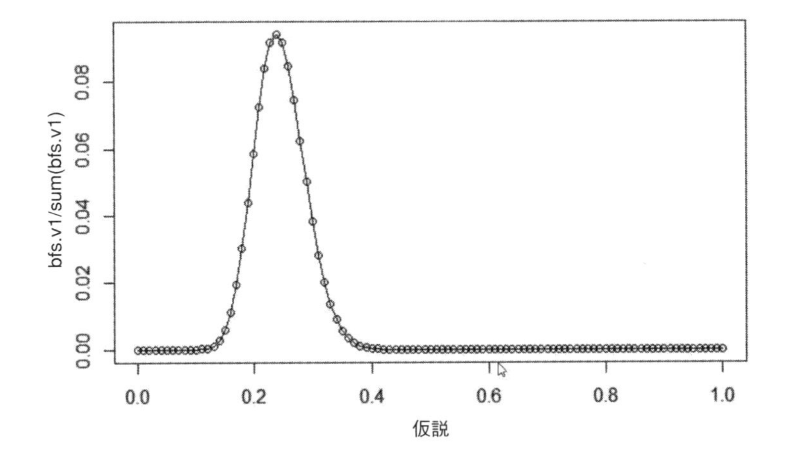

2.

もともとの仮説における`bfs`を再び生成する（前の問題の答えにおけるコードの前半部分を見よ）。

```
bfs <- bayes.factor(hypotheses,0.5)
```

次に新しい仮説を、1（前の仮説がない）からスタートして、`1.05`, `1.05*1.05`, `1.05*1.05*1.05`……と続けて生成していく。その方法は何通りかあるが、まずは、仮説の個数よりも1個少ない個数の1.05からなるベクトルを、Rの`replicate()`関数を使って生成する。

```
vals <- replicate(length(hypotheses)-1,1.05)
```

そしてこのリストに1を追加し、`cumprod()`関数（`cumsum()`と同様だが、和でなく積を計算する）を使って事前分布を生成する。

```
vals <- c(1,vals)
priors <- cumprod(vals)
```

最後に事後分布を計算して正規化すれば、新たな分布をグラフで表すことができる。

```
posteriors <- bfs*priors
p.posteriors <- posteriors/sum(posteriors)
plot(hypotheses,p.posteriors,type='l',xlab='仮説')
#比較のためにbfsのみをプロットする
points(hypotheses,bfs/sum(bfs))
```

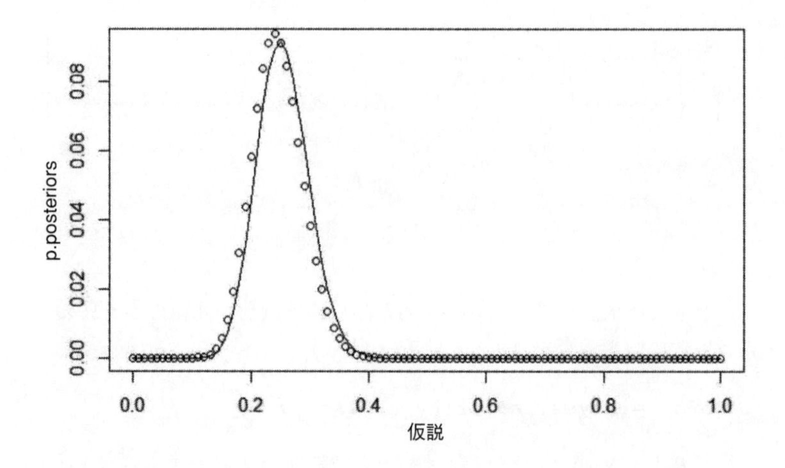

最終的な分布があまり大きく変わっていないことに注目してほしい。最後の仮説にはかなり強い事前オッズ（約125）が与えられたのに、ベイズ因子がきわめて小さかったことで、最終的にはあまり違いが出なかったのだ。

3.

この問題を解くにはもちろん、第15章のようなA/Bテストを設定する必要がある。「34個当たって66個外れた」という例に対応する2つの分布を設定するには、この章で使った方法をなぞればいい。厄介なのは、自分で作った事後分布からサンプルを選び出す部分である。第15章では`rbeta()`などの関数を使って既知の分布からサンプルを選び出したが、この場合はそれに相当する関数がない。それを解決するには、棄却サンプリングやメトロポリス・ヘイスティングス法といった高度なサンプリング手法を使う必要がある。どうしてもこの問題を解いてみたい人は、この機会にベイズ分析に関するもっと高度な本に挑戦してほしい。基本はすでにしっかりと理解できているので、自信を持とう！

訳者あとがき

現代社会にとって統計学は欠かせない道具である。学術研究や医療現場で活用されているだけでなく、世論調査や市場分析、さらには天気予報や災害予測も、統計学の手法なしには成り立たない。私たち一人一人にとっても、統計学の基本的な知識は不可欠だ。最低限、データを的確に読み取る力を持っていないと、ワイドショーやSNSなどで流される嘘情報を信じ込んでしまったり、売り口上にだまされて効果のない健康食品や器具を買ってしまったり、リスクを過剰に恐れて必要な行動を避けてしまったりしかねない。義務教育に組み込んで国民全員が身につけるべきではないかとさえ思う。少しでも統計学に触れていれば、日々の生活や、さらには人生までもが違ってくるのではないだろうか。

だが困ったことに、統計学を習得するのは意外と難しい。その理由はおもに2つあると思う。1つは、統計学に使われる数学がかなり高度で、とっつきにくいことである。とはいえ、複雑な計算はコンピュータに任せられるし、我々一般人に必要な基本を押さえるだけなら、中学校の数学くらいで事足りる。問題なのはもう1つの理由だ。そもそも統計学というのは、限られたデータを使って、人間には直接知りようのない“真実”を推定する手法である。まるで雲をつかむように、とらえどころのない代物を相手にしなければならず、計算して数値が出てきても、どこか腑に落ちない感覚が残ってしまうのだ。

そのため昔から、統計というものをどのように解釈すれば良いのかが問題にされてきた。そしてその解釈をめぐって、統計学はおおまかに2つの学派に分かれている。1つは頻度論的統計学と呼ばれるもので、長年にわたって主流派である。この頻度論的統計学では、“真実”は一定不変であり、データを集めることでそれを推測すると考える。データがすべてで、個人の見解が入り込む余地はない。これは客観的な考え方といえ、実際に幅広い場面で役立っている。しかしある意味で杓子定規なため、データが十分でなかったり、状況が刻々と変化したりするような場合には、本来のパワーを発揮できないこともある。

そこで、本書のテーマであるベイズ統計学の出番となる。「ベイズ」とは、この学派のきっかけとなるアイデアを思いついた18世紀の数学者、トーマス・ベイズのこと。20世紀末までベイズ統計学はあまり顧みられなかったが、21世紀に入ってコンピュータの進歩とともに脚光を浴びるようになり、いまでは機械学習やデータサイエンスなどの分野に欠かせないものとなっている。

ベイズ統計学では次のように考える。まず、“真実”はきっとこうだろうという予想を立てる。そしてデータを集めながら、そのデータに基づいて予想を改良して絞り込んでいく。出発点は主観的・恣意的な個人の予想だが、そのおかげで、最初にデータが不足していてもひとまず解析に取りかかれる。しかもその予想が徐々に改良されていくので、途中で状況が変化しても柔軟に対応できる。我々も日々、何かを考える際には、まず自分なりの予想を立ててから、目で見たことや耳で聞いたことなどを受けてその予想を修正していくものだ。その点で、ベイズ統計学は人間の本来の思考プロセスを数学的に体系化したものと言えるかもしれない。

本書では、このベイズ統計学の基本をひととおり学ぶことができる。まずは基本中の基本として、ある出来事が起こる確率とは何なのか、自分の考えに確率を結びつけるにはどうすればいいのかを説明する。次に、ある条件のもとである出来事が起こる確率というものを考え、ベイズ統計学の中核をなすベイズの定理にいろいろな方向から迫っていく。続いて、“真の値”を推定するために欠かせない、何種類かの確率分布について解説する。その上で、ベイズ統計学を使って“真の値”を推定する方法、さらには、複数の仮説のうちどれが一番もっともらしいかを判断する方法を指南していく。はしがきの中で各章の内容が簡潔にまとめられているので、まずはそれで大まかな流れをつかんでいただきたい。

どうしても数式を多用するし、積分のような少し高度な数学も登場する。とはいえ比較的丁寧に説明されているので、腰を据えて読み進めていけば十分に理解できると思う。積分や微分がどのようなものかについては、付録Bで過不足なく解説されている。

本文中ではふんだんな実例を取り上げ、それを使って説明を進めていく。積雪量や井戸の深さ、ガチャゲーム、広告メールの宣伝効果など、身近で実践的な例もあれば、『スター・ウォーズ』の戦闘場面や、未来を予言する魔法の機械、サイコロの目を言い当てる超能力者など、SFめいた例もある。ベイズ統計学の有用性を感じつつも、想像力を膨らませて楽しく読み進められるのではないだろうか。

先ほど述べたように、統計計算にはコンピュータが欠かせない。そこで本書では、統計に特化したプログラミング言語であるRの基本を説明しながら、それを使って具体的な計算を進めていく。徐々にRを使いこなせるようになるはずだし、付録Aには参考としてRのイロハがまとめられている。RはCやPythonなど一般的な言語とは少々毛色が違うが、統計解析用の計算道具として便利だし、何よりフリーソフトなので、この機会にぜひインストールして慣れ親しんでいただきたい。

本書はあくまでも、ベイズ統計学の基本を身につけるための入門書である。本書で身につけられる手法だけでもさまざまな問題に取り組めるが、実際の現場ではもっと高度なテクニックも多く使われている。意欲のある方は、マルコフ連鎖モンテカルロ法（MCMC）や階層ベイズモデルなどの手法を、さらに本格的な解説書でぜひ学んでいただきたい。

統計学は単なる学問でなく、実際に使ってこその道具だ。本書をきっかけに実際に手を動かして、ベイズ統計学というアプローチで日々の問題に取り組んでみてはいかがだろうか。

2020年4月

水谷　淳

索　引

ま・み

む・も

ゆ

ら・る

れ

本書をお読みいただいたご意見、ご感想を以下のURLにお寄せください。

https://isbn2.sbcr.jp/04745/

楽しみながら学ぶベイズ統計

2020年7月20日　初版発行

著　者：ウィル・カート
訳　者：水谷　淳
発行者：小川　淳
発行所：SBクリエイティブ株式会社
〒106-0032　東京都港区六本木2-4-5
営業　03(5549)1201
編集　03(5549)1234
組　版：スタヂオ・ポップ
印　刷：中央精版印刷株式会社

装　丁：米谷テツヤ

落丁本、乱丁本は小社営業部にてお取り替え致します。
定価はカバーに記載されています。

Printed in Japan　ISBN978-4-8156-0474-5